제 2 판

구조역학해석

김 상 대 · 박 성 수 · 박 홍 근
한 상 환 · 홍 갑 표 공저

연습문제 풀이집

문운당

2장 힘과 반력

2-1

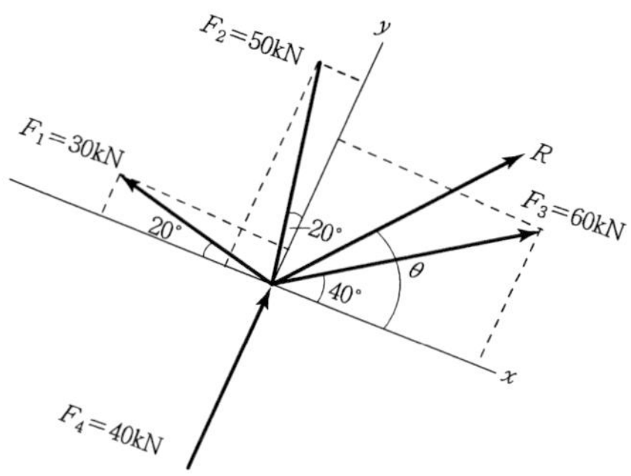

$$\sum P_x = 60\cos 40° + 50\cos 70° - 30\cos 20°$$
$$= 34.87\text{ kN}$$
$$\sum P_y = 60\sin 40° - 50\sin 70° + 30\sin 20° + 40$$
$$= 41.84\text{ kN}$$
$$R = \sqrt{(\sum P_x)^2 + (\sum P_y)^2} = 54.47\text{ kN}$$
$$\tan\theta = \frac{\sum P_y}{\sum P_x} = 1.20, \quad \theta = 50.19°$$

2-2

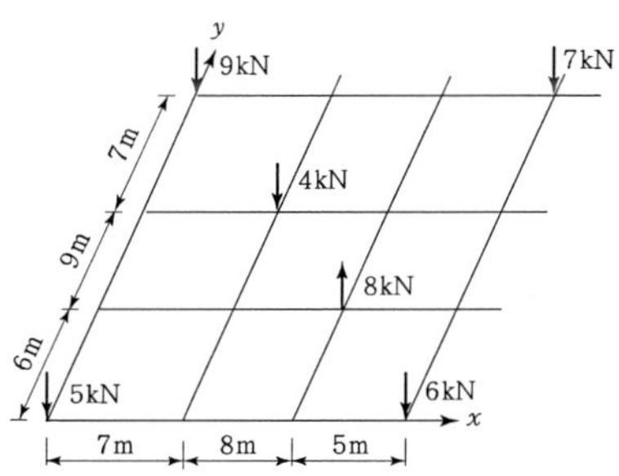

$$R = -5 - 6 + 8 - 4 - 9 - 7 = -23\text{ kN}$$
$$x = \frac{-5\times 0 - 6\times 20 + 8\times 15 - 4\times 7 - 9\times 0 - 7\times 20}{-23}$$
$$= 7.30\text{ m}$$
$$y = \frac{-5\times 0 - 9\times 22 - 4\times 15 + 8\times 6 - 6\times 0 - 7\times 22}{-23}$$
$$= 15.83\text{ m}$$

2-3

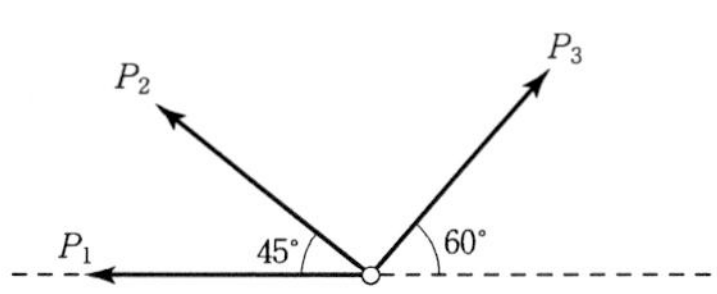

$$\sum F_x = 0\ ;$$
$$P_3\cos 60 - P_2\sin 45 - P_1 = 0$$
$$\frac{1}{2}P_3 - \frac{\sqrt{2}}{2}P_2 - P_1 = 0$$
$$\sum F_y = 0\ ;$$
$$P_3\sin 60 + P_2\sin 45° = 0$$
$$\frac{\sqrt{3}}{2}P_3 + \frac{\sqrt{2}}{2}P_2 = 0$$

$$P_1 = \frac{\sqrt{3}+1}{2} P_3, \quad P_2 = -\frac{\sqrt{6}}{2} P_3$$

$$\therefore P_1 : P_2 : P_3 = 1.366 : 1.224 : 1$$

2-4

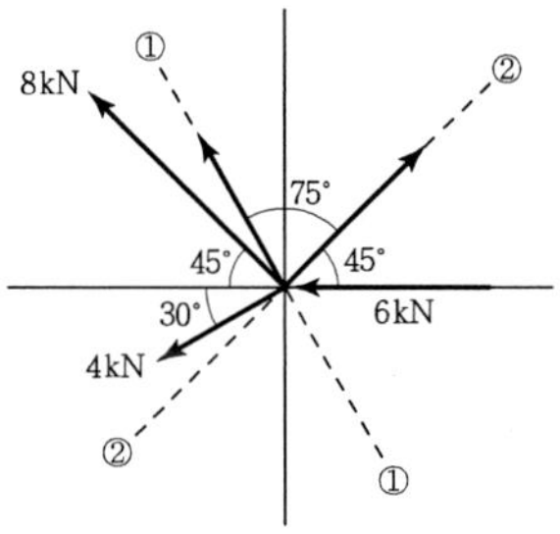

$\sum F_x = 0$;

$$-6 - 4 \times \cos 30° - 8 \times \cos 45° - f_1 \cos 60° + f_2 \cos 45° = 0$$

$$\frac{\sqrt{2}}{2} f_2 - \frac{1}{2} f_1 = 15.12$$

$\sum F_y = 0$;

$$8 \times \sin 45° - 4 \times \sin 30° + f_1 \sin 60 + f_2 \sin 45° = 0$$

$$\frac{\sqrt{3}}{2} f_1 + \frac{\sqrt{2}}{2} f_2 = -3.66$$

$$-\left(\frac{\sqrt{3}+1}{2}\right) f_1 = 18.78 \quad \therefore f_1 = -13.75\,\text{kN}$$

$$f_2 = \sqrt{2}\left(15.12 + \frac{1}{2} f_1\right) \quad \therefore f_2 = 11.66\,\text{kN}$$

2-5

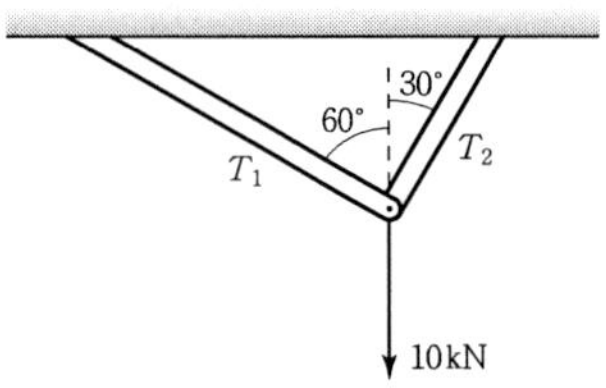

$\sum F_x = 0$; $T_2 \sin 30° - T_1 \sin 60° = 0$

$\sum F_y = 0$; $T_2 \cos 30° + T_1 \cos 60 = 0$

$$\frac{1}{2} T_2 - \frac{\sqrt{3}}{2} T_1 = 0$$

$$T_2 = \sqrt{3}\, T_1$$

$$\frac{\sqrt{3}}{2} T_2 + \frac{1}{2} T_1 = 10 \qquad \therefore T_1 = 5, \quad T_2 = 5\sqrt{3}$$

2-6 (1)

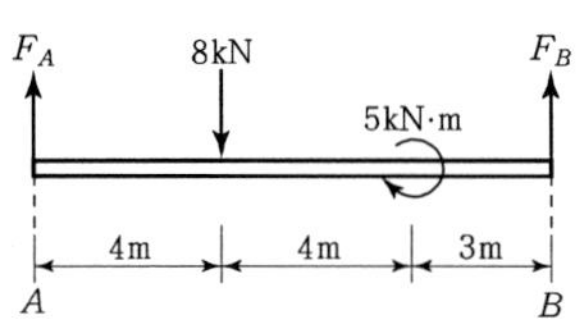

$$F_A + F_B = 8$$

$$F_A \times 4 + 5 - F_B \times 7 = 0$$

$$4(-F_B + 8) + 5 - 7F_B = 0$$

$$\therefore F_A = 4.64\,\text{kN}, \quad F_B = 3.36\,\text{kN}$$

(2)

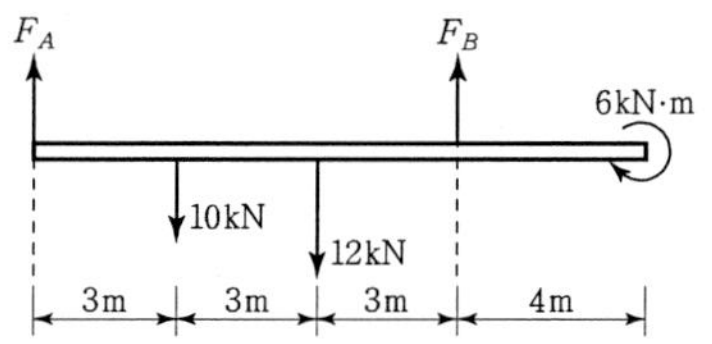

$$F_A + F_B = 22$$

$$F_A \times 9 - 10 \times 6 - 12 \times 3 + 6 = 0$$

$$F_A = \frac{60 - 6 + 36}{9} = 10$$

$$F_B = 12$$

2-7

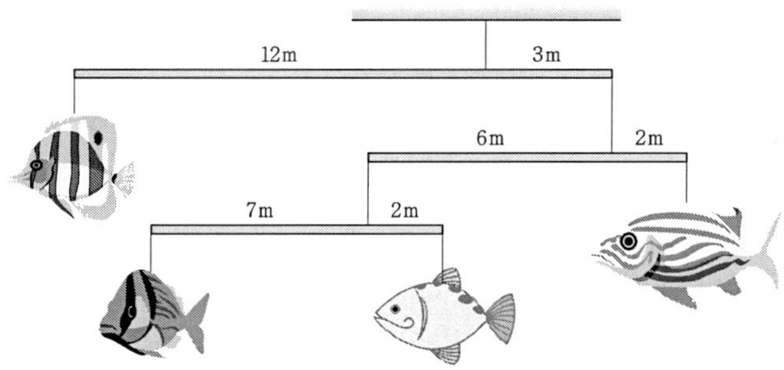

(1) 물고기 C와 D의 무게비

$7 \times D = 2 \times C$

$\therefore\ C = 3.5D$

(2) 물고기 B와 D의 무게비

$6 \times (C + D) = 2 \times B$

식 (1)을 대입하면

$27 \times D = 2 \times B$

$\therefore\ 13.5\,D = B$

(3) 물고기 A와 D의 무게비

$12 \times A = 3 \times (B + C + D)$

식 (1)과 식 (2)를 대입하면

$12 \times A = 3 \times (13.5D + 3.5D + D)$

$12A = 54\,D$

$\therefore\ A = 4.5D$

이상의 결과를 정리하면 다음과 같다.

	A	B	C	D
무게비	$4.5\,D$	$13.5\,D$	$3.5\,D$	D

2-8

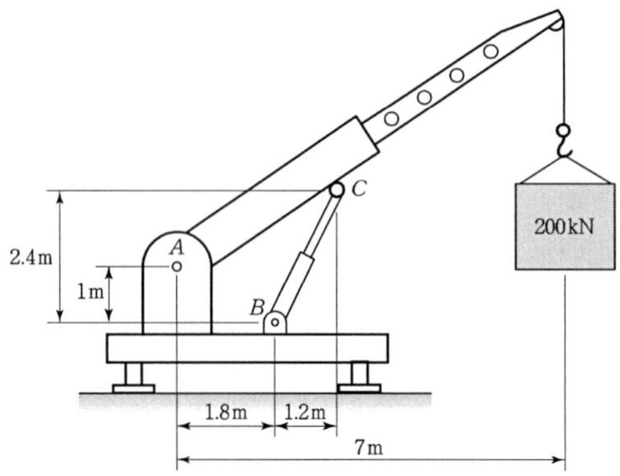

(1) 자유물체도

크레인 팔에 작용하는 힘을 표시하면 다음 그림과 같다.

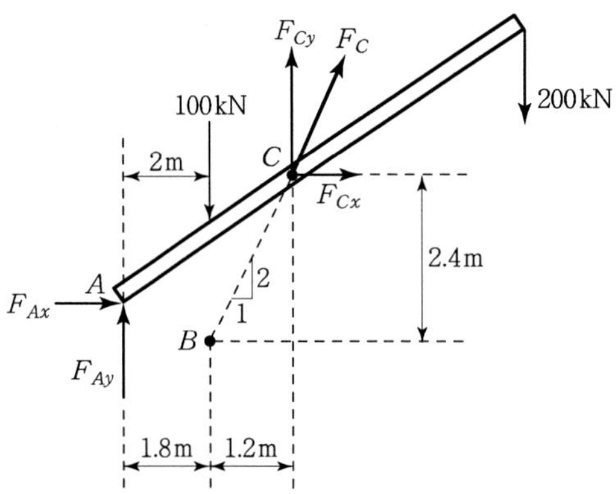

(2) BC의 부재력

점 A는 핀절점이므로 $\sum M_A = 0$

$$100 \times 2 + 200 \times 7 + F_{BCx} \times 1.4 - F_{BCy} \times 3 = 0$$

$$\tan\theta = \frac{F_{BCy}}{F_{BCx}} = 2$$

$$200 + 1400 + 1.4F_{BCx} - 6F_{BCx} = 0$$

$$F_{BCx} = 347.83 \text{ kN}$$

$$\therefore F_{BC} = 347.83\sqrt{5} = 777.77 \text{ kN}$$

2-9

(1)

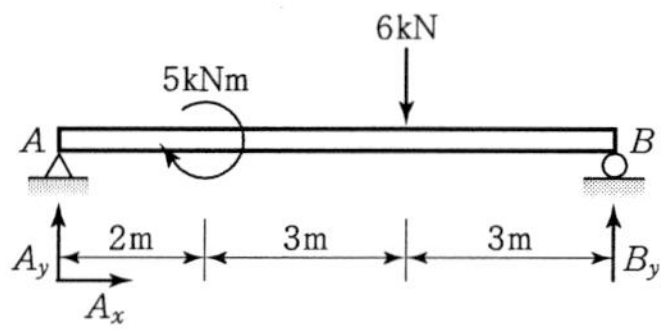

$$\sum F_x = 0 \ ; \ A_x = 0$$

$$\sum F_y = 0 \ ; \ A_y + B_y = 6$$

$$\sum M_A = 0 \ ; \ 5 + 6 \times 5 - B_y \times 8 = 0$$

$$35 = 8B_y \quad \therefore B_y = \frac{35}{8}$$

$$A_x = 0, \quad \therefore A_y = \frac{13}{8}$$

(2)

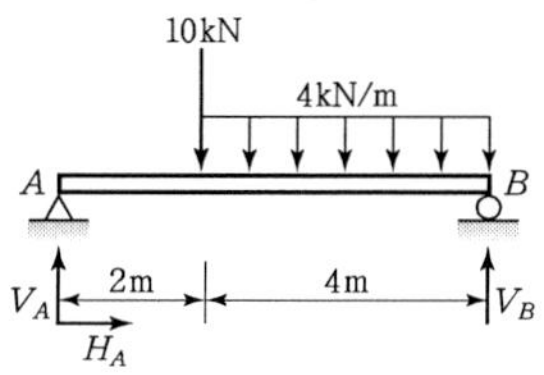

$$\sum F_x = 0 \ ; \ H_A = 0$$

$$\sum F_y = 0 \ ; \ V_A + V_B - 10 - 16 = 0$$

$$\sum M_A = 0 \ ; \ 10 \cdot 2 + 16 \cdot 4 - V_B \cdot 6 = 0$$

$$\therefore V_B = 14 \text{ kN}, \quad V_A = 12 \text{ kN}, \quad H_A = 0$$

(3)

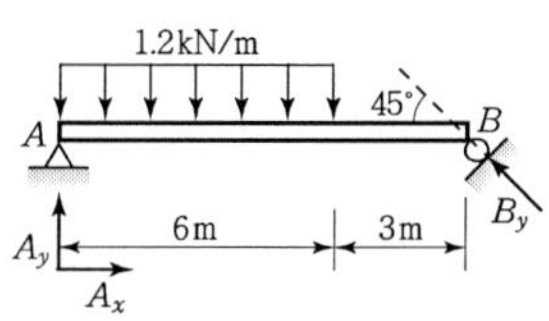

$$\sum F_y = 0 \ ; \ A_y + B_y \times \frac{\sqrt{2}}{2} = 1.2 \times 6 = 7.2$$

$$\sum F_x = 0 \ ; \ A_x - \frac{\sqrt{2}}{2} B_y = 0$$

$$\sum M_A = 0 \ ; \ 7.2 \times 3 - \frac{\sqrt{2}}{2} B_y \times 9 = 0$$

$$B_y = \frac{7.2 \times 3}{9} \times \frac{2}{\sqrt{2}} = 3.39 \text{ kN},$$

$$A_x = 3.39 \times \frac{\sqrt{2}}{2} = 2.4 \text{ kN}$$

$$A_y = 7.2 - 3.39 \times \frac{\sqrt{2}}{2} = 4.8 \text{ kN}$$

(4)

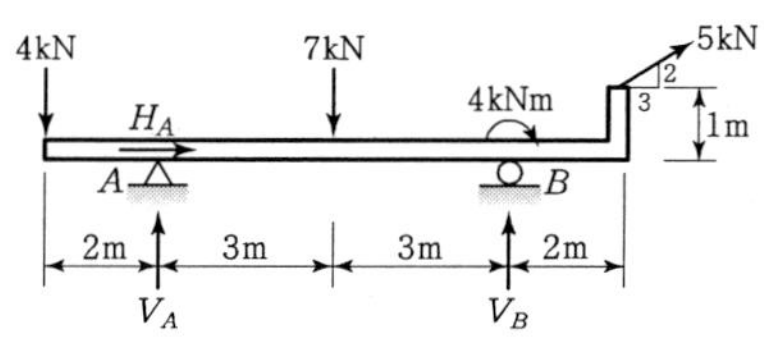

$$\sum F_x = 0 \ ; \ H_A + 5 \cdot \frac{3}{\sqrt{13}} = 0$$

$$\therefore H_A = -4.16 \text{ kN}$$

$$\sum F_y = 0 \ ; \ V_A + V_B - 4 - 7\text{kN} + 5\text{kN} \cdot \frac{2}{\sqrt{13}} = 0$$

$$\sum M_A = 0 \ ; \ -4 \cdot 2 + 7 \cdot 3 + 4 - V_B \cdot 6 - 5 \cdot \frac{2}{\sqrt{13}} \cdot 8 + 5 \cdot \frac{3}{\sqrt{13}} \cdot 1 = 0$$

$$\therefore V_B = -0.17 \text{ kN}, \quad V_A = 8.40 \text{kN}, \quad H_A = -4.16 \text{ kN}$$

(5)

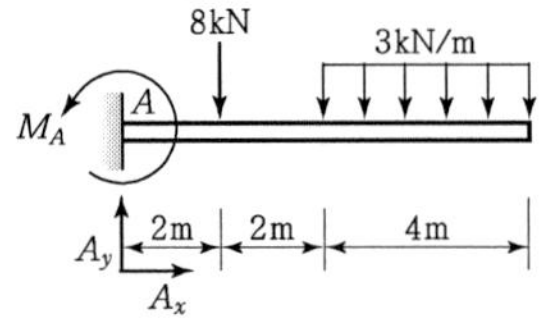

$\sum F_x=0$; $A_x=0$

$\sum F_y=0$; $A_y-12-8=0$ $\therefore A_y=20\text{kN}$

$\sum M_A=0$; $-M_A+8\times2+12\times6=0$

$\therefore M_A=88\text{kN}\cdot\text{m}$

(6)

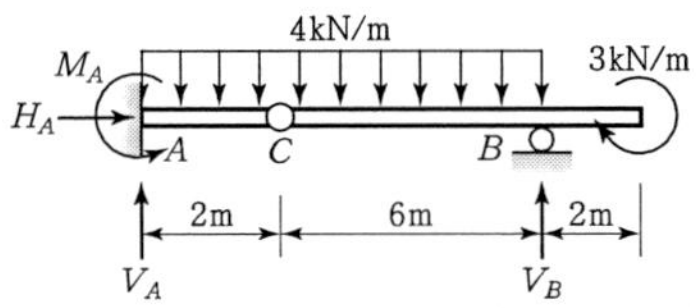

$\sum F_x=0$; $H_A=0$

$\sum F_y=0$; $V_A+V_B-4\cdot8=0$

$\sum M_C^{AC}=0$; $V_A\cdot2\text{m}-M_A-4\text{kN/m}\cdot2\text{m}\cdot1\text{m}$

$=0$

$\sum M_C^{BC}=0$; $4\cdot6\cdot3-V_B\cdot6+3=0$

$\therefore V_A=19.5\text{kN},\ M_A=31\text{kN}\cdot\text{m}$

$V_B=12.5\text{kN}$

(7)

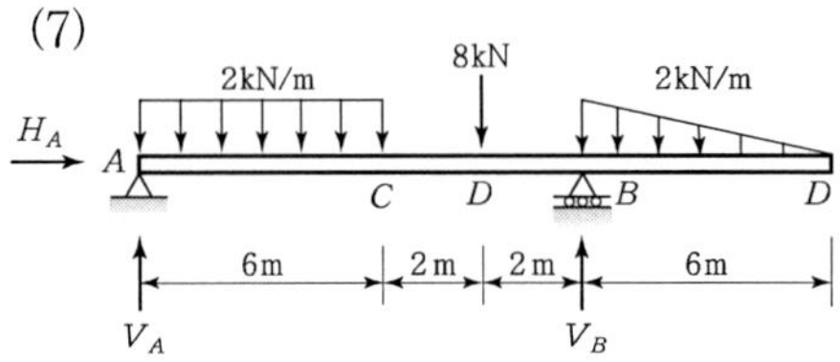

$\sum X=0$; $H_A=0$

$\sum Y=0$; $V_A+V_B-2\times6-8-2\times6\times\frac{1}{2}=0$

$\therefore V_A+V_B=26\text{ kN}$

$\sum M_A=0$; $-V_B\times10+2\times6\times3+8\times8+\frac{2\times6}{2}$

$\times12=0$

$\therefore V_B=(36+64+72)/10=17.2\text{kN}$

$V_A=26-17.2=8.8\text{kN}$

(8)

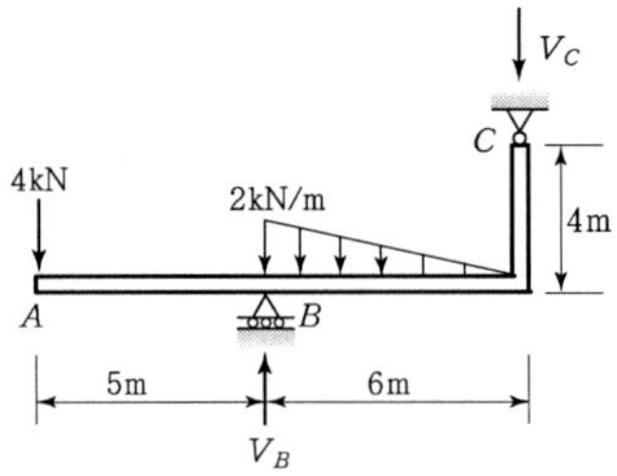

$\sum Y=0$; $-4+V_B-2\times6\times\frac{1}{2}-V_C=0$

$\therefore V_B-V_C=10\text{ kN}$

$\sum M_C=0$; $-4\times11-2\times6\times\frac{1}{2}\times4+6V_B=0$

$\therefore V_B=\frac{68}{6}=\frac{34}{3}\text{kN}(\uparrow)$

$V_C=\frac{34}{3}-10=\frac{14}{3}\text{kN}(\downarrow)$

(9)

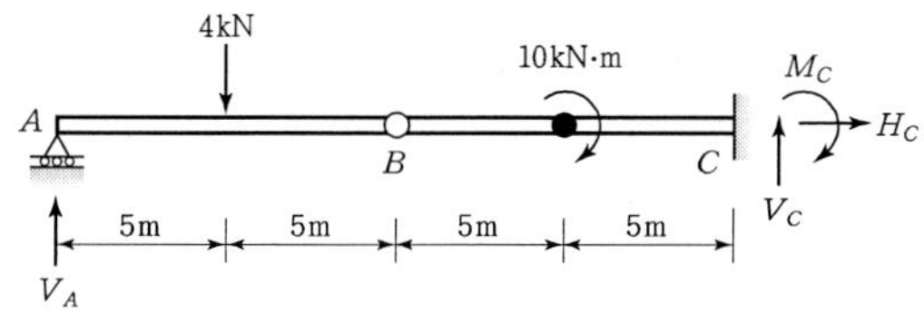

- *AB*구간

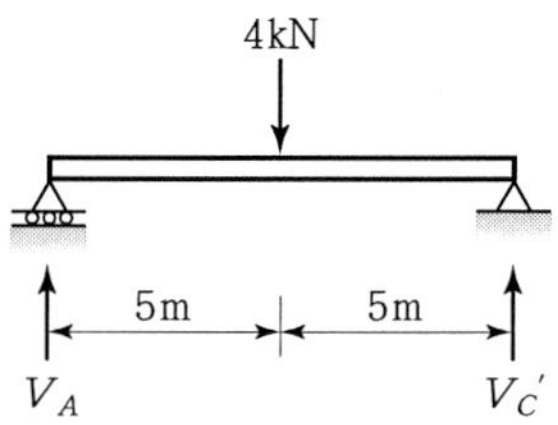

$V_A = V_C' = 2\,\text{kN}\,(\because \text{symmetric})$

- *BC*구간

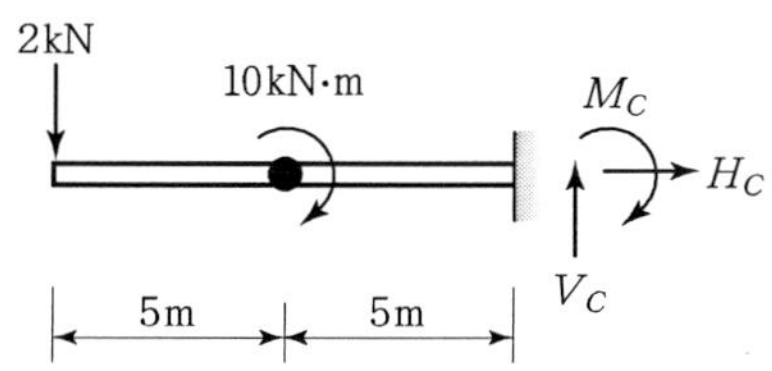

$\sum X = 0\,;\ H_C = 0$

$\sum Y = 0\,;\ V_C = 2\,\text{kN}$

$\sum M_C = 0\ ;\ -2 \times 10 + 10 + M_C = 0$

$\therefore M_C = 10\,\text{kN}\cdot\text{m}$

(10)

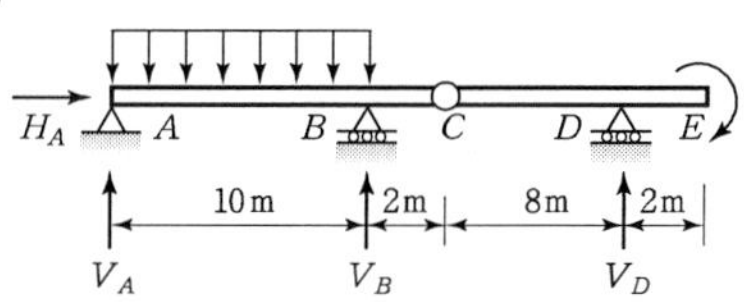

- *CDE*구간

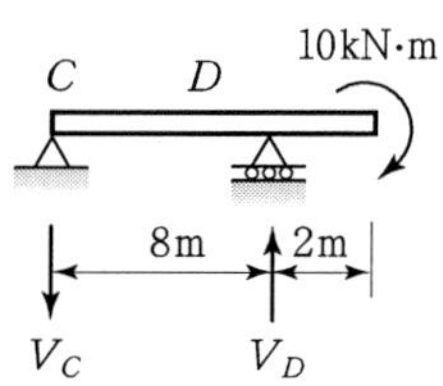

$\sum Y = 0\,;\ -V_C + V_D = 0 \qquad \therefore V_C = V_D$

$\sum M_C = 0\ ;\ -8 \times V_D + 10 = 0$

$\therefore V_D = \dfrac{10}{8} = 1.25\,\text{kN} = V_C$

- *ABC*구간

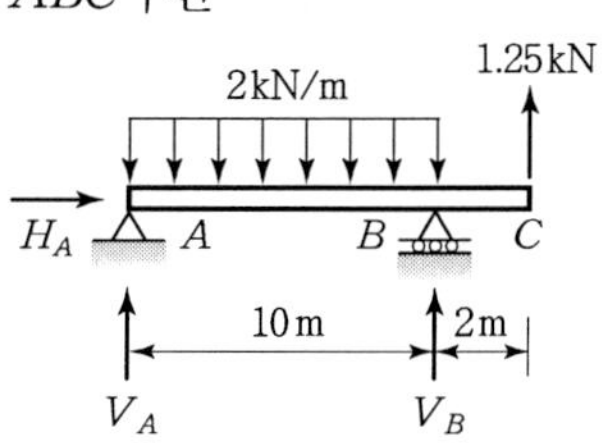

$\sum X = 0\,;\ H_A = 0$

$\sum Y = 0\,;\ V_A + V_B - 2 \times 10 + 1.25 = 0$

$V_A + V_B = 18.75\,\text{kN}$

$\sum M_A = 0\ ;\ -V_B \times 10 + 2 \times 10 \times 5 - 12 \times 1.25 = 0$

$\therefore V_B = 8.5\,\text{kN},\quad V_A = 18.75 - 8.5 = 10.25\,\text{kN}$

(11)

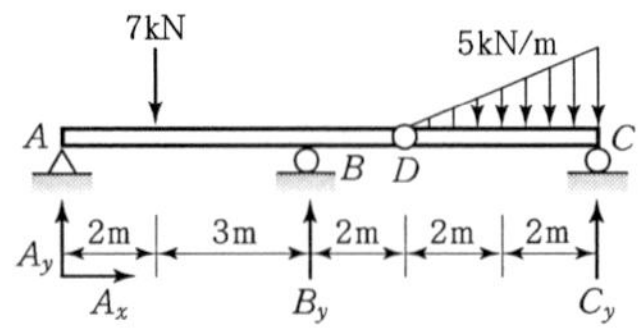

$\sum F_x = 0$; $A_x = 0$

$\sum F_y = 0$; $7 + 10 = A_y + B_y + C_y$

$\sum M_D^{AD} = 0$; $A_y \times 7 + B_y \times 2 - 7 \times 5 = 0$

$7A_y + 2B_y = 35$

$\sum M_D^{DC} = 0$; $-C_y \times 4 + 10 \times 8/3 = 0$

$C_y = \dfrac{20}{3}$

$\therefore A_y = 2.867,\quad B_y = 7.467,\quad C_y = 6.667$

(12)

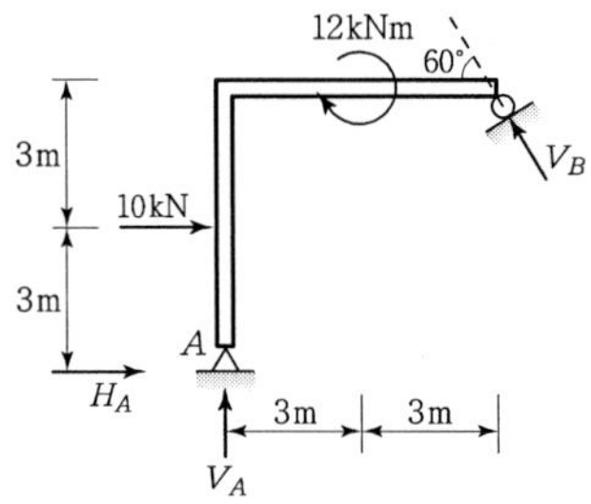

$\sum F_x = 0$; $H_A + 10 - V_B \cos 60° = 0$

$\sum F_y = 0$; $V_A + V_B \sin 60° = 0$

$\sum M_A = 0$; $10 \cdot 3 + 12 - 6 \times V_B(\cos 60° + \sin 60°) = 0$

$\therefore V_B = 5.12\,\text{kN},\quad V_A = -4.43\,\text{kN},$

$H_A = -7.44\,\text{kN}$

(13)

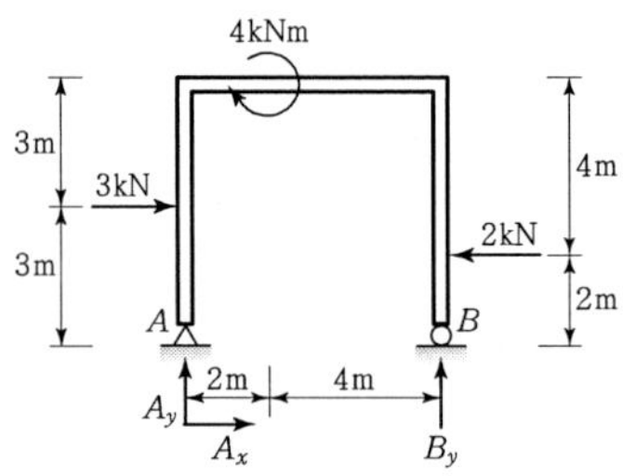

$\sum F_x = 0$; $A_x + 3 - 2 = 0,\quad A_x = -1\,\text{kN}$

$\sum F_y = 0$; $A_y + B_y = 0$

$\sum M_A = 0$; $3 \times 3 + 4 - 2 \times 2 - B_y \times 6 = 0$

$\therefore B_y = 1.5\,\text{kN},\quad A_y = -1.5\,\text{kN}$

(14)

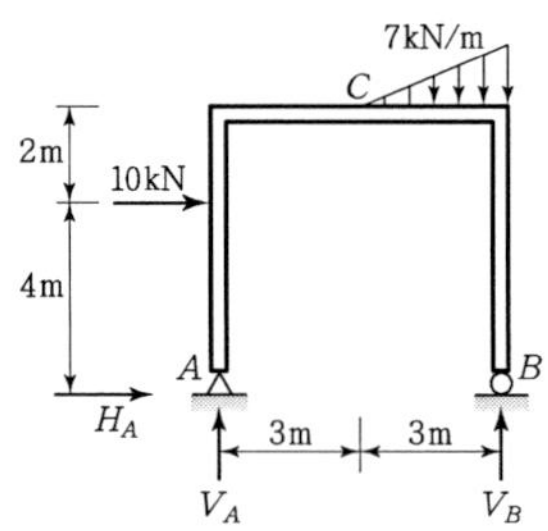

$\sum F_x = 0$; $H_A + 10 = 0$

$\therefore H_A = -10\,\text{kN}$

$\sum F_y = 0$; $V_A + V_B - \dfrac{1}{2} \cdot 7 \cdot 3 = 0$

$\sum M_A = 0$; $10 \cdot 4 + \left(\dfrac{1}{2} \cdot 7 \cdot 3\right) \times \left(3 + 3 \times \dfrac{2}{3}\right) - V_B \cdot 6 = 0$

$\therefore V_B = 15.42\,\text{kN},\quad V_A = -4.92\,\text{kN}$

2-10

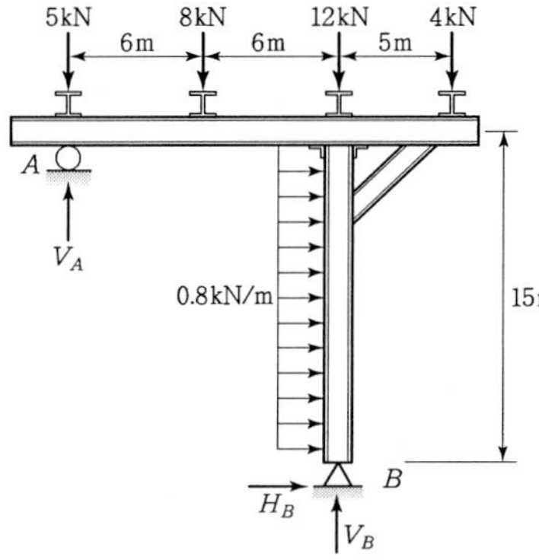

$$\sum F_x=0\ ;\ H_B+0.8\cdot 15=0$$

$$\therefore H_B=-12\,\text{kN}$$

$$\sum F_y=0\ ;\ V_A+V_B-5-8-12-4=0$$

$$\sum M_B=0\ ;\ V_A\cdot 12-5\cdot 12-8\cdot 6$$

$$+12\cdot 7.5+4\cdot 5=0$$

$$\therefore V_A=-0.167\,\text{kN},\quad V_B=29.17\,\text{kN}$$

2-11

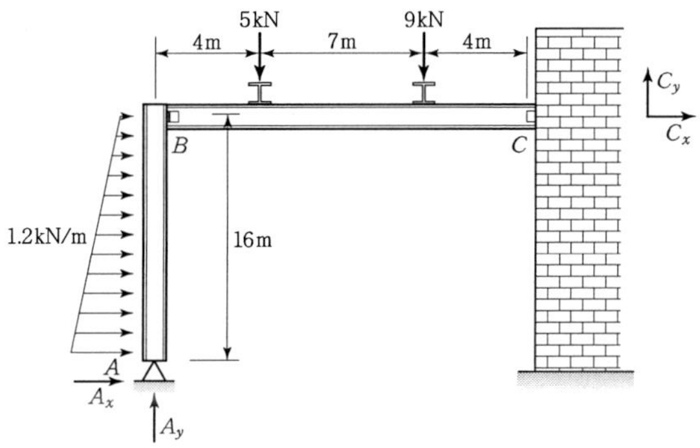

$$\sum F_y=0\ ;\ A_x+C_x+(1.2\times 8)=0$$

$$A_x+C_x=-9.6$$

$$\sum F_y=0\ ;\ A_y+C_y-5-9=0$$

$$A_y+C_y=14$$

$$\sum M_B=0\ ;\ -A_x\times 16-1.2\times 16\times \frac{1}{2}$$

$$\times\left(\frac{2}{3}\times 16\right)=0$$

$$\therefore A_x=-6.4\,\text{kN},\quad C_x=-3.2$$

$$\sum M_B=0\ ;\ 4\times 5+9\times 11-C_y\times 15=0$$

$$\therefore C_y=7.933$$

$$\therefore A_y+7.933=14,\quad A_y=6.067$$

2-12

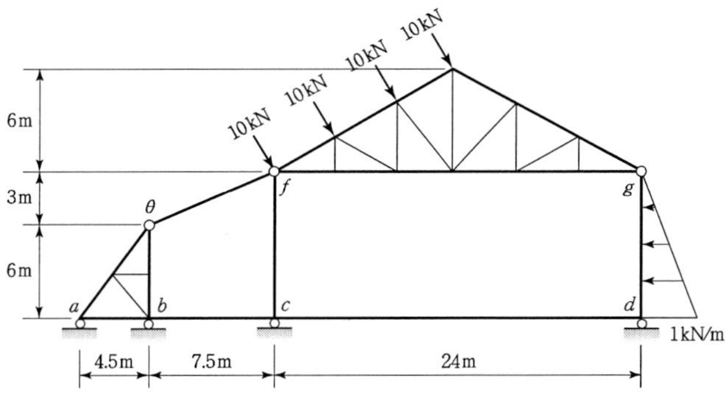

구조물의 핀절점을 기준으로 4개의 부분골조로 분류하면 다음 그림과 같다. 결국 4개의 부분골조의 평형방정식을 이용하여 반력을 구한다.

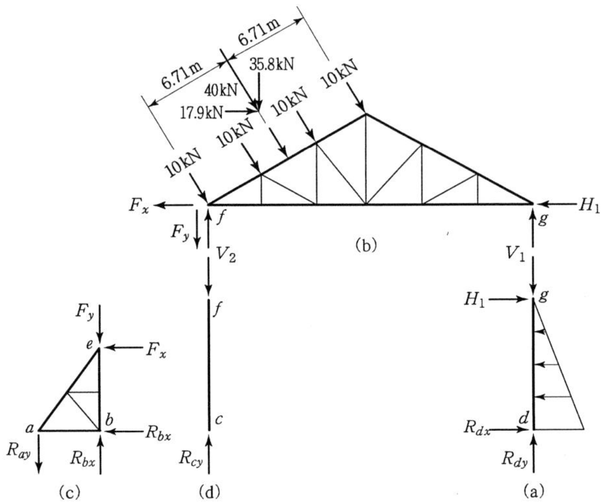

(1) 부분골조 (a)에 의한 H_1, R_dx

$$\sum M_d = 0 : (H_1)(9) - \frac{(1)(9)}{2}(3) = 0$$

$$\therefore H_1 = 1.5\,\text{kN}$$

$$\sum M_g = 0 : \frac{(1)(9)}{2}(6) - (R_{dx})(9) = 0$$

$$\therefore R_{dx} = 3\,\text{kN}$$

$$\sum F_y = 0 : R_{dy} - V_1 = 0$$

$$\therefore R_{dy} = V_1$$

(2) 부분골조 (b)에 의한 V_1, F_x, F_y, V_2

부분골조 (b)의 반력들을 살펴보면, 부분골조 (a)로 전달되는 힘 V_1과 H_1, 부분골조 (d)로 전달되는 힘 F_x와 F_y, 부분골조 (c)로 전달되는 힘 V_2로 구성되어 있다.

$$\sum M_f = 0 : (40)(6.71) - (V_1)(24) = 0$$

$$\therefore V_1 = 11.18\,\text{kN}$$

$$\therefore R_{dy} = 11.18\,\text{kN}$$

$$\sum F_x = 0 : (17.9) - 1.5 - F_x = 0$$

$$\therefore F_x = 16.4\,\text{kN}$$

F_y는 부재 ef의 기울기에 의해서

$\therefore F_y = \left(\frac{2}{5}\right)16.4 = 6.56\,\text{kN}$

$\sum M_g = 0\ :\ (17.9)(3) - (35.8)(18) - (6.56)(24) + (V_2)(24) = 0$

$\therefore V_2 = 31.17\,\text{kN}$

이 부분골조에 대해서 검토하면 다음과 같다.

$\sum F_y = 0\ :\ 31.17 + 11.18 - 35.8 - 6.56 = -0.01$

(3) 부분골조 (c)에 의한 R_{cy}

$\sum F_y = 0\ :\ R_{cy} - V_2 = 0$

$\therefore R_{cy} = 31.17\,\text{kN}$

(4) 부분골조 (d)에 의한 R_{ay}, R_{by}, R_{bx}

$\sum M_b = 0\ :\ (16.4)(6) - R_{ay}(4.5) = 0$

$\therefore R_{ay} = 21.87\,\text{kN}$

$\sum M_a = 0\ :\ (16.4)(6) - (6.56)(4.5) - R_{by}(4.5) = 0$

$\therefore R_{by} = 15.31\,\text{kN}$

$\sum F_x = 0\ :\ F_x - R_{bx} = 0$

$\therefore R_{bx} = 16.4\,\text{kN}$

(5) 검 토

$\sum F_x = 0\ :\ 17.9 - 16.4 - \frac{(9)(1)}{2} + 3 = 0$

$\sum F_y = 0\ :\ 11.18 - 35.8 + 31.17 + 15.31 - 21.87 = -0.01$

$$\sum M_a = 0\ :\ (17.9)(12) + (35.8)(18) - (11.18)(36) - (31.17)(12) - (15.31)(4.5) - \frac{(1)(9)}{2}(3) = -0.915$$

이 구조물은 분리할 수 있는 부분골조로 나누어지고 각 부분골조에 대해서 자유도를 그릴 수 있다. 이 때 각 부분골조들 사이에서 상호 작용하는 힘들은 서로 각 골조에 외력으로 작용하는 것처럼 가정할 수 있다. 또한 두 부분골조 사이에서 작용하는 힘은 서로 반대방향이다.

예를 들면, 힘 F가 부분골조 (b)에 왼쪽 아랫방향으로 작용하는 것으로 가정하였을 때, 부분골조 (d)에는 반대방향인 오른쪽 윗방향으로 작용하는 것으로 가정해야 한다. 또한 구조물 전체에 대해서 평형조건을 만족하고 각 부분골조에 대해서도 평형조건을 만족해야 한다. 결국 이 때 사용되는 평형방정식을 통하여 반력과 상호 작용힘을 산정할 수 있다. 모든 반력을 구했다면 이 결과가 구조물 전체에 대해서 정적인 평형상태를 만족하는지에 대해서 검토해야 한다.

2-13

(1) 

$m=2 \quad R=4 \quad f=1 \quad j=3$

$n=2+4+1-2\times 3=1$

(2) 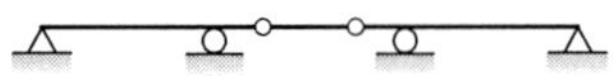

$m=5 \quad R=6 \quad f=2 \quad j=6$

$n=5+6+2-12=1$

(3) 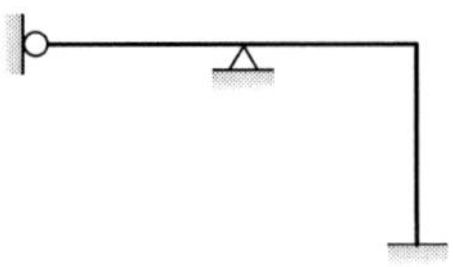

$m=3 \quad R=6 \quad f=2 \quad j=4$

$n=3+6+2-8=3$

(4) 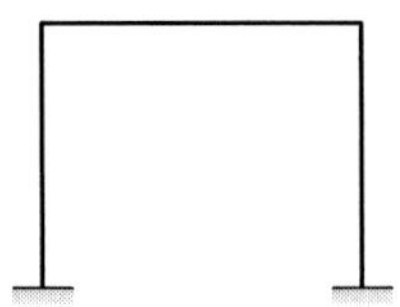

$m=3 \quad R=6 \quad f=2 \quad j=4$

$n=3+6+2-8=3$

(5) 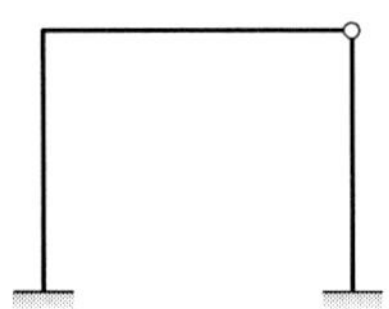

$m=3 \quad R=6 \quad f=1 \quad j=4$

$n=3+6+1-8=2$

(6) 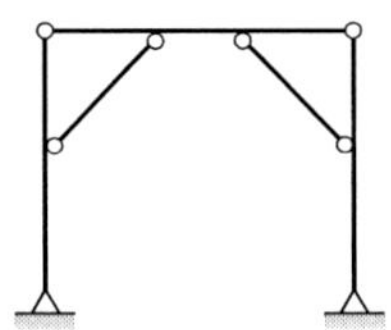

$m=9 \quad R=4 \quad f=4 \quad j=8$

$n=9+4+4-16=1$

(7) 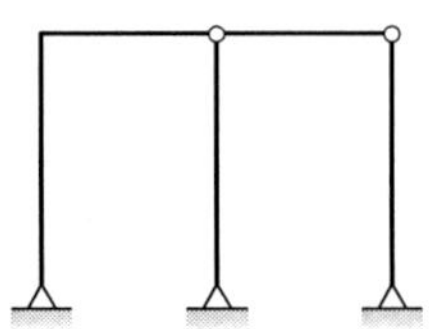

$m=5 \quad R=6 \quad f=1 \quad j=6$

$n=5+6+1-12=0$

(8) 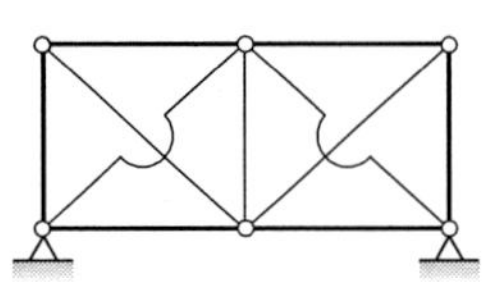

$m=11 \quad R=4 \quad f=0 \quad j=6$

$n=11+4+0-12=3$

(9)

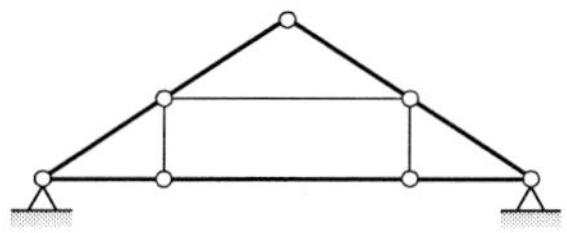

$m=10 \quad R=4 \quad f=0 \quad j=7$

$n=10+4+0-14=0$

(10)

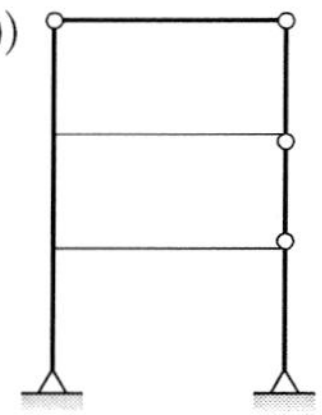

$m=9 \quad R=4 \quad f=6 \quad j=8$

$n=9+4+6-16=3$

(11)

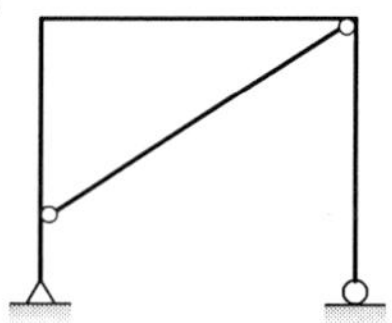

$m=5 \quad R=3 \quad f=3 \quad j=5$

$n=m+R+f-2j$

$=5+3+3-2\times5$

$=1$(안정, 1차 부정정)

(12)

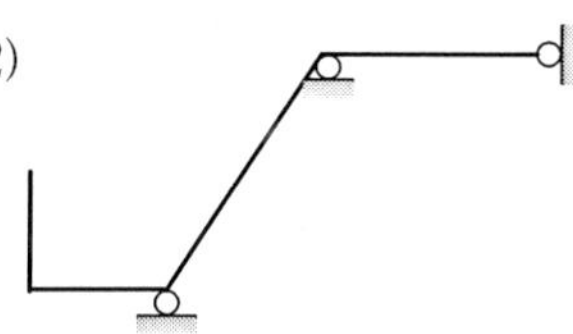

$m=4 \quad R=3 \quad f=3 \quad j=5$

$n=m+R+f-2j$

$=4+3+3-2\times5$

$=0$(안정, 정정구조)

(13)

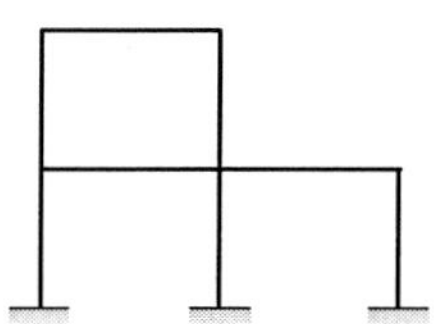

$m=8 \quad R=9 \quad f=8 \quad j=8$

$n=m+R+f-2j$

$=8+9+8-2\times8$

$=9$(안정, 9차 부정정)

(14)

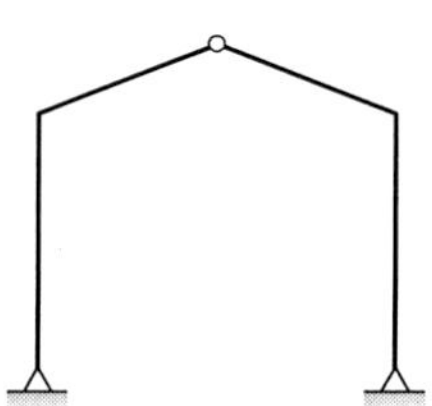

$m=4 \quad R=4 \quad f=2 \quad j=5$

$n=m+R+f-2j$

$=4+4+2-2\times5$

$=0$(안정, 정정구조)

3장 모멘트와 전단력

3-1 (1)

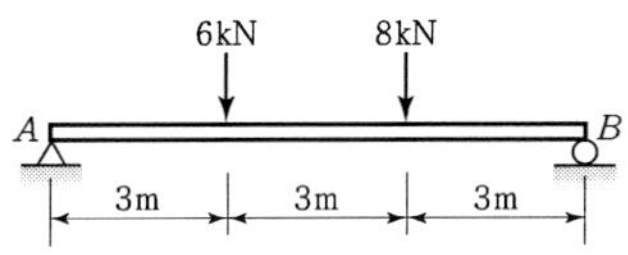

① 반력 산정

$\sum F_y = 0$; $R_A + R_B = 14\,\text{kN}$

$\sum M_A = 0$; $(6\times3)+(8\times6)-(R_B\times9)=0$

$\therefore R_B = 7.33\,\text{kN},\ R_A = 6.67\,\text{kN}$

② 단면력 산정

- AC 구간(A 원점, $0 \leqq x_1 \leqq 3\text{m}$)

  $V_{x1} = R_A = 6.67\,\text{kN}$

  $M_{x1} = R_A \times x_1 = 6.67x_1$

- CD 구간(A 원점, $3\text{m} \leqq x_1 \leqq 6\text{m}$)

  $V_{x1} = R_A - 6 = 0.67\,\text{kN}$

  $M_{x1} = R_A \cdot x_1 - 6(x_1 - 3) = 0.67x_1 + 18$

- BD 구간(B 원점, $0 \leqq x_2 \leqq 3\,\text{m}$)

  $V_{x2} = -R_B = -7.33\,\text{kN}$

  $M_{x2} = 7.33x_2$

③ 단면력도 작성

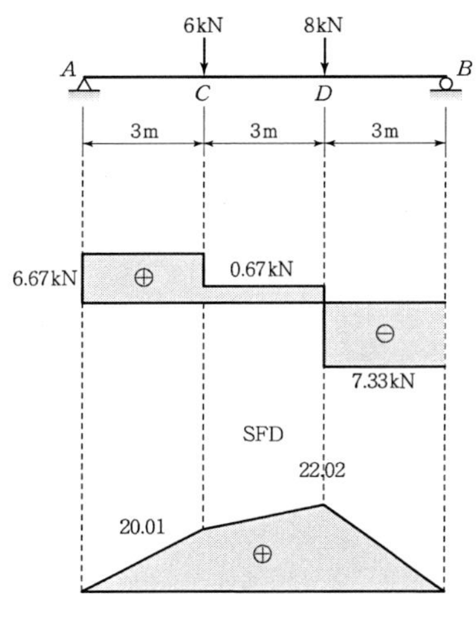

(2)

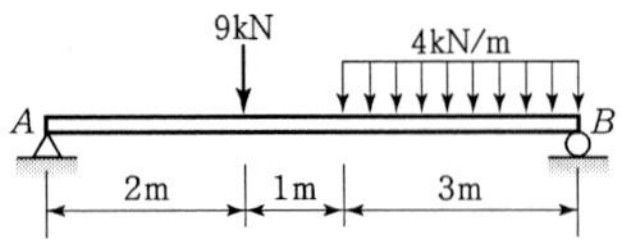

① 반력 산정

$R_A + R_B = 9 + (4 \times 3) = 21\,\text{kN}$

$(9 \times 2) + (4 \times 3 \times 4.5) - (R_B \times 6) = 0$

$\therefore R_B = 12\,\text{kN},\ \ R_A = 9\,\text{kN}$

② 단면력 산정

- AC 구간(A 원점, $0 \leqq x_1 \leqq 2\text{m}$)

  $V_{x1} = R_A = 9\,\text{kN}$

  $M_{x1} = R_A \cdot x_1 = 9x_1$

- CD 구간(A 원점, $2\text{m} \leqq x_1 \leqq 3\,\text{m}$)

  $V_{x1} = 9 - 9 = 0$

  $M_{x1} = R_A \cdot x_1 - 9(x_1 - 2) = 18\,\text{kN·m}$

- BD 구간(B 원점, $0 \leqq x_1 \leqq 3\text{m}$)

  $V_{x2} = 4 \cdot x_2 - 12$

  $M_{x2} = (R_B \times x_2) - \left(4 \times x_2 \times \dfrac{x_2}{2}\right) = 12x_2 - 2x_2^2$

③ 단면력도 작성

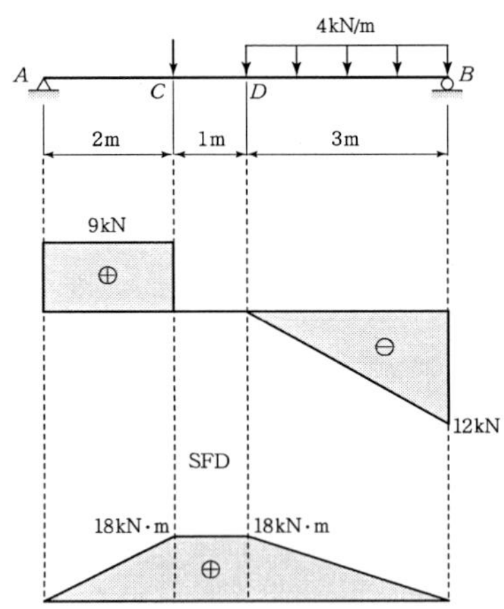

(3)

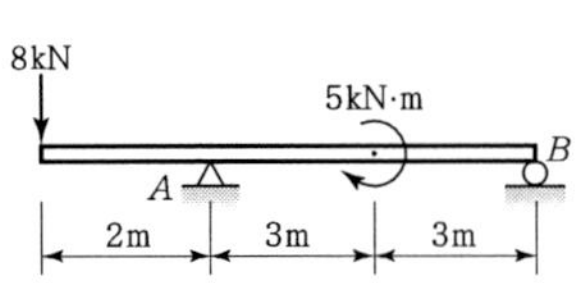

① 반력 산정

$\sum F_y = 0$; $R_A + R_B - 8 = 0$

$\therefore R_A \times R_B = 8\,\text{kN}$

$\sum M_A = 0$; $-(8 \times 2) + 5 - (R_B \times 6) = 0$

$\therefore R_B = -1.83\,\text{kN}$(그림과 반대방향)

$\therefore R_A = 9.83\,\text{kN}$

② 단면력 산정

- AC 구간(C 원점, $0 \leqq x_1 \leqq 2\text{m}$)

  $V_{x1} = -8\,\text{kN}$

  $M_{x1} = -8x_1$

- AD 구간(C 원점, $2\text{m} \leqq x_1 \leqq 5\text{m}$)

  $V_{x1} = -8 + R_A = 1.83\,\text{kN}$

  $M_{x1} = -8x_1 + 9.83(x_1 - 2) = 1.83x_1 - 19.66$

- BD 구간(B 원점, $0 \leqq x_2 \leqq 3\text{m}$)

  $V_{x2} = R_B = 1.83\,\text{kN}$

  $M_{x2} = -1.83x_2$

③ 단면력도 작성

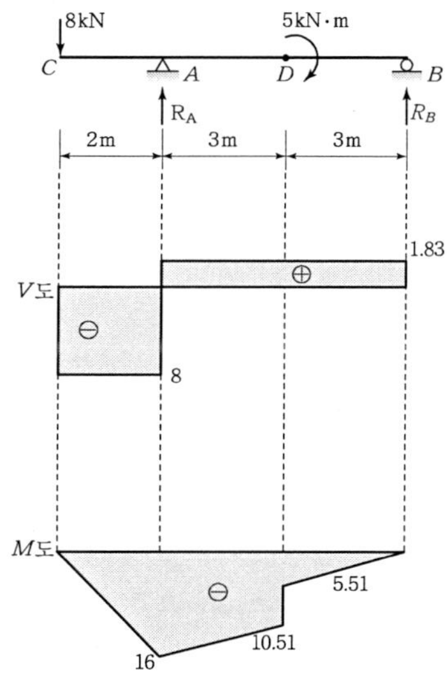

(4)

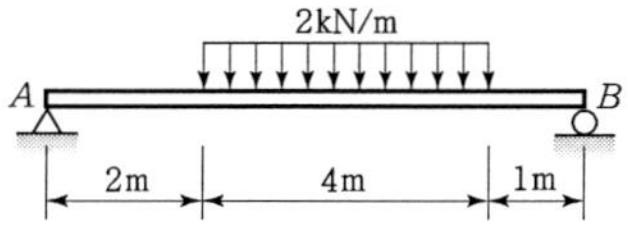

① 반력 산정

$\sum F_y = 0\ ;\ R_A + R_B - (2 \times 4) = 0$

$\therefore R_A + R_B = 8\,\text{kN}$

$\sum M_A = 0\ ;\ (2 \times 4 \times 4) - (R_B \times 7) = 0$

$\therefore R_B = 4.57\,\text{kN},\ \ R_A = 3.43\,\text{kN}$

② 단면력 산정

- AC 구간(A 원점, $0 \leqq x_1 \leqq 2\text{m}$)

  $V_{x1} = R_A = 3.43\,\text{kN}$

$M_{x1} = 3.43x_1$

- CD 구간(A 원점, $2\text{m} \leqq x_1 \leqq 6\text{m}$)

$V_{x1} = 3.43 - 2 \times (x_1 - 2) = -2x_1 + 7.43$

$M_{x1} = 3.43x_1 - 2 \times \dfrac{(x_1 - 2)^2}{2}$

$= -x_1^2 + 7.43x_1 - 4$

- BD 구간(B 원점, $0 \leqq x_2 \leqq 1\text{m}$)

$V_{x2} = -R_B = -4.57\,\text{kN}$

$M_{x2} = 4.57x_1$

③ 단면력도 작성

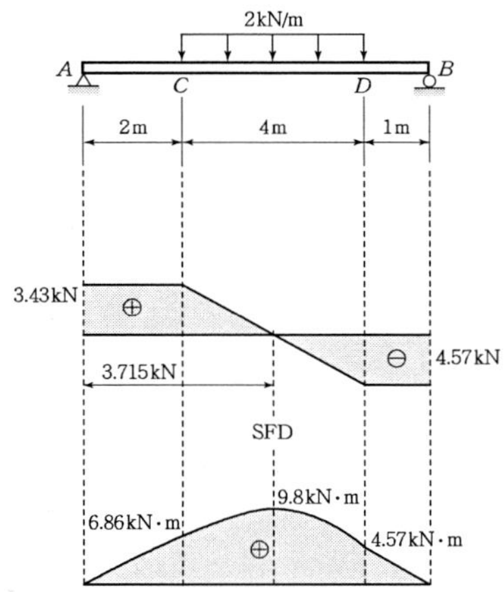

(5)

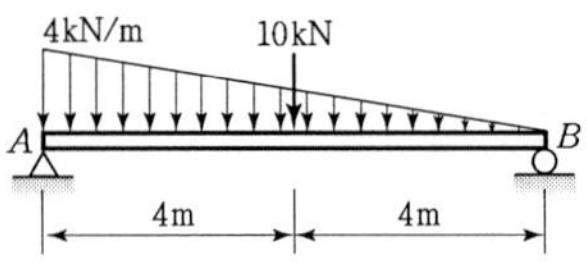

① 반력 산정

$\sum F_y = 0$; $R_A + R_B = \left(4 \times 8 \times \dfrac{1}{2}\right) + 10 = 26\,\text{kN}$

$\sum M_A = 0$; $-\left(\dfrac{1}{2} \times 4 \times 8 \times \dfrac{8}{3}\right) - (10 \times 4)$

$+ (R_B \times 8) = 0$

$\therefore R_B = 10.33\,\text{kN},\ \ R_A = 15.67\,\text{kN}$

② 단면력 산정

- BC 구간(B 원점, $0 \leqq x_1 \leqq 4\text{m}$)
- $V_{x1} = -R_B + \left(\dfrac{1}{2} \times \dfrac{1}{2} x_1 \times x_1\right)$

$= -10.33 + \dfrac{1}{4} x_1^2$

- $M_{x1} = (R_B \times x_1) - \left(\dfrac{1}{2} \times \dfrac{1}{2} x_1 \times x_1 \times \dfrac{x_1}{3}\right)$

$$= 10.33x_1 - \frac{1}{12}x_1^3$$

- AC 구간(B 원점, $4\text{m} \leqq x_1 \leqq 8\text{m}$)

$$V_{x1} = -10.33 + \frac{1}{4}x_1^2 + 10 = -0.33 + \frac{1}{4}x_1^2$$

$$M_{x1} = 10.33x_1 - \frac{1}{12}x_1^3$$

③ 단면력도 작성

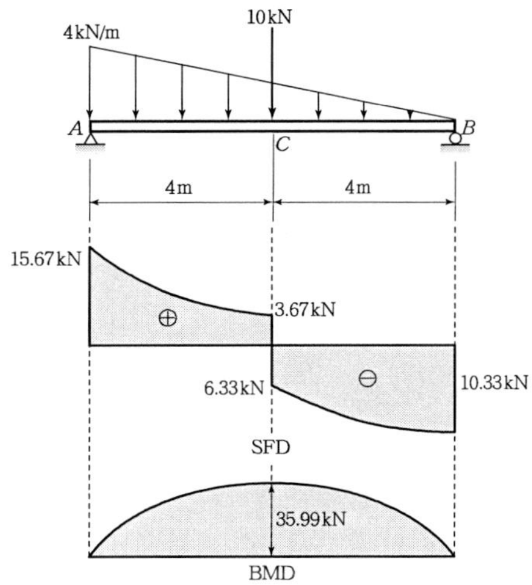

(6)

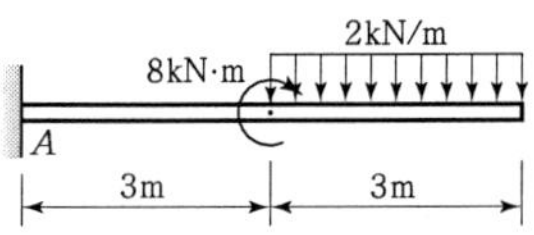

① 반력 산정

$\sum F_y = 0$; $R_A = 6\text{kN}$

$\sum M_A = 0$; $-M_A + 8 + (2\times3\times4.5) = 0$

$\therefore M_A = 35\text{kN}$

② 단면력 산정

- BC 구간(B 원점, $0 \leqq x_1 \leqq 3\text{m}$)

$$V_{x1} = 2x_1$$

$$M_{x1} = -(2\times x_1 \times \frac{x_1}{2}) = -x_1^2$$

- AC 구간(B 원점, $3\text{m} \leqq x_1 \leqq 6\text{m}$)

$$V_{x1} = (2\times3) = 6\text{ kN}$$

$$M_{x1} = -\left[2\times3\times\left(x_1 - \frac{3}{2}\right)\right] = -6x_1 + 1$$

③ 단면력도 작성

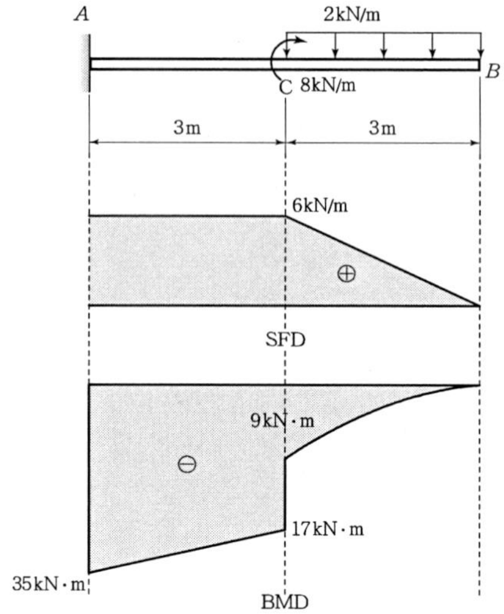

(7)

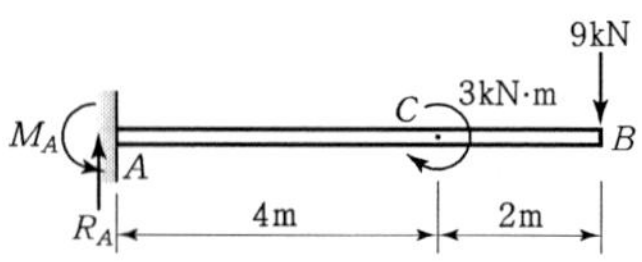

① 반력 산정

$\sum F_y=0$; $R_A=9\text{kN}$

$\sum M_A=0$; $-M_A+3+(9\times 6)=0$

$\therefore M_A=57\text{kN}\cdot\text{m}$

② 단면력 산정

- BC 구간(B 원점, $0\leq x_1\leq 2\text{m}$)

  $V_{x1}=9\text{kN}$

  $M_{x1}=-9x_1$

- AB 구간(B 원점, $2\text{m}\leq x_1\leq 6\text{m}$)

  $V_{x1}=9\text{kN}$

  $M_{x1}=-9\cdot x_1-3$

③ 단면력도 작성

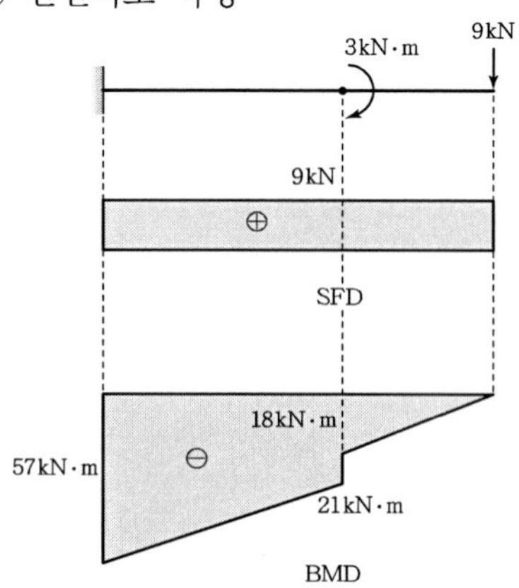

(8)

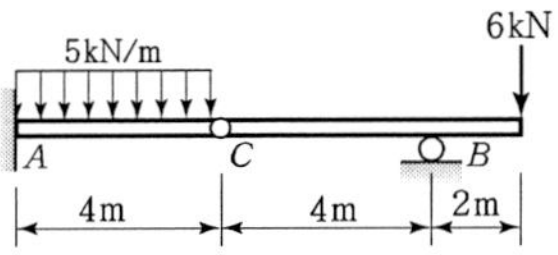

① 반력 산정

- CD 구간

$\sum F_y = 0$; $R_C + R_B = 6$

$\sum M_C = 0$; $-(R_B \times 4) + (6 \times 6) = 0$

$\therefore R_B = 9\,\text{kN},\ R_C = -3$

(R_C는 AC 구간의 C점에 집중하중으로 전달)

- AC 구간

$\sum F_y = 0$; $R_A = (5 \times 4) + R_C = 17\,\text{kN}$

$\sum M_A = 0$; $-(3 \times 4) + (5 \times 4 \times 2) - M_A = 0$

$\therefore M_A = 28\,\text{kN} \cdot \text{m}$

② 단면력 산정

- AC 구간(A 원점, $0 \leqq x_1 \leqq 4\text{m}$)

$V_{x1} = R_A - (5 \times x_1) = 17 - 5x_1$

$M_{x1} = -M_A + (R_A + x_1) - \left(5 \times x_1 \times \dfrac{x_1}{2}\right)$

$= -28 + 17x_1 - 2.5x_1^2$

- BD 구간(D 원점, $0 \leqq x_2 \leqq 2\text{m}$)

$V_{x2} = 6\,\text{kN}$

$M_{x2} = -6x_2$

- BC 구간(D 원점, $2\text{m} \leqq x_2 \leqq 6\text{m}$)

$V_{x2} = 6 - R_B = -3\,\text{kN}$

$M_{x2} = -(6 \times x_2) + R_B(x_2 - 2) = 3x_2 - 18$

③ 단면력도 작성

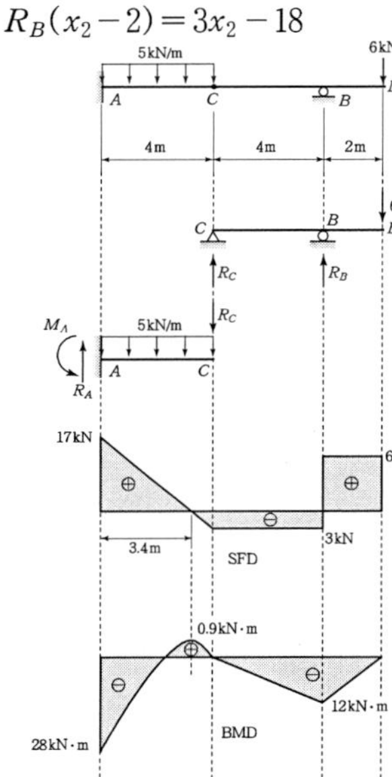

(9)

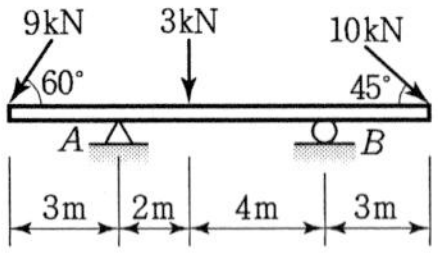

① 반력 산정

$\sum F_x = 0$; $-H_A - (9\cos 60°) + (10\cos 45°) = 0$

$\therefore H_A = 2.57\,\text{kN}$

$\sum F_y = 0$; $R_A + R_B - (9\sin 60°) - (10 \cdot \sin 45°)$

$-3 = 0$

$\therefore R_A + R_B = 17.87\,\text{kN}$

$\sum M_A = 0$; $-(9\sin 60 \times 3) + (3 \times 2)$

$-(R_B \times 6) + (10\sin 45° \times 9) = 0$

$\therefore R_B = 7.71\,\text{kN}$, $R_A = 10.16\,\text{kN}$

② 단면력 산정

- AC 구간(C 원점, $0 \leqq x_1 \leqq 3\text{m}$)

  $N_{AC} = 9\cos 60° = 4.5\,\text{kN}$

  $V_{AC} = -9\sin 60° = -7.79\,\text{kN}$

  $M_{x1} = -(9\sin 60° \times x_1) = -7.79x_1$

- AD 구간(C 원점, $3\text{m} \leqq x_1 \leqq 5\text{m}$)

  $N_{AD} = 9\cos 60° + H_A = 7.07\,\text{kN}$

  $V_{AD} = -(9\sin 60°) + R_A = 2.37\,\text{kN}$

  $M_{x1} = -(9\sin 60° \times x_1) + R_A(x_1 - 3)$

  $= 2.37x_1 - 30.48$

- BE 구간(E 원점, $0 \leqq x_2 \leqq 3\text{m}$)

  $N_{BE} = 10\cos 45° = 7.07\,\text{kN}$

  $V_{BE} = 10\sin 45° = 7.07\,\text{kN}$

  $M_{x2} = -(10\sin 45° \times x_2) = -7.07x_2$

- BD 구간(E 원점, $3\text{m} \leqq x_2 \leqq 7\text{m}$)

  $N_{BD} = 10\cos 45° = 7.07\,\text{kN}$

  $V_{BD} = (10\sin 45°) - R_B = -0.64\,\text{kN}$

  $M_{x2} = -(10\sin 45° \times x_2) + R_B(x_2 - 3)$

  $= 0.64x_2 - 23.13$

③ 단면력도 작성

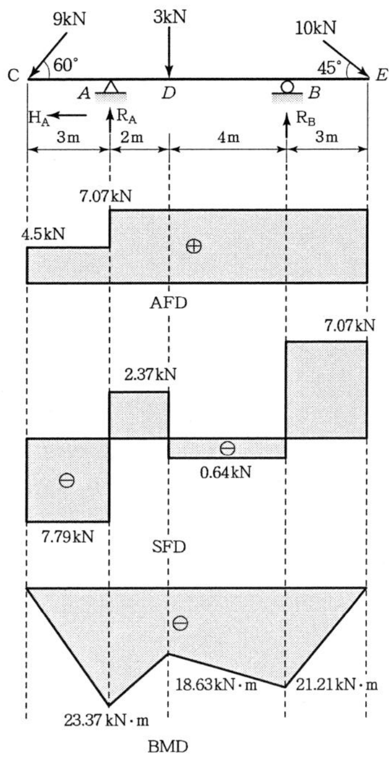

(10)

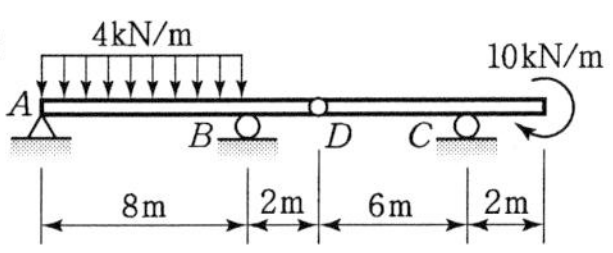

① 반력 산정

- DE 구간

  $\sum F_y = 0$; $R_C = R_D$

  $\sum M_D = 0$; $-(R_C \times 6) + 10 = 0$

  $\therefore R_C = R_D = 1.67\,\text{kN}$

- AD 구간

  $\sum F_y = 0$; $R_A + R_B + 1.67 - (4 \times 8) = 0$

  $\therefore R_A + R_B = 30.33$

  $\sum M_A = 0$; $(4 \times 8 \times 4) - (R_B \times 8)$

  $- (1.67 \times 10) = 0$

  $\therefore R_B = 13.91\,\text{kN}$, $R_A = 16.42\,\text{kN}$

② 단면력 산정

- AB 구간(A 원점, $0 \leqq x_1 \leqq 8\text{m}$)

  $V_{x1} = R_A - (4 \times x_1) = 16.42 - 4x_1$

  $M_{x1} = (R_A \times x_1) - \left(4 \times x_1 \times \dfrac{x_1}{2}\right)$

  $= 16.42x_1 - 2x_1^2$

- BD 구간(A 원점, $8\text{m} \leqq x_1 \leqq 10\text{m}$)

  $V_{BD} = 16.42 - (4 \times 8) + R_B = -1.67\text{ kN}$

  $M_{x1} = (R_A \times x_1) - 4 \times 8 \times (x_1 - 4)$

  $\quad + R_B \times (x_1 - 8) = -1.67x_1 + 16.72$

- CE 구간(E 원점, $0 \leqq x_2 \leqq 2\text{m}$)

  $M_{CE} = -10\text{ kN}\cdot\text{m}$

- CD 구간(E 원점, $2\text{m} \leqq x_2 \leqq 8\text{m}$)

  $V_{CD} = -R_C = -1.67\text{ kN}$

  $M_{x_2} = -10 + R_C \times (x_2 - 2) = 1.67x_2 - 13.34$

③ 단면력도 작성

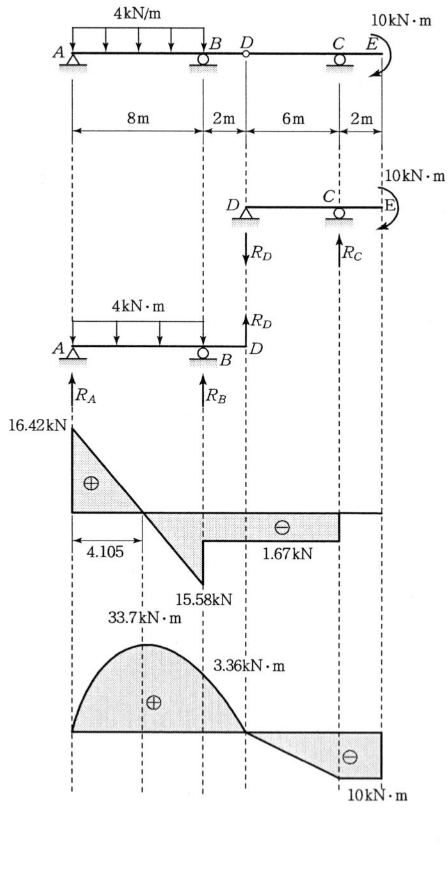

3-2 (1)

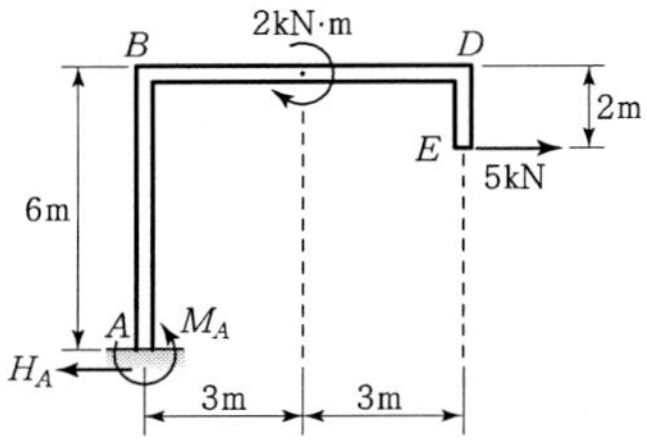

① 반력 산정

$\sum F_x = 0$; $H_A = 5\,\text{kN}$

$\sum M_A = 0$; $-M_A + 2 + (5\times 4) = 0$

$\therefore M_A = 22\,\text{kN}\cdot\text{m}$

② 단면력 산정

- DE 구간(E 원점, $0 \leqq x_1 \leqq 2\text{m}$)

  $V_{DE} = -5\,\text{kN}$

  $M_{x1} = 5x_1$

- CD 구간(D 원점, $0 \leqq x_2 \leqq 3\text{m}$)

  $N_{CD} = 5\,\text{kN}$

  $M_{CD} = 5\times 2 = 10\,\text{kN}\cdot\text{m}$

- BC 구간(D 원점, $3\,\text{m} \leqq x_2 \leqq 6\text{m}$)

  $N_{BC} = 5\,\text{kN}$

  $M_{BC} = 10 - 2 = 8\,\text{kN}\cdot\text{m}$

- AB 구간(A 원점, $0 \leqq x_3 \leqq 6\text{m}$)

  $V_{AB} = H_A = 5\,\text{kN}$

  $M_{x3} = -M_A + (H_A \times x_3) = -22 + 5x_3$

③ 단면력도 작성

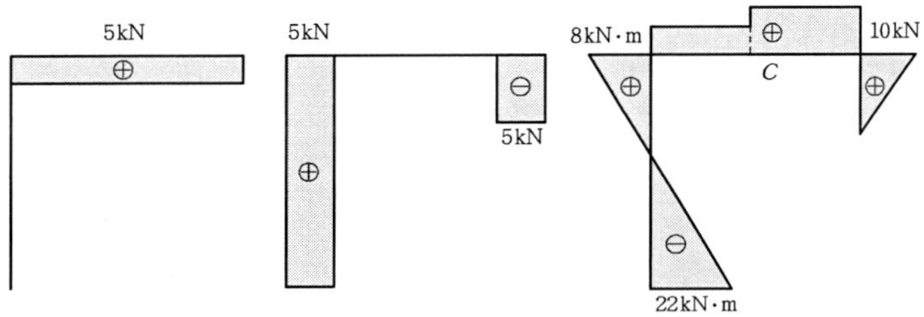

AFD SFD BMD

(2)

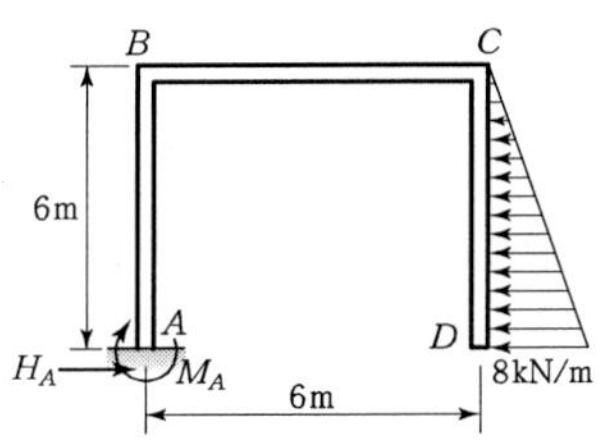

① 반력 산정

$\sum F_x = 0$; $H_A = 8\times 6\times \frac{1}{2} = 24\,\text{kN}$

$\sum M_A = 0$; $-M_A + \left(8\times 6\times \frac{1}{2}\times 6\times \frac{1}{3}\right) = 0$

$\therefore M_A = 48\,\text{kN}\cdot\text{m}$

② 단면력 산정

- AB 구간(A 원점, $0 \leqq x_1 \leqq 6\text{m}$)

$V_{AB} = -H_A = -24\,\text{kN}$

$M_{x1} = M_A - (H_A \times x_1) = 48 - 24x_1$

- BC 구간(B 원점, $0 \leq x_2 \leq 6\text{m}$)

$N_{BC} = -H_A = -24\,\text{kN}$

$M_{BC} = M_A - (H_A \times 6) = -96\,\text{kN}\cdot\text{m}$

- CD 구간(C 원점, $0 \leq x_3 \leq 6\text{m}$)

$V_{x3} = H_A - \left(\frac{1}{2} \times x_3 \times \frac{4}{3}x_3\right) = 24 - \frac{2}{3}x_3^2$

$$M_{x3} = -96 + (H_A \times x_3) - \left(\frac{1}{2} \times x_3 \times \frac{4}{3}x_3 \times \frac{x_3}{3}\right) = -96 + 24x_3 - \frac{2}{9}x_3^3$$

③ 단면력도 산정

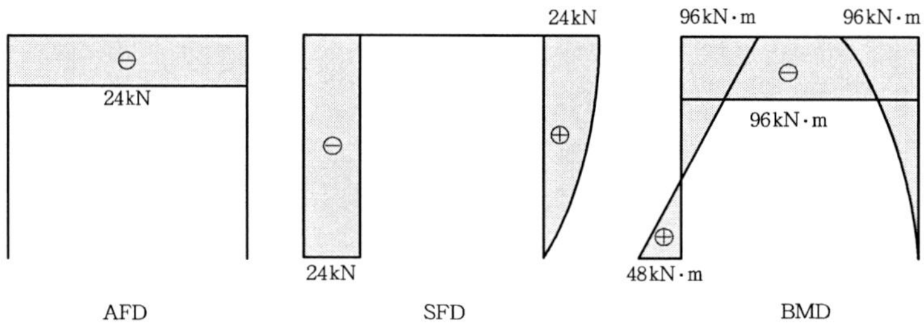

(3)

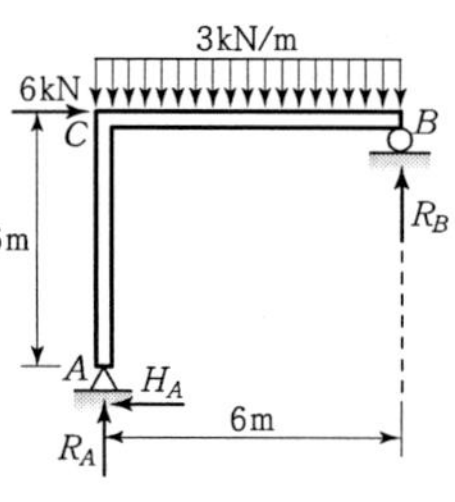

① 반력 산정

$\sum F_x = 0$; $H_A = 6\,\text{kN}$

$\sum F_y = 0$; $R_A + R_B = (3 \times 6) = 18\,\text{kN}$

$\sum M_A = 0$; $(6 \times 6) + (3 \times 6 \times 3) - (R_B \times 6) = 0$

$\therefore R_B = 15\,\text{kN},\ R_A = 3\,\text{kN}$

② 단면력 산정

- AC 구간(A 원점, $0 \leq x_1 \leq 6\text{m}$)

$N_{AC} = -R_A = -3\,\text{kN}$

$V_{AC} = H_A = 6\,\text{kN}$

$M_{x1} = H_A \times x_1 = 6x_1$

- BC 구간(B 원점, $0 \leq x_2 \leq 6\text{m}$)

$V_{x2} = -R_B + (3 \times x_2) = -15 + 3x_2$

$M_{x2} = (R_B \times x_2) - \left(3 \times x_2 \times \frac{x_2}{2}\right)$

$$= -15x_2 - \frac{3}{2}x_2^2$$

③ 단면력도 작성

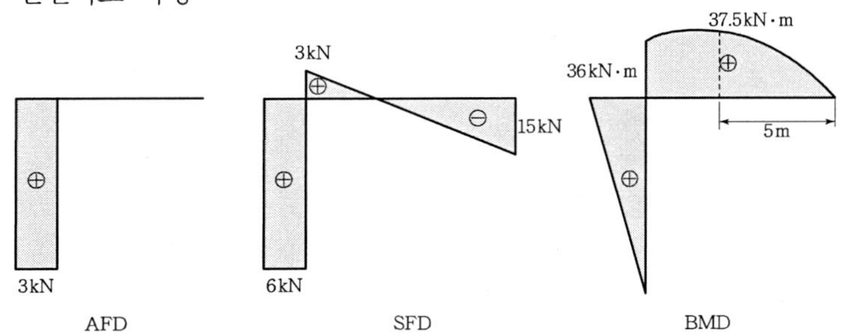

(4)

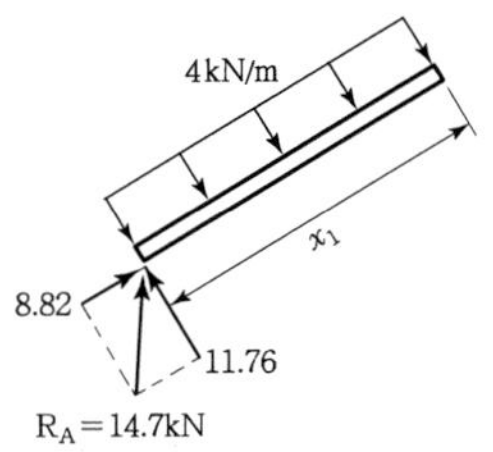

① 반력 산정

$\sum F_x = 0$; $12 - H_B = 0$

$\therefore H_B = 12$ kN

$\sum F_y = 0$; $R_A + R_B = 16 + 2 = 18$ kN

$\sum M_A = 0$; $(4 \times 5 \times 2.5) + (2 \times 6) + 7$

$- (R_B \times 10) - (H_B \times 3) = 0$

$\therefore R_B = 3.3$kN, $R_A = 14.7$kN

② 단면력 산정

- AC 구간(A 원점, $0 \leq x_1 \leq 5$m)

  $N_{x1} = -8.82$ kN

  $V_{x1} = 11.76 - (4 \times x_1)$

  $M_{x1} = (11.76 \times x_1) - \left(4 \times x_1 \times \frac{x_1}{2}\right)$

  $= 11.76x_1 - 2x_1^2$

- BE 구간(B 원점, $0 \leq x_2 \leq 2$m)

  $N_{x2} = -H_B = -12$ kN

  $V_{x2} = -R_B = -3.3$ kN

  $M_{x2} = R_B \cdot x_2 = 3.3x_2$

- DE 구간(B 원점, $2\text{m} \leq x_2 \leq 4$m)

  $N_{x2} = -12$ kN

  $V_{x2} = -3.3$ kN

  $M_{x2} == 3.3x_2 - 7$

- CD 구간(B 원점, $4\text{m} \leq x_2 \leq 6$m)

  $N_{x2} = -12$ kN

$V_{x2} = -3.3 + 2 = -1.3\,\mathrm{kN}$

$M_{x2} = 3.3x_2 - 7 - 2(x_2 - 4) = 1.3x_2 + 1$

③ 단면력도 작성

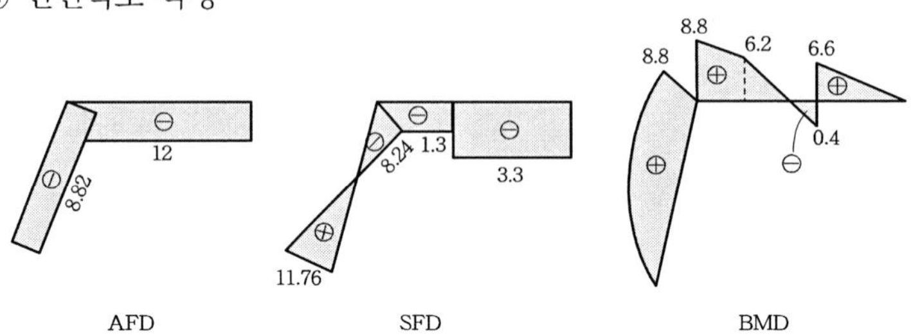

④

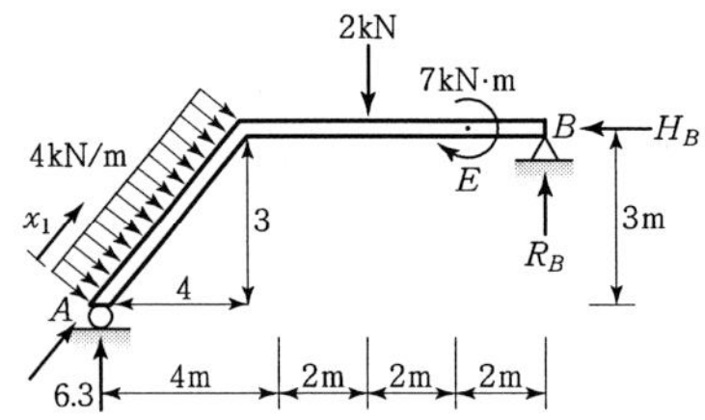

(5)

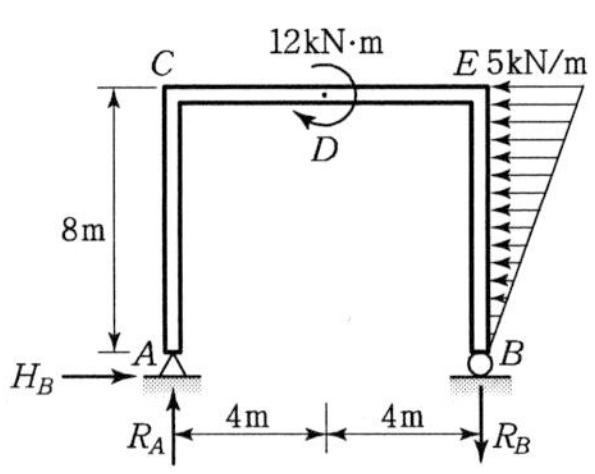

① 반력 산정

$\sum F_x = 0\ ;\ H_A = 5 \times 8 \times \dfrac{1}{2} = 20\,\mathrm{kN}$

$\sum F_y = 0\ ;\ R_A - R_B = 0$

$\therefore R_A = R_B$

$\sum M_A = 0\ ;\ 12 - \left(5 \times 8 \times \dfrac{1}{2} \times 8 \times \dfrac{2}{3}\right) + (R_B \times 8) = 0$

$\therefore R_A = R_B = 11.83\,\mathrm{kN}$

② 단면력 산정

- AC 구간(A 원점, $0 \leqq x_1 \leqq 8\mathrm{m}$)

  $N_{x1} = -R_A = -11.83\,\mathrm{kN}$

  $V_{x1} = -H_A = -20\,\mathrm{kN}$

  $M_{x1} = -(H_A + x_1) = -20x_1$

- CD 구간(C 원점, $0 \leqq x_2 \leqq 4\mathrm{m}$)

  $N_{x2} = -H_A = -20\,\mathrm{kN}$

  $V_{x2} = R_A = 11.83\,\mathrm{kN}$

  $M_{x2} = -(8 \times H_A) = -(8 \times 20) = -160\,\mathrm{kN\cdot m}$

- DE 구간(C 원점, $4\text{m} \leqq x_2 \leqq 8\text{m}$)

  N_{x2}, $V_{x2}=$ CD 구간과 동일

  $M_{x2}=-160+12=-148\,\text{kN}\cdot\text{m}$

- BE 구간(B 원점, $0 \leqq x_3 \leqq 8\text{m}$)

  $N_{x3}=R_B=11.83\,\text{kN}$

  $V_{x3}=\dfrac{5}{8}x_3 \times x_3 \times \dfrac{1}{2}=0.31x_3^2$

  $M_{x3}=\dfrac{5}{8}x_3 \times x_3 \times \dfrac{1}{2} \times \dfrac{1}{3}x_3=0.1x_3^3$

③ 단면력도 작성

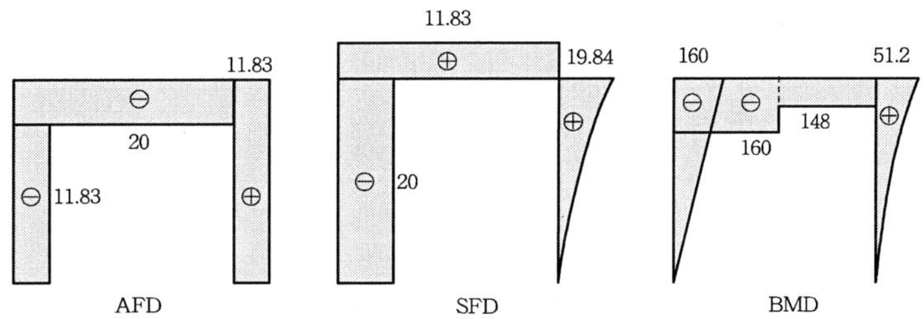

(6)

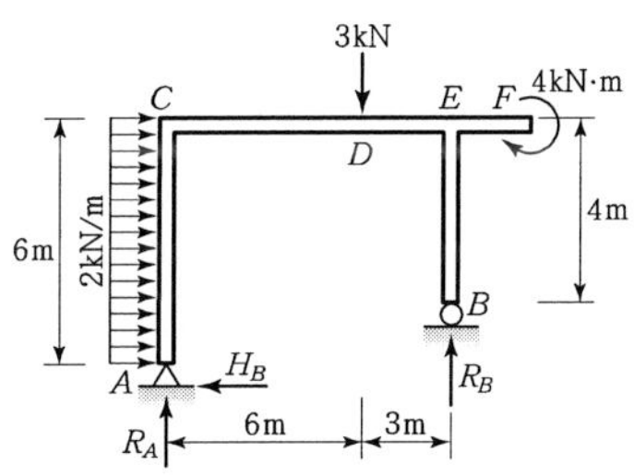

① 반력 산정

$\sum F_x=0$;

$H_A=2\times 6=12\,\text{kN}$

$\sum F_y=0$; $R_A+R_B=3\,\text{kN}$

$\sum M_A=0$; $(2\times 6\times 3)+(3\times 6)+4$

$\qquad -(R_B\times 9)=0$

$\therefore R_B=6.44\,\text{kN}$, $R_A=-3.44\,\text{kN}$(그림과 반대방향)

② 단면력 산정

- AC 구간(A 원점, $0 \leqq x_1 \leqq 6\text{m}$)

  $N_{x1}=R_A=3.44\,\text{kN}$

  $V_{x1}=H_A-(2\cdot x_1)=12-2x_1$

  $M_{x1}=(H_A\times x_1)-\left(2\times x_1\times \dfrac{x_1}{2}\right)=12x_1-x_1^2$

- CD 구간(C 원점, $0 \leqq x_2 \leqq 6\text{m}$)

  $N_{x2}=-(2\times 6)+12=0$

  $V_{x2}=-R_A=-3.44\,\text{kN}$

  $M_{x2}=-(2\times 6\times 3)+(H_A\times 6)-(R_A\times x_2)$

$= -3.44x_2 + 36$

- EF 구간

  $M_{EF} = -4\ \text{kN·m}$

- BE 구간

  $N_{BE} = -6.44\ \text{kN}$

- DE 구간($0 \leq x_3 \leq 3\text{m}$)

  $V_{x3} = -R_B = -6.44\ \text{kN}$

  $M_{x3} = -4 + (R_B \times x_3) = -4 + 6.44x_3$

③ 단면력도 작성

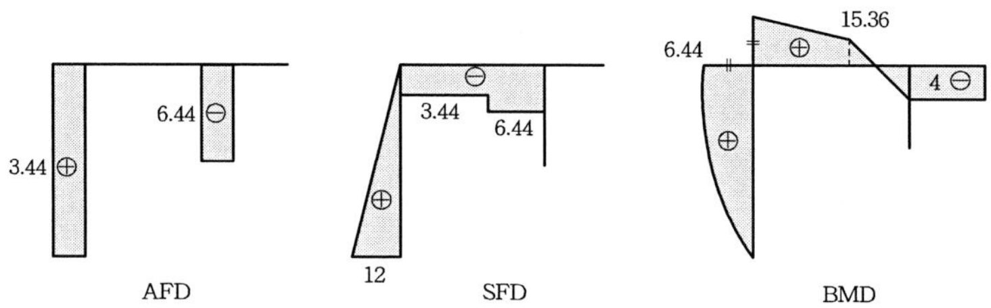

(7)

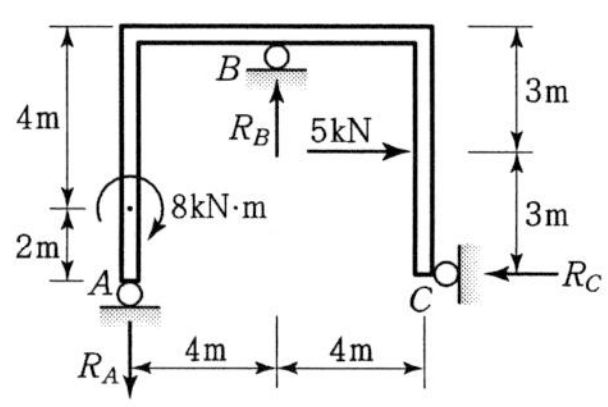

① 반력 산정

$\sum F_x = 0$; $R_C = 5\text{kN}$

$\sum F_y = 0$; $R_A = R_B$

$\sum M_A = 0$; $8 - (R_B \times 4) + (5 \times 3) = 0$

$\therefore R_A = R_B = 5.75\ \text{kN}$

② 단면력 산정

- AD 구간

  $N_{AD} = R_A = 5.75\ \text{kN}$

- DE 구간

  $N_{DE} = R_A = 5.75\ \text{kN}$

  $M_{DE} = 8\ \text{kN·m}$

- BE 구간(E 원점, $0 \leq x_1 \leq 4\text{m}$)

  $V_{x1} = -R_A = -5.75\ \text{kN}$

  $M_{x1} = 8 - (R_A \times x_1) = 8 - 5.75x_1$

- CG 구간(C 원점, $0 \leq x_2 \leq 3\text{m}$)

  $V_{x2} = R_C = 5\text{kN}$

  $M_{x2} = -R_C \cdot x_2 = -5x_2$

- FG 구간(C 원점, $3\text{m} \leq x_3 \leq 6\text{m}$)

  $V_{x3} = R_C - 5 = 0$

  $M_{x3} = -(R_C \times x_2) + 5(x_2 - 3) = -15\,\text{kN·m}$

- BF 구간

  $N_{BF} = 5 - R_C = 0$

  $M_{BF} = -(R_C \times 6) + (5 \times 3) = -15\,\text{kN·m}$

③ 단면력도 작성

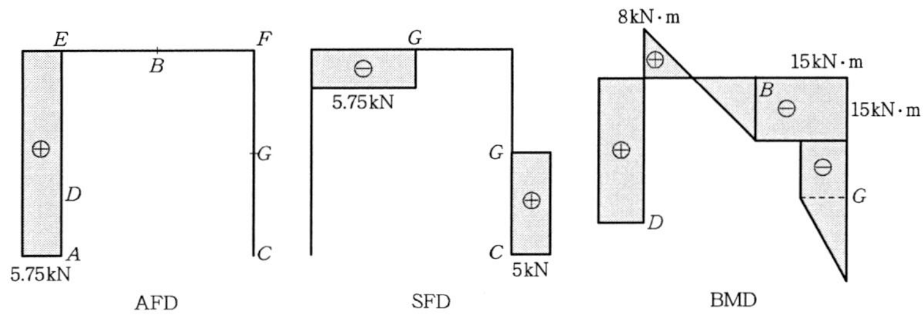

(8)

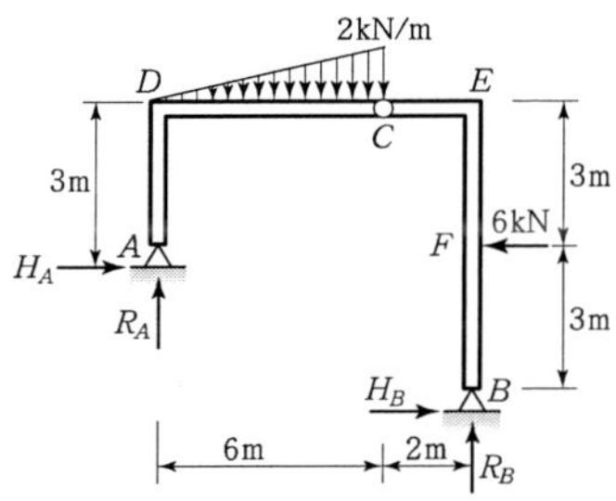

① 반력 산정

$\sum F_x = 0\ ;\ H_A + H_B = 6\,\text{kN}$ …… ①

$\sum F_y = 0\ ;\ R_A + R_B = 2 \times 6 \times \dfrac{1}{2} = 6\,\text{kN}$ …… ②

$\sum M_C^{AC}(\ AC\ \text{구간}) = 0\ ;\ -(H_A \times 3) + (R_A \times 6)$

$-\left(2 \times 6 \times \dfrac{1}{2} \times 6 \times \dfrac{1}{3}\right) = 0$

$\therefore 6R_A = 3H_A + 12$ …… ③

$\sum M_C^{BC}(\ BC\ \text{구간}) = 0\ ;\ -(H_B \times 6) - (R_B \times 2)$

$+ (6 \times 3) = 0$

$\therefore 2R_B = -6H_B + 18$ …… ④

③＋④ ×3＝② ×6

$H_A - 6H_B = -10$ …… ⑤

①, ⑤식 연립계산

$H_B = 2.29\,\text{kN},\ \ H_A = 3.71\,\text{kN}$

$R_B = 2.14\,\text{kN},\ \ R_A = 3.86\,\text{kN}$

② 단면력 산정

- AD 구간(A 원점, $0 \leq x_1 \leq 3\text{m}$)

  $N_{x1} = -R_A = -3.86\,\text{kN}$

$V_{x1} = -H_A = -3.71\,\text{kN}$

$M_{x1} = -H_A \cdot x_1 = -3.71x_1$

- CD 구간(D 원점, $0 \leqq x_2 \leqq 6\text{m}$)

$N_{x2} = -H_A = -3.71\,\text{kN}$

$V_{x2} = R_A - \left(\frac{1}{2} \times \frac{1}{3} x_2 \times x_2\right) = 3.86 - \frac{1}{6} x_2^2$

$M_{x2} = -(H_A \times 3) - \frac{1}{6} x_2^2 \times \frac{1}{3} x_2 + R_A \cdot x_2$

$= -11.13 + 3.86x_2 - \frac{1}{18} x_2^3$

- BF 구간(B 원점, $0 \leqq x_3 \leqq 3\text{m}$)

$N_{x3} = -R_B = -2.14\,\text{kN}$

$V_{x3} = -H_B = -2.29\,\text{kN}$

$M_{x3} = H_B \cdot x_3 = 2.29x_3$

- EF 구간(B 원점, $3\text{m} \leqq x_3 \leqq 6\text{m}$)

$N_{x3} = -R_B = -2.14\,\text{kN}$

$V_{x3} = -H_B + 6 = 3.71\,\text{kN}$

$M_{x3} = (H_B \times x_3) - 6 \times (x_3 - 3) = -3.71x_3 + 18$

- CE 구간(E 원점, $0 \leqq x_4 \leqq 2\text{m}$)

$N_{x4} = -6 + H_B = -6 + 2.29 = -3.71\,\text{kN}$

$V_{x4} = -R_B = -2.14\,\text{kN}$

$M_{x4} = (H_B \times 6) - (6 \times 3) + (R_B \times x_4)$

$= -4.26 + 2.14x_4$

③ 단면력도 작성

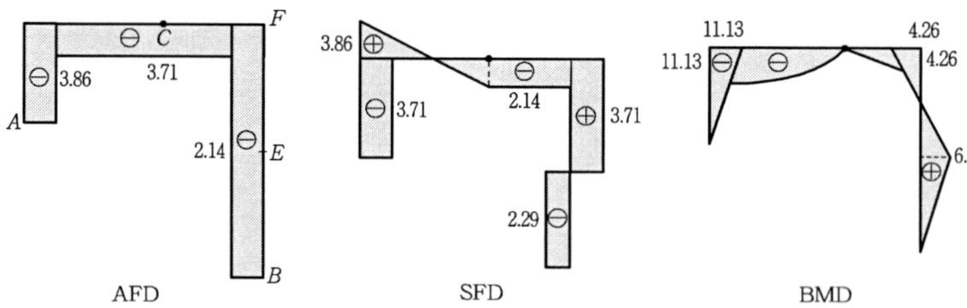

3-3

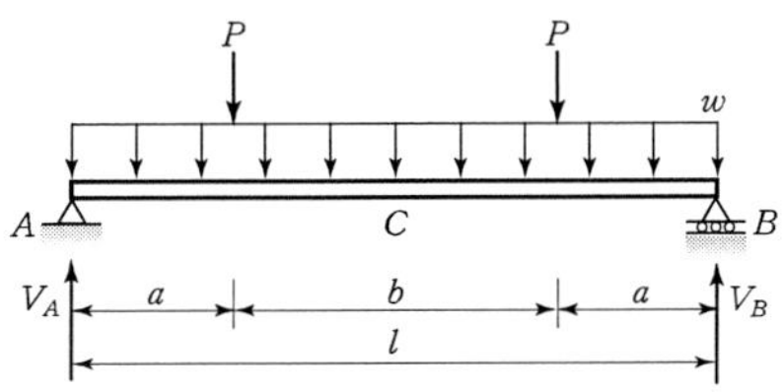

보의 반력은 대칭이므로 $V_A=\dfrac{wl}{2}+P=V_B$

$$M_C=\left(\frac{wl}{2}+P\right)\left(\frac{l}{2}\right)-w\left(\frac{l}{2}\right)\cdot\frac{l}{4}-P\left(\frac{l}{2}-a\right)$$

$$=\frac{wl^2}{8}+Pa$$

3-4 최대휨모멘트는 모두 D점에서 발생한다.

(1)

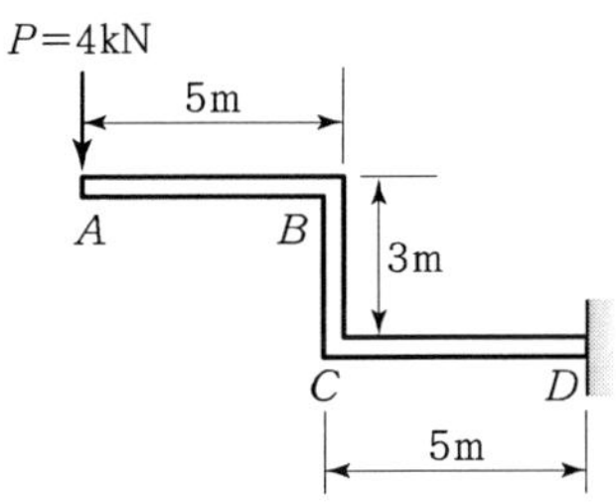

(2)

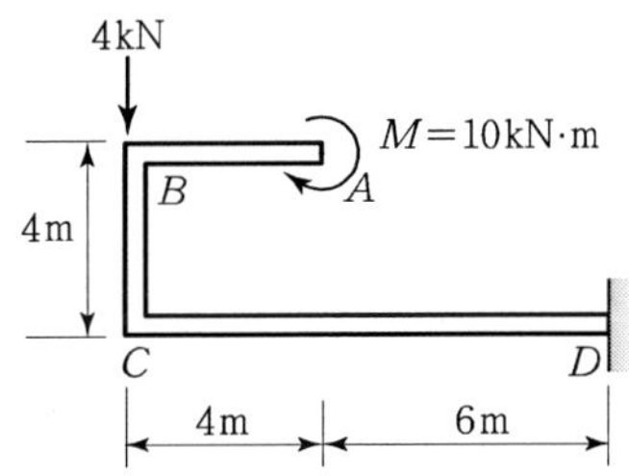

$M_D=-4\,\text{kN}\times10\,\text{m}=-40\,\text{kN}\cdot\text{m}$ $\quad$ $M_D=-4\,\text{kN}\times10\,\text{m}+10\,\text{kN}\cdot\text{m}=-30\,\text{kN}\cdot\text{m}$

3-5

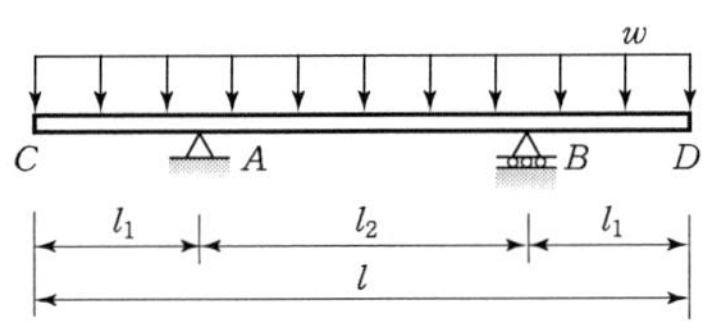

최대 정 · 부의 휨모멘트를 구하여 같게 놓으면 다음과 같다.

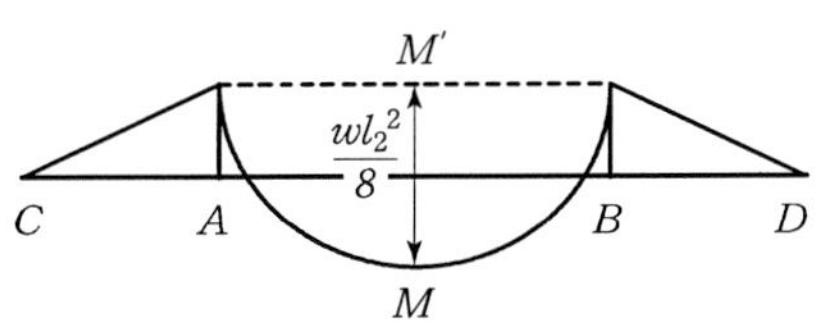

$$M_{M}{}'=\frac{wl_2^2}{8}\ ,\quad M_A=\frac{wl_1^2}{2}$$

$$\therefore \frac{wl_2^2}{8}-\frac{wl_1^2}{2}=\frac{wl_1^2}{2}$$

$$\rightarrow l_2=\sqrt{2}\,l_1$$

$$\therefore l=2l_1+l_2=(2+2\sqrt{2})\,l_1$$

4장 단면의 성질과 응력

4-1 (1)

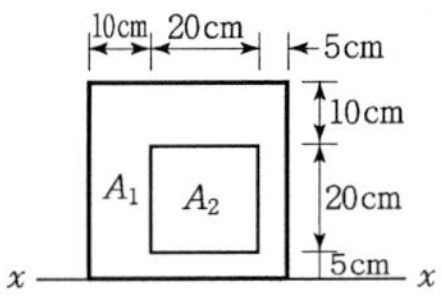

① 단면적

$A_1 = 35 \times 35 = 1225\,\text{cm}^2$

$A_2 = 20 \times 20 = 400\,\text{cm}^2$

② A_1, A_2의 도심 거리

$x_1 = 35/2 = 17.5\,\text{cm}$

$x_2 = 5 + (20/2) = 15\,\text{cm}$

$S_x = A_1 x_1 - A_2 x_2$

$= 1225 \times 17.5 - 400 \times 15 = 15437.5\,\text{cm}^3$

(2)

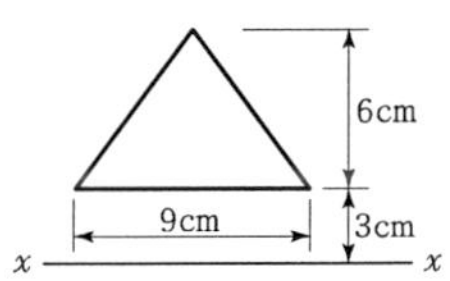

① 단면적

$$A = 9 \times 6 \times \frac{1}{2} = 27\ \text{cm}^2$$

② 도심 거리

$$x = 3 + \left(6 \times \frac{1}{3}\right) = 5\ \text{cm}$$

$S_x = 27 \times 5 = 135\,\text{cm}^3$

(3)

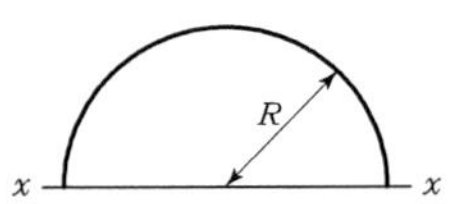

$$S_x = \int y\,\text{dA} = \int_0^{\frac{\pi}{2}} 2R^3 \cdot \sin\theta \cdot \cos^2\theta \cdot d\theta$$

$$= 2R^3 \int_0^{\frac{\pi}{2}} \cos^2\theta \cdot \sin\theta \cdot d\theta \qquad \left[\begin{array}{l} u = \cos\theta \text{라 놓으면} \\ du = -\sin\theta\, d\theta \\ \sin\theta = -\dfrac{du}{d\theta} \end{array}\right]$$

$$= 2R^3 \int_0^{\frac{\pi}{2}} u^2\left(-\frac{du}{d\theta}\right) d\theta$$

$$= 2R^3 \int_0^{\frac{\pi}{2}} -u^2\,du = 2R^3\left[-\frac{1}{3}u^3\right]_0^{\frac{\pi}{2}}$$

$$= 2R^3\left[-\frac{\cos^3\theta}{3}\right]_0^{\frac{\pi}{2}} = \frac{2R^3}{3}$$

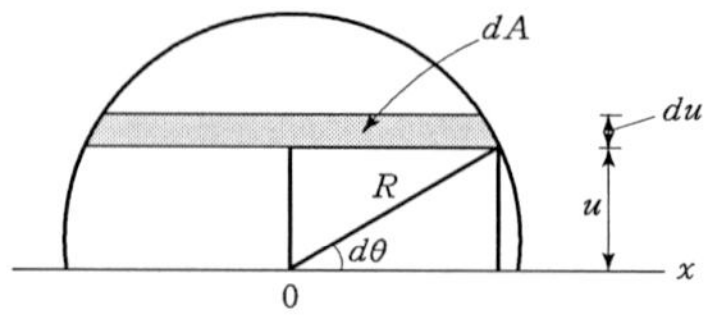

$x = 2R\ \cos\theta$

$y = R\ \sin\theta \quad dy = R \cdot \cos\theta\, d\theta$

$\therefore dA = x \cdot dy = 2R^2\ \cos^2\theta\, d\theta$

4-2 (1)

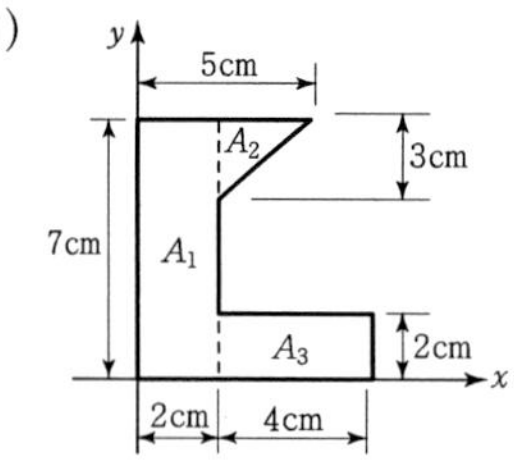

① 단면적

$A_1 = 7\times 2 = 14\,\text{cm}^2$

$A_2 = \dfrac{1}{2}\times 3\times 3 = 4.5\,\text{cm}^2$

$A_3 = 4\times 2 = 8\ \text{cm}^2$

② 도심 거리

$$\bar{x} = \frac{(A_1x_1 + A_2x_2 + A_3x_3)}{A_1 + A_2 + A_3}$$

$$= \frac{(14\times 1) + (4.5\times 3) + (8\times 4)}{14 + 4.5 + 8} = 2.245\,\text{cm}$$

$$\bar{y} = \frac{(A_1y_1 + A_2y_2 + A_3y_3)}{A_1 + A_2 + A_3}$$

$$= \frac{(14\times 3.5) + (4.5\times 6) + (8\times 1)}{14 + 4.5 + 8} = 3.17\,\text{cm}$$

(2)

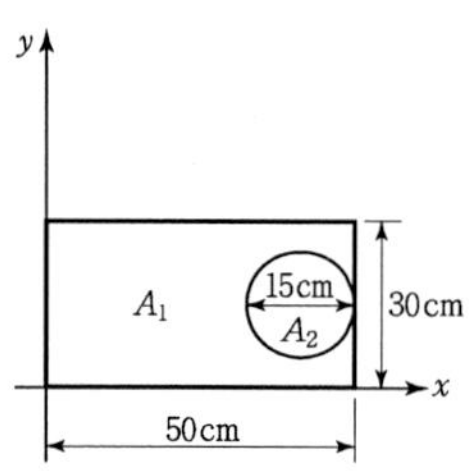

① 단면적

$A_1 = 50\times 30 = 1500\,\text{cm}^2$

$A_2 = \dfrac{\pi\times 15^2}{4} = 176.63\,\text{cm}^2$

② 도심 거리

$$\bar{x} = \frac{(A_1x_1 - A_2x_2)}{(A_1 - A_2)}$$

$$= \frac{(1500\times 25) - (176.63\times 42.5)}{1500 - 176.63} = 22.66\,\text{cm}$$

대칭 단면이므로 $\bar{y} = 15\ \text{cm}$

(3)

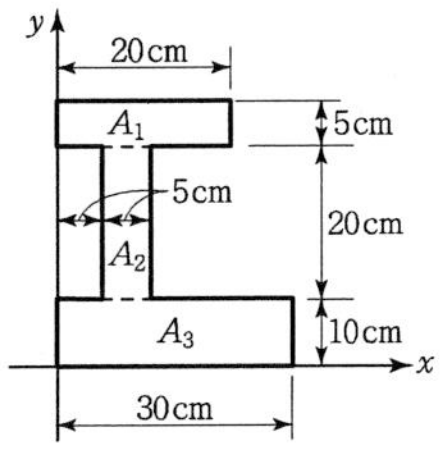

① 단면적

$$A_1 = 20 \times 5 = 100\,\text{cm}^2$$

$$A_2 = 20 \times 5 = 100\,\text{cm}^2$$

$$A_3 = 10 \times 30 = 300\,\text{cm}^2$$

② 도심 거리

$$\bar{x} = \frac{(A_1 x_1 + A_2 x_2 + A_3 x_3)}{(A_1 + A_2 + A_3)}$$

$$= \frac{(100 \times 10) + (100 \times 7.5) + (300 \times 15)}{(100 + 100 + 300)} = 12.5\,\text{cm}$$

$$\bar{y} = \frac{(A_1 y_1 + A_2 y_2 + A_3 y_3)}{(A_1 + A_2 + A_3)}$$

$$= \frac{(100 \times 32.5) + (100 \times 20) + (300 \times 5)}{(100 + 100 + 300)} = 13.5\,\text{cm}$$

4-3

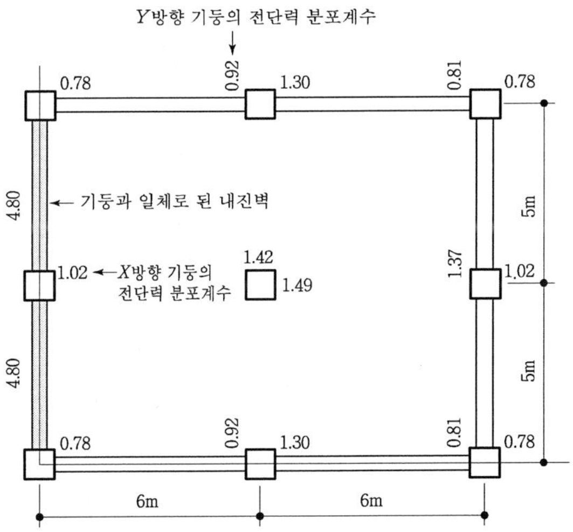

강심은 구조물을 입체적으로 생각할 때, 어느 층의 수평력에 대한 회전 중심을 말하며, 기둥과 내진벽의 수평력을 분담하는 비율로 결정된다. 따라서 도심을 구하는 공식에서 단면적 대신 축방향력을 대입한다.

(1) Y축에서 중심까지의 거리, $\bar{y}$

$$\bar{y} = \frac{G_x}{A}$$

$$= \frac{(0.78 + 1.30 + 0.78) \times 10 + (1.02 + 1.42 + 1.02) \times 5 + (0.78 + 1.30 + 0.78) \times 0}{(0.78 + 1.30 + 0.78) + (1.02 + 1.42 + 1.02) + (0.78 + 1.30 + 0.78)}$$

$$= \frac{28.60 + 17.30}{9.18} = \frac{45.90}{9.18} = 5.0\,\text{m}$$

(2) X축에서 중심까지의 거리, $\bar{x}$

왼쪽의 Y방향의 기둥과 내진벽은 일체가 되어 있기 때문에 힘을 각 내진벽에서 분담하고 있는 것으로 가정한다.

$$\bar{x} = \frac{G_y}{A}$$

$$= \frac{(0.81+1.37+0.81)\times 12+(0.92+1.49+0.92)\times 6+(4.8+4.8)\times 0}{0.81+1.37+0.81)+(0.92+1.49+0.92)+(4.8+4.8)}$$

$$= \frac{35.88+19.98}{15.92} = \frac{55.86}{15.92} = 3.51\,\text{m}$$

이 건물의 중심은 예제 4-3에 의해서 $\bar{y}=4.90\,\text{m}$, $\bar{x}=6.14\,\text{m}$이고 강심은 $\bar{y}=5.0\,\text{m}$, $\bar{x}=3.51\,\text{m}$이다. 이와 같이 건축물의 중심과 강심이 일치하지 않을 때는 수평력(건축물의 중심에 작용)에 의해 건축물 전체가 강심을 중심으로 비틀어지려고 한다. 따라서 건물의 평면계획을 할 때는, 가능한한 중심과 강심이 일치하도록, 기둥 및 내진벽의 배치를 건물의 중심에 대해 대칭이 되게 한다.

4-4

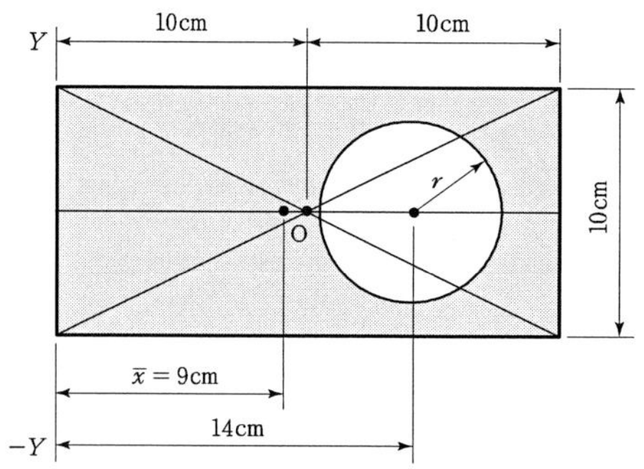

원형의 반지름을 산정하기 위해서 Y축에 대한 단면 1차모멘트 G_y를 응용한다.

원형의 반지름을 r이라고 가정하면, 원형을 도려낸 직사각형의 도심은 다음과 같다.

$$G_y = \text{직사각형의 } G_y - \text{원형의 } G_y$$

따라서,

$$(20\times 10 - r^2\pi)\,9 = 20\times 10\times 10 - r^2\pi\times 14$$

위 식을 r에 관하여 정리하면

$$5r^2\pi = 200$$

$$r^2 = \frac{40}{\pi} = 12.74$$

r은 반지름이므로 양수이다.

$$\therefore\ r=\sqrt{12.74}=3.57\,\text{cm}$$

4-5 (1)

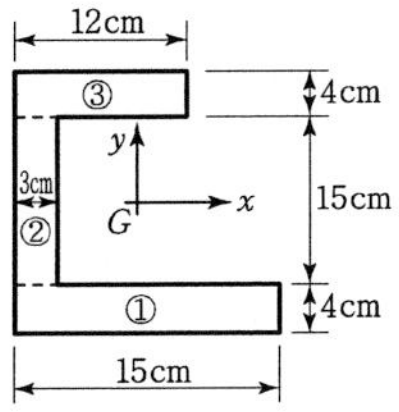

도심을 $(\bar{x},\ \bar{y})$라 두면

$$\bar{x}=\frac{(60\times75)+(45\times15)+(48\times6)}{60+45+48}$$

$$=\frac{805.5}{153}=5.265\,\text{cm}$$

$$\bar{y}=\frac{(60\times2)+(45\times11.5)+(48\times21)}{153}$$

$$=\frac{1645.5}{153}=10.755\,\text{cm}$$

$$I_x=\frac{bh^3}{12}+Aey^2$$

$$=\left(\frac{15\times4^3}{12}+60\times8.255^2\right)+\left(\frac{3\times15^3}{12}+45\times0.745^2\right)$$

$$+\left(\frac{12\times4^3}{12}+48\times10,245^2\right)=10139.51\ \text{cm}^4$$

$$I_y=\left(\frac{4\times15^3}{12}+60\times2.235^2\right)+\left(\frac{15\times3^3}{12}+45\times3.765^2\right)$$

$$+\left(\frac{4\times12^3}{12}+48\times0.735^2\right)=2698.28\ \text{cm}^4$$

(2)

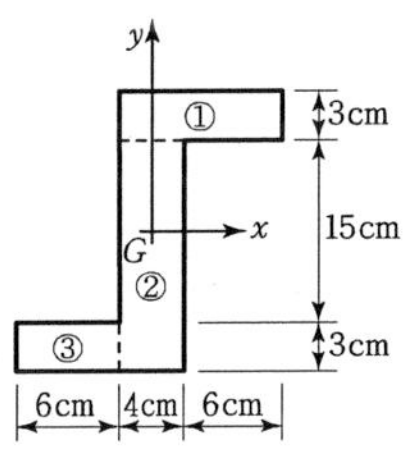

$$I_x=\frac{BH^3}{12}-\frac{bh^3}{12}=\frac{10\times21^3}{12}-\frac{6\times15^3}{12}$$

$$=6030\ \text{cm}^4$$

$$I_y=\frac{3\times16^3}{12}+\frac{18\times4^3}{12}$$

$$=1120\ \text{cm}^4$$

(3)

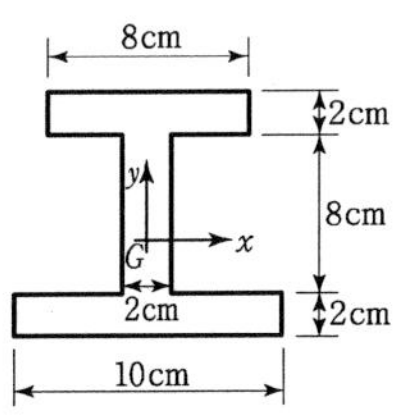

도심을 $(\bar{x},\ \bar{y})$라 두면

$$\bar{y}=\frac{(20\times1)+(16\times6)+(16\times11)}{20+16+16}=\frac{292}{52}=5.615\,\text{cm}$$

$\bar{y}$축에 대칭이므로 $\bar{x}=5\ \text{cm}$

$$\therefore I_x=\frac{bh^3}{12}+Aey^2$$

$$=\left(\frac{10\times2^3}{12}+20\times4.615^2\right)+\left(\frac{2\times8^3}{12}+16\times0.385^2\right)$$

$$+\left(\frac{8\times2^3}{12}+16\times5.385^2\right)$$

$$=989.64\ \text{cm}^4$$

$$I_y = \left(\frac{2\times10^3}{12}\right)+\left(\frac{8\times2^3}{12}\right)+\left(\frac{2\times8^3}{12}\right)$$

$$= 257.33\ \text{cm}^4$$

4-6 (1)

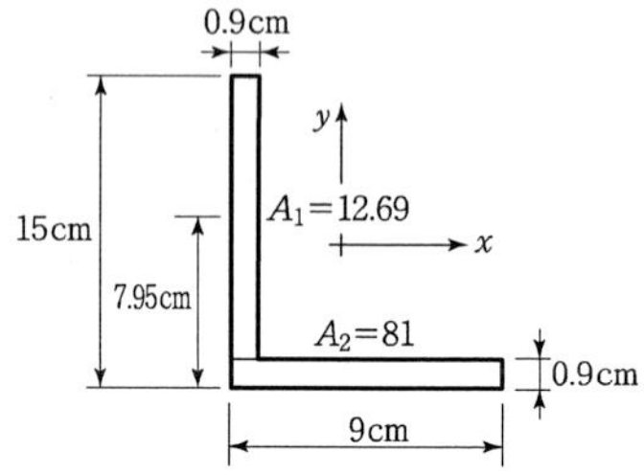

① 도심축의 위치계산

$$e_x = \frac{G_y}{A} = \frac{(14.1\times0.9\times0.45)+(9\times1\times4.5)}{(14.1\times0.9)+(9\times0.9)}$$

$$=2.22\ \text{cm}$$

$$e_y = \frac{G_x}{A} = \frac{(14.1\times0.9\times7.95)+(9\times1\times0.45)}{(14.1\times0.9)+(9\times0.9)}$$

$$=5.05\ \text{cm}$$

② 단면 2차모멘트

$$I_x = \left[\frac{9\times0.9^3}{12}+(9\times0.9)(5.05-0.45)^2\right]$$

$$+\left[\frac{0.9\times14.1^3}{12}+(0.9\times14.1)(7.95-5.05)^2\right]=488.91\ \text{cm}^4$$

$$I_y = \left[\frac{0.9\times9^3}{12}+(0.9\times9)(4.5-2.22)^2\right]$$

$$+\left[\frac{14.1\times0.9^3}{12}+(14.1\times0.9)(2.22-0.45)^2\right]=137.40\ \text{cm}^4$$

③ 단면상승모멘트

$I_{xy} = \overline{I}_{xy}+Ae_x\cdot e_y$ 에서 두 단면 모두 각자의 도심축에 대칭이므로 $\overline{I}_{xy1,2}=0$

$$\therefore I_{xy}=(14.1\times0.9)\times(2.22-0.45)\times(5.05-7.95)$$

$$+(9\times0.9)\times(2.22-4.5)\times(5.05-0.45)=-150.01\ \text{cm}^4$$

④ 주단면 2차모멘트

$$I_{1,2}=\left(\frac{I_x+I_y}{2}\right)\pm\sqrt{\left(\frac{I_x-I_y}{2}\right)^2+I_{xy}^2}$$

$$=\left(\frac{488.91+137.40}{2}\right)\pm\sqrt{\left(\frac{488.91-137.40}{2}\right)^2+(-150.01)^2}$$

$$=313.155\pm231.01$$

$$\therefore\ 544.17\ \text{cm}^4,\ \ 82.15\ \text{cm}^4$$

4-7　(1) 단면적 $A=\frac{\pi D^2}{4}=\frac{3.14\times 0.5^2}{4}=0.196\ \text{cm}^2$

인장응력 $\sigma=\frac{N}{A}=\frac{600}{0.196}=3061.22\,\text{N/cm}^2$

(2) 탄성계수 $E=\frac{\sigma}{\varepsilon}$

$2.1\times 10^6=\frac{3061.22}{\varepsilon}$

$\therefore \varepsilon=0.00146$

$\varepsilon=\frac{\Delta l}{l}$

$\therefore \Delta l=0.00146\times 12=0.0175\,\text{cm}$

4-8　(1) 단면적 $A=\frac{\pi D^2}{4}=1.54\,\text{cm}^2$

응력 $\sigma=\frac{P}{A}=\frac{2400}{1.54}=1558.44\,\text{N/cm}^2$

(2) 변형률 $\varepsilon=\frac{\Delta l}{l}=\frac{0.02}{26}=0.00077$

탄성계수 $E=\frac{\sigma}{\varepsilon}=\frac{1558.44}{0.00077}=2.024\times 10^6\,\text{N/cm}^2$

4-9

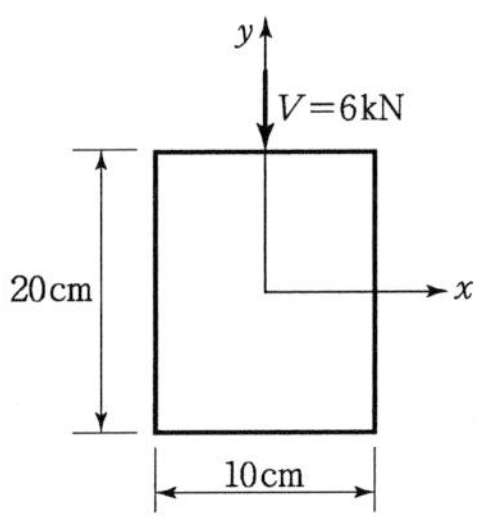

$\nu_{\max}=\frac{3}{2}\frac{V}{bh}=\frac{3}{2}\frac{6000}{20\times 10}=45\,\text{N/cm}^2$

4-10

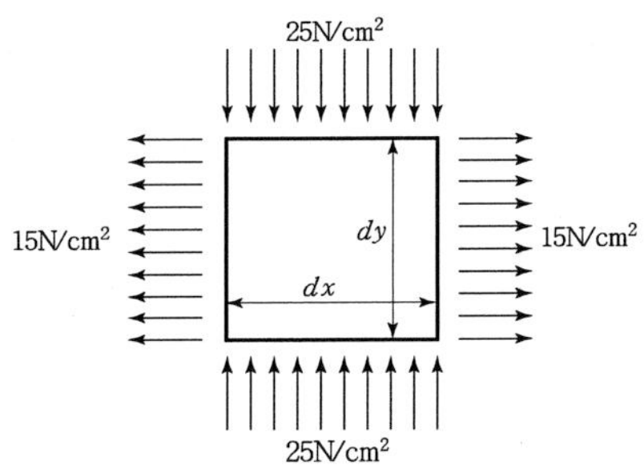

(1) 주응력의 방향

$\tan 2\theta_p=\frac{2\tau}{6x-6y}=0$

∴ 현재의 작용응력 방향이 주응력 방향과 동일

(2) 주응력의 크기

$\sigma_{1,2}=\frac{\sigma_x+\sigma_y}{2}\pm\sqrt{\left(\frac{\sigma_x-\sigma_y}{2}\right)^2+\tau^2}$

$$= \sigma_x \cdot \sigma_y = 15\ \text{N/cm}^2,\ -25\ \text{N/cm}^2$$

(3) 최대전단응력의 방향

$$\theta_s = \theta_\rho \pm 45° = \pm 45°$$

(4) 최대전단응력

$$\tau_{\max} = \sqrt{\left(\frac{\sigma_x - \sigma_y}{2}\right)^2 + \tau^2}$$

$$= \sqrt{\left(\frac{15+25}{2}\right)^2} = 20\ \text{N/cm}^2$$

4-11

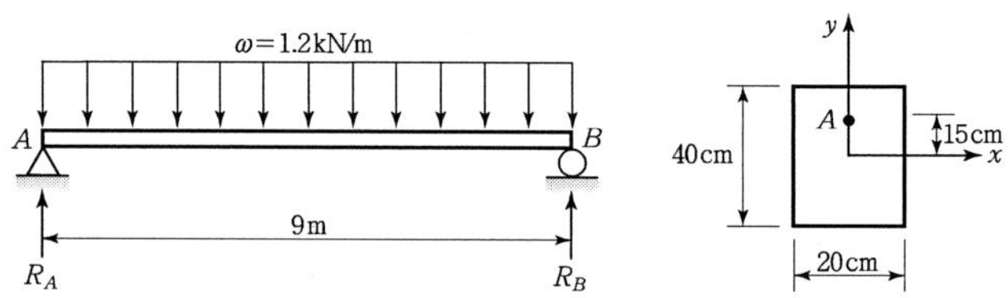

(1) 반력 산정

$$\sum F_y = 0\ ;\ R_A + R_B - 1.2 \times 9 = R_A + R_B = 10.8$$

$$\sum M_A = 0\ ;\ 1.2 \times 9 \times 4.5 - R_B \times 9 = 0$$

$$\therefore R_B = 5.4\ \text{kN},\ \ \therefore R_A = 5.4\ \text{kN}$$

(2) 휨모멘트 산정

$$M_{\max} = \frac{wl^2}{8} = 12.15\ \text{kN} \cdot \text{m}$$

(3) 최대휨응력

단면 2차모멘트

$$I = \frac{bh^3}{12} = \frac{20 \times 40^3}{12} = 106666.7\ \text{cm}^4$$

최대휨응력

$$\sigma_{\max} = \frac{M_{\max}}{I}\, y = \frac{12,150}{106,666.7} \times 20 = 2.28\ \text{kN/cm}^2$$

(4) A 점에서의 휨응력

$$\sigma_A = \frac{M_{\max}}{I}\, y = \frac{12,150}{106,666.7} \times 15 = 1.71\ \text{kN/cm}^2$$

4-12

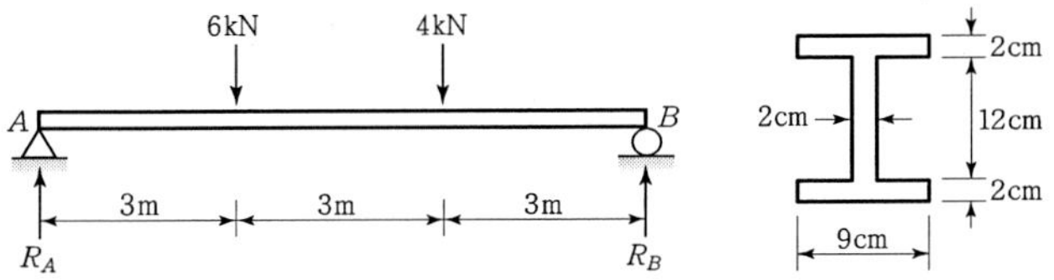

(1) 반력 산정

$$\sum F_y = 0\ ;\ R_A + R_B = 10\ \text{kN}$$

$$\sum M_A = 0\ ;\ 6\times3+4\times6-R_B\times9=0$$

$$\therefore R_B = 4.67\ \text{kN},\quad R_A = 5.33\ \text{kN}$$

(2) 휨모멘트 산정

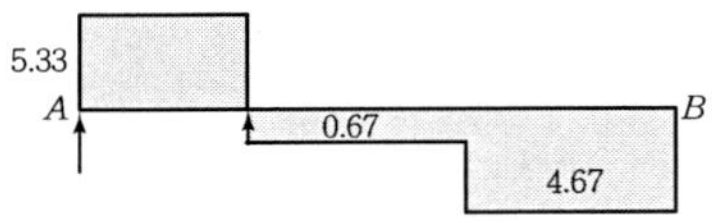

$$\therefore M_{\max} = 5.33\times3 = 15.99\ \text{kN}\cdot\text{m}$$

(3) 최대휨응력

① 단면 2차모멘트

$$I = \frac{BH^3}{12} - 2\cdot\frac{bh^3}{12} = \frac{9\times16^3}{12} - 2\times\frac{3.5\times12^3}{12} = 2064\ \text{cm}^4$$

② 최대휨응력

$$\sigma_{\max} = \frac{M_{\max}}{S} = \frac{15,990}{162} = 98.7\ \text{kN/cm}^2$$

③ 최대전단응력, $\tau_{\max}$

상연 $\nu = \dfrac{VS}{Ib} = \dfrac{V}{Ib}\times0 = 0$

중립축 $\nu = \dfrac{VS}{Ib} = \dfrac{5330\ \text{kN}\times162}{2064\times2} = 209.2\ \text{N/cm}^2 = \mathscr{T}_{\max}$

$(S = (9\times2)\times7 + (2\times6)\times3) = 162)$

4-13

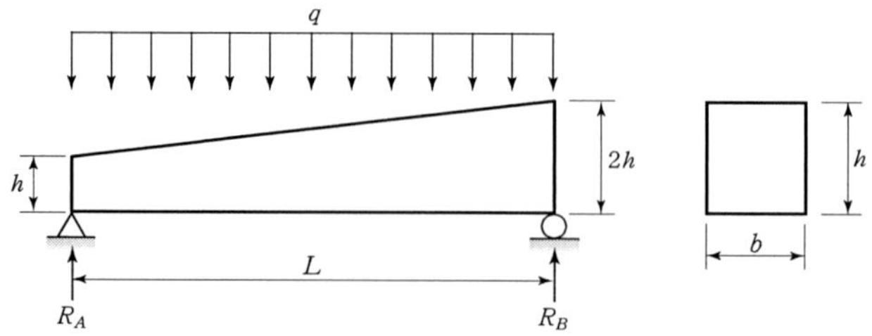

(1) 반력

$$R_A = \frac{1}{3} \times \frac{qL}{2} = \frac{qL}{6}$$

$$R_B = \frac{2}{3} \times \frac{qL}{2} = \frac{qL}{3}$$

(2) 휨모멘트

$$q_1 : x = q : L$$

$$\therefore q_1 = \frac{qx}{L}$$

$$P_x = \frac{1}{2} q_1 \cdot x = \frac{qx^2}{2L}$$

$$M_x = R_A x - P_x \times \frac{x}{3} = \frac{qL}{6} x - \frac{qx^2}{2L} \times \frac{x}{3} = \frac{qL}{6} x - \frac{qx^3}{6L}$$

(4) 최대휨모멘트

$$V_A = \frac{qL}{6} - \frac{qx^2}{2L} = 0, \quad x^2 = \frac{L^2}{3}, \quad x = \frac{L}{\sqrt{3}}$$

$$M_{\max} = \frac{qL}{6} x - \frac{q}{6L} x^3 = \frac{qL^2}{9\sqrt{3}}$$

(5) 최대휨응력

$$\sigma_{x,\max} = \frac{M_{x,\max}}{I_x} y_x = \frac{qL^2}{9\sqrt{3}} \times \frac{12}{bh^3} \left(\frac{\sqrt{3}}{\sqrt{3}+1} \right)^3 \times \frac{h}{2}$$

$$= \frac{2\sqrt{3}\, qL^2}{bh^2(\sqrt{3}+1)^3}$$

4-14

$$S = \frac{bh^2}{6} = \frac{25h^2}{6}$$

$$f_b \geq \frac{M_{max}}{S} = 400\ \text{kN}\cdot\text{cm} \times \frac{6}{25h^2}\ \text{cm}^{-3}$$

$$55\ \text{N/cm}^2 \geqq 400,000 \times \frac{6}{25h^2}\ \text{N/cm}^2$$

$$55 \geq \frac{96,000}{h^2}$$

$\therefore h^2 \geq 1745.45$

$\therefore h \geq 41.78$

$\therefore h$는 42 cm 이상이어야 함

4-15 최대전단응력 $= 209.2\ \text{N/cm}^2 > f_s (= 9\ \text{N/cm}^2)$; 불안정

4-16

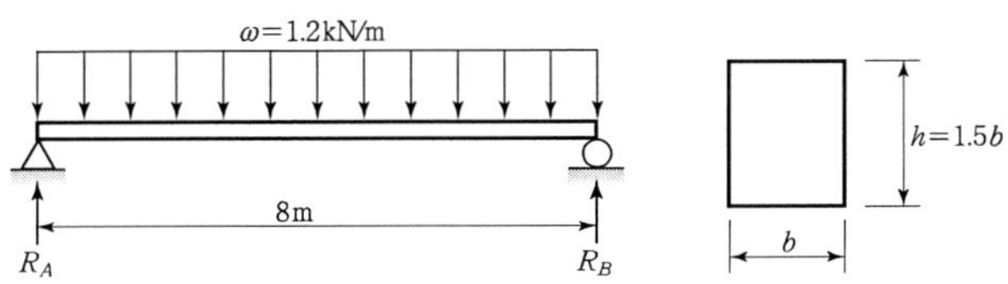

(1) 반력 산정

$\sum F_y = 0$; $R_A + R_B - 1.2 \times 8 = 0$

$\sum M_A = 0$; $1.2 \times 8 \times 4 - R_B \times 8 = 0$

$\therefore R_B = 4.8\ \text{kN}$

$\therefore R_A = 4.8\ \text{kN}$

(2) 휨모멘트

$$M_{max} = R_A \times 4 - 1.2 \times 4 \times 2$$
$$= 4.8 \times 4 - 1.2 \times 4 \times 2 = 9.6\ \text{kN}\cdot\text{m}$$

(3) 최대휨응력도

$$\sigma_{max} = \frac{M_{max}}{S} = \frac{M_{max}}{\frac{b(1.5b)^2}{6}} \leq f_b$$

$$70 \geq \frac{6 \times (960 \times 1000)}{2.25b^3} \quad b^3 \geq \frac{6 \times (960 \times 1000)}{70 \times 2.25}$$

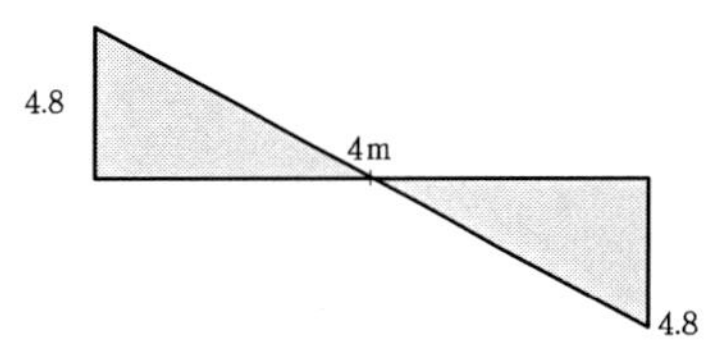

$\therefore b \geqq 33.19$ cm 이상으로 한다.

(4) 최대전단응력

$$\mathscr{T}_{\max} = \frac{V}{Ib}\int y dA = \frac{4800}{\frac{b\times(1.56)^3}{12}\times b} \times \frac{b\times(0.756)^2}{6}$$

$$= \frac{4800}{\frac{3.375b^4}{12}} \times \frac{0.5625b^3}{6} = \frac{1600}{b^2} \le 7$$

$\therefore b \ge 15.12\,\text{cm}$

→ b는 33.19 cm 이상으로 한다.

4-17

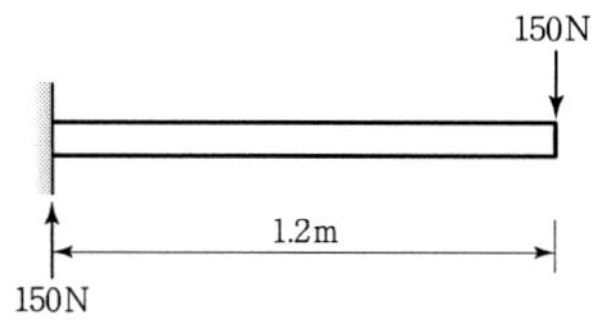

(1) 단면력

축력 $N=0$

전단력 $V=150\,\text{N}$

휨모멘트 $M=150\times1.2=180\,\text{N}\cdot\text{m}$

(2) 단면 2차모멘트

$$I=\frac{bh^3}{12}=4218.75\,\text{cm}^4,\quad S=\frac{bh^2}{6}=562.5\,\text{cm}^3$$

(3) 휨응력 $\sigma=\frac{M}{S}=\frac{18,000}{562.5}=32\,\text{N/cm}^2$

허용휨응력 $f_b=90\,\text{N/cm}^2 \geqq 32\,\text{N/cm}^2$: 안정

(4) 최대전단력

$$\tau_{\max}=\frac{3}{2}\frac{V}{bh}=\frac{3}{2}\times\frac{150}{15\times15}=1\,\text{N/cm}^2$$

허용전단력도 $f_s=9 \geqq 1\,\text{N/cm}^2$: 안정

4-18

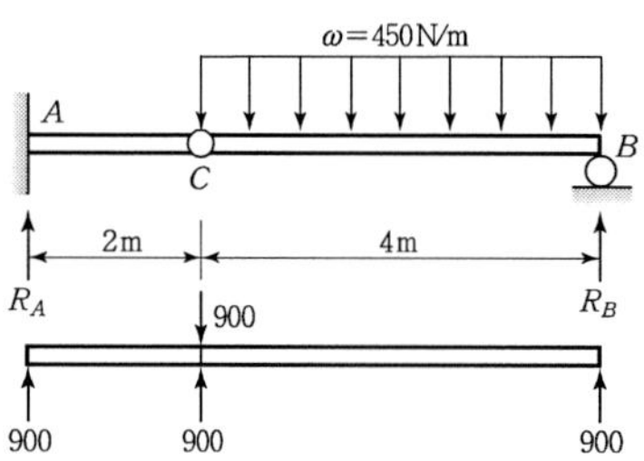

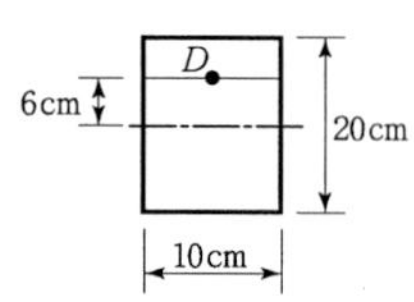

(1) 최대휨모멘트(M_{max}), 최대전단력(V_{max})

$$\sum M_C = 0\ ;\ -R_B \times 4 + 450 \times 4 \times 2 = 0$$

$\therefore R_B = 900\ \text{N}$

$\therefore$ 최대전단력(V_{max}) $= 900\ \text{N}$

$$M_D = \frac{wl^2}{8} = \frac{450 \times 4^2}{8} = 900\ \text{N}\cdot\text{m}$$

$\therefore$ 최대휨모멘트(M_{max}) $= 900\ \text{N}\cdot\text{m} = 90{,}000\ \text{N/cm}$

(2) 최대휨응력도(σ_{max}), 최대전단응력도(τ_{max})

$$\sigma = \frac{M}{S} = \frac{M_{max}}{\frac{bh^2}{6}} = \frac{900}{666.67} = 134\ \text{N/cm}^2$$

$$\tau_{max} = \frac{3}{2}\frac{V}{bh} = \frac{3}{2} \cdot \frac{900}{10 \times 20} = 6.75\ \text{N/cm}^2$$

(3) 단면의 D점에서 휨응력(σ), 전단응력(τ)

① I ; $\dfrac{bh^3}{12} = \dfrac{10 \times 20^3}{12} = 6666.67\ \text{cm}^4$

② D점에서 휨응력 σ_D는 $y = 6\ \text{cm}$이므로

$$\sigma_D = \frac{M}{I}y = \frac{90{,}000}{6666.67} \cdot 6\ \text{cm} = 81\ \text{N/cm}^2$$

③ D점에서 전단응력(τ)

$$\nu_D = \frac{3}{2}\frac{V}{bh^3}(h^2 - 4y^2) = \frac{3}{2}\frac{900}{10 \times 20^3}(20^2 - 4 \cdot 6^2) = 4.32\ \text{N/cm}^2$$

(4) 보의 안전성 검토($f_b = 95\ \text{N/cm}^2$, $f_\nu = 8\ \text{N/cm}^2$)

① 휨응력도

$$\sigma = \frac{M_{max}}{S} \leq f_b = 134 \geq 95\ \text{N/cm}^2\ ;\ \text{불안정}$$

② 전단력

$$\nu = \frac{3}{2}\frac{V_{max}}{A} \leq f_b = \frac{3}{2}\frac{900}{10 \times 20} = 6.75 \leq 8\ \text{N/cm}^2\ ;\ \text{안정}$$

4-19

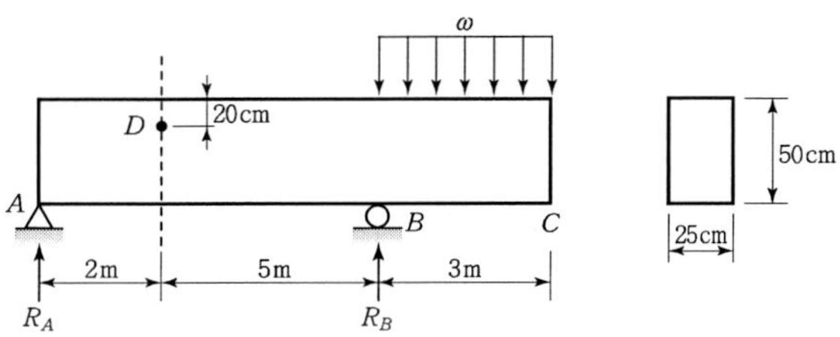

① 반력

$\sum M_A=0$; $w\times3\times8.5-R_B\times7=0$

$\therefore R_B=3.643w,$

$R_A+R_B=w\times3,\ \ R_A+4w=3w$

$\therefore R_A=-0.643w$

② D점에서의 모멘트

$M_D=-w\times2=-1.286w$ N·m $=-128.6w$ N/cm

③ 최대인장응력 $\sigma_1=2.5$ kN/cm^{2}일 때,

$$\sigma_D=\frac{M_D}{I}y=\frac{-1.286w\times100\,\text{cm}}{260,417\,\text{cm}^4}\times5\,\text{cm}$$

$$=-0.00247\,w\text{N/cm}^2=2.5\,\text{kN/cm}^2$$

$\therefore w=-1012,145$ kN/m

$$\left(I=bh^3\ \frac{'}{12}=\frac{25\times50}{12}=260,417\right)$$

$\therefore w=-651.04$ kN/m $=-6.5104$ kN/cm

④ D점에서 최대전단응력 $t_{\max}=0.92$ kN/cm^2

$$\nu_{\max}=\frac{3}{2}\frac{V}{bh^2}(h^2-4y^2)$$

$$=\frac{3}{2}\frac{-0.643w}{25\times50^3}(50^2-4\times5^2)$$

$$=-0.000741w/\text{cm}=0.92\,\text{kN/cm}^2$$

$\therefore w=1241.6$ kN/cm

4-20 (1) 접합면의 휨응력과 전단응력

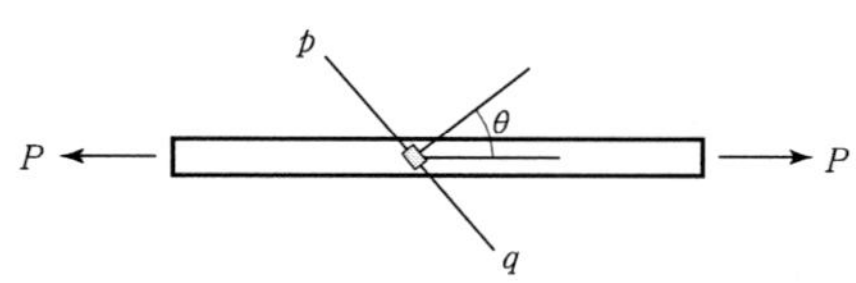

① 응력조건

$$\sigma_x=\frac{P}{A}=\frac{60}{200}=300\,\text{N/cm}^2$$

$\sigma_y=\tau=0$

② 접합면의 응력산정

$$\sigma_\theta=\frac{1}{2}(\sigma_x+\sigma_y)+\frac{1}{2}(\sigma_x-\sigma_y)\cos2\theta+\tau\sin2\theta=\frac{1}{2}\sigma_x+\frac{1}{2}\sigma_x\cos60°$$

$$=\frac{1}{2}\times300+\frac{1}{2}\times300\times\cos60°=225\,\text{N/cm}^2$$

$$\tau_\theta=\frac{1}{2}(\sigma_x-\sigma_y)\sin2\theta-\tau\cos2\theta=\frac{1}{2}\sigma_x\sin60°=129.9\,\text{N/cm}^2$$

5장 트 러 스

5-1 (1)

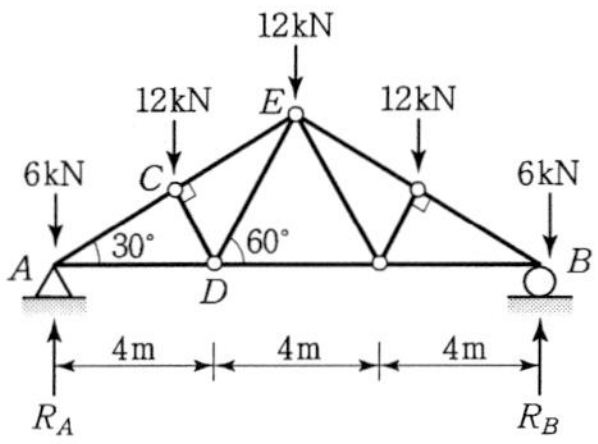

주어진 구조물 및 하중조건이 대칭이므로 지점의 반력은,

$R_A = R_B = 24\,\text{kN}$

①

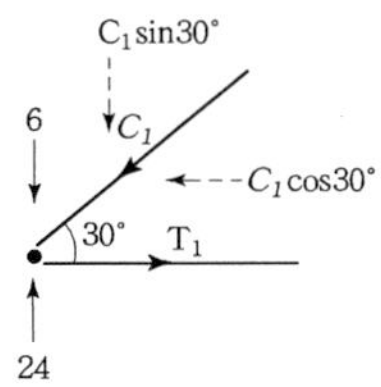

$T_1 - C_1 \cos 30° = 0$

$R_A - 6 - C_1 \sin 30° = 0$

$C_1 \sin 30° = 18$

$\therefore C_1 = 36\,\text{kN}$

$\therefore T_1 = 36 \times \dfrac{\sqrt{3}}{2} = 18\sqrt{3}\,\text{kN}$

②

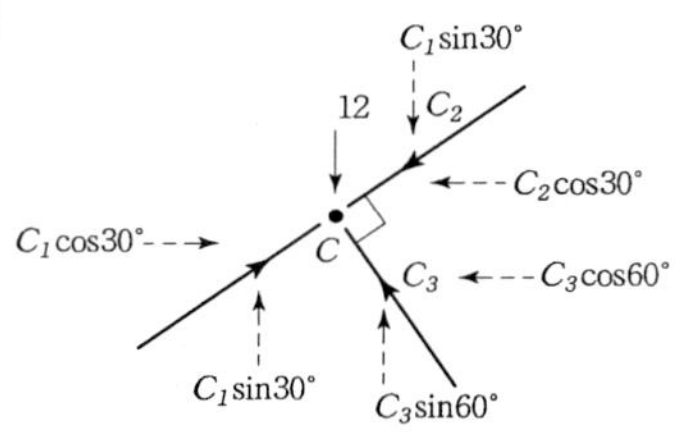

$C_1 \cos 30° = C_2 \cos 30° + C_3 \cos 60°$

$12 + C_2 \sin 30° = C_1 \sin 30° + C_3 \sin 60°$

$\dfrac{\sqrt{3}}{2} C_2 + \dfrac{1}{2} C_3 = 18\sqrt{3}$

$\dfrac{1}{2} C_2 - \dfrac{\sqrt{3}}{2} C_3 = 6$

연립해서 풀면

$\therefore C_3 = 6\sqrt{3}\,\text{kN}, \quad C_2 = 30\,\text{kN}$

③

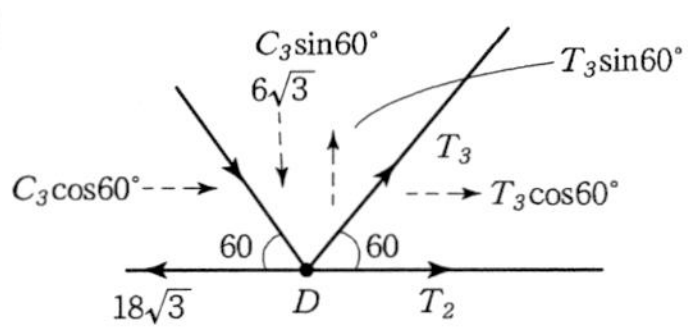

$-18\sqrt{3} + 6\sqrt{3} \cos 60° + T_3 \cos 60° + T_2 = 0$

$6\sqrt{3} \sin 60° = T_3 \sin 60°$

$\therefore T_3 = 6\sqrt{3}\,\text{kN}, \quad \therefore T_2 = 12\sqrt{3}\,\text{kN}$

(2)

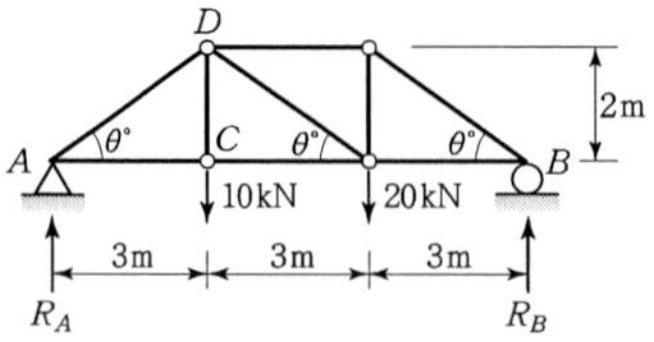

$R_A + R_B = 30$

$10 \times 3 + 20 \times 6 = R_B \times 9$

$\therefore R_B = 16.67\ \text{kN}, \quad R_A = 13.33\ \text{kN}$

$\tan\theta = \dfrac{2}{3}$, $\sin\theta = \dfrac{2}{\sqrt{13}}$,

$\cos\theta = \dfrac{3}{\sqrt{13}}$

①

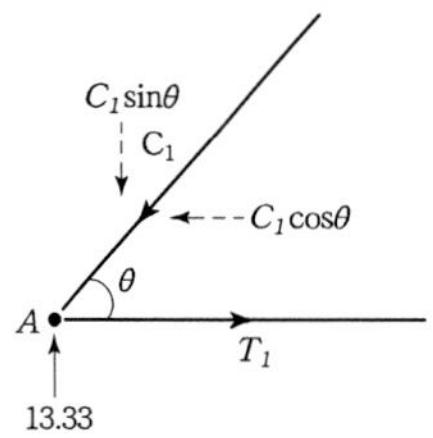

$C_1 \sin\theta = 13.33$

$C_1 = 13.33 \times \dfrac{\sqrt{13}}{2} = 24.03\ \text{kN}$

$T_1 = C_1 \cos\theta = 24.03 \times \dfrac{3}{\sqrt{13}} = 20\ \text{kN}$

②

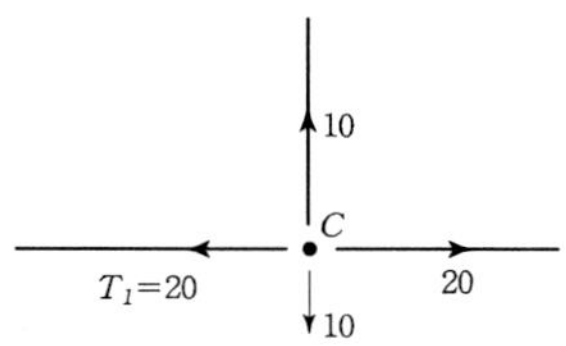

③

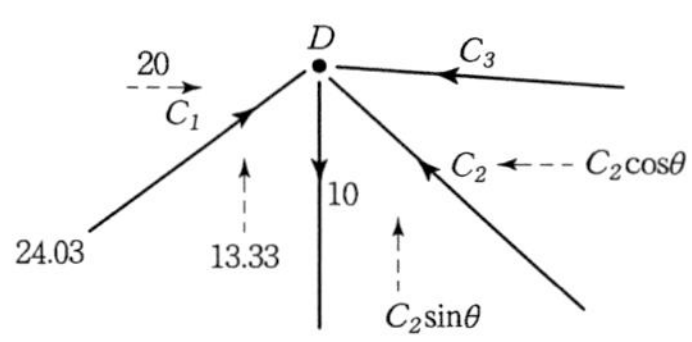

$13.33 - 10 + C_2 \sin\theta = 0$

$C_2 \sin\theta = -3.33(\downarrow)$

$\dfrac{-3.33}{C_2} = \sin\theta = \dfrac{2}{\sqrt{3}}$

$C_2 = -6\ \text{kN}(\searrow)$

$C_3 = 20 - C_2 \cos\theta = 20 + 4.99 = 24.99\ \text{kN}$

(3)

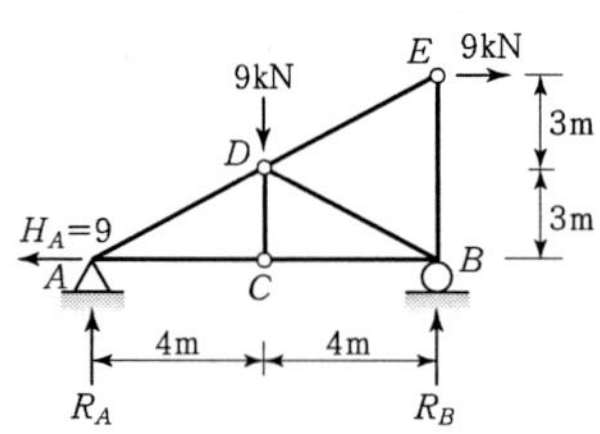

$R_A + R_B = 9$

$9 \times 4 + 9 \times 6 = R_B \times 8$

$R_B = 11.25\ \text{kN}(\uparrow)$

$R_A = -2.25\ \text{kN}(\downarrow)$

①

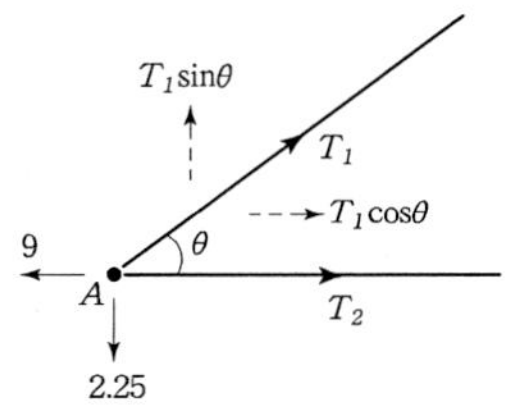

$\cos\theta = \dfrac{4}{5}$, $\sin\theta = \dfrac{3}{5}$

$T_1 \sin\theta = 2.25$

$\therefore T_1 = 2.25 \times \dfrac{5}{3} = 3.75\,\text{kN}$

$9 = T_2 + 3.75 \times \dfrac{4}{5}$

$\therefore T_2 = 6\,\text{kN}$

②

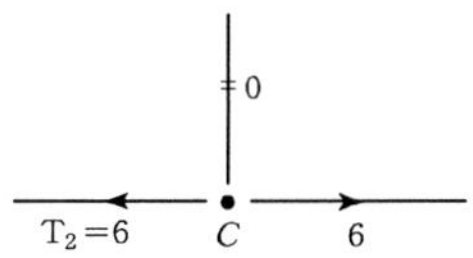

③

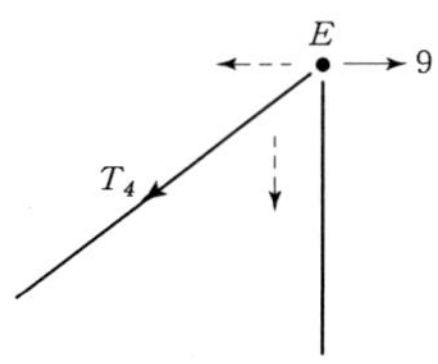

$T_4 \cos\theta = 9$,

$T_4 \times \dfrac{4}{5} = 9$

$\therefore T_4 = 11.25\,\text{kN}$

④

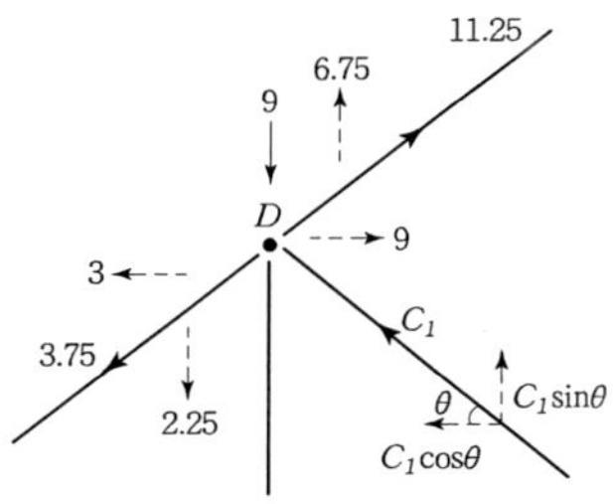

$C_1 \sin\theta + 6.75 = 11.25$

$C_1 \times \dfrac{3}{5} = 4.5$

$\therefore C_1 = 7.5\,\text{kN}$

⑤

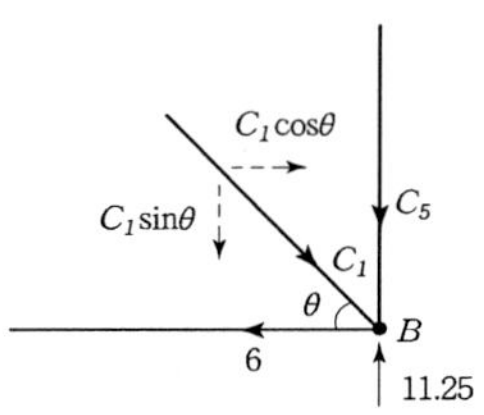

$C_5 + C_1 \sin\theta = 11.25$

$\therefore C_5 = 6.75\,\text{kN}$

(4)

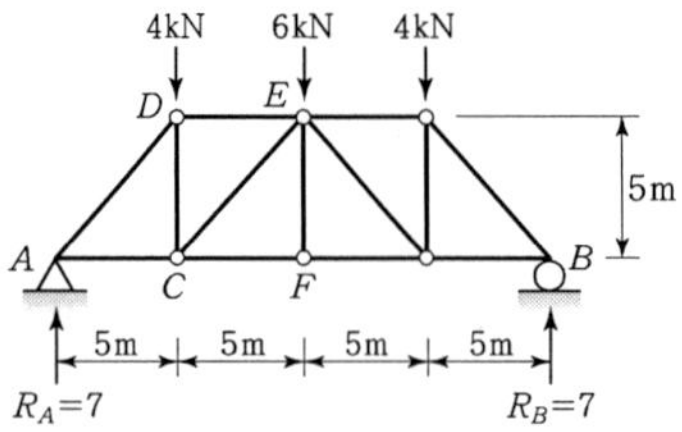

①

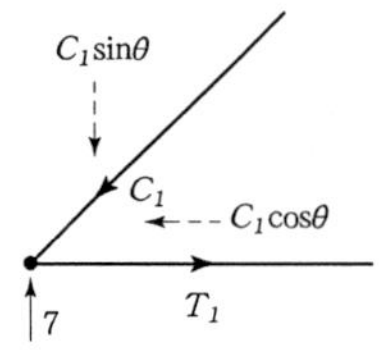

$$\cos\,\theta = \frac{1}{\sqrt{2}} = \sin\,\theta$$

$$C_1\,\sin\,\theta = 7$$

$$\therefore C_1 = 9.89\,\text{kN},\quad T_1 = 7\,\text{kN}$$

②

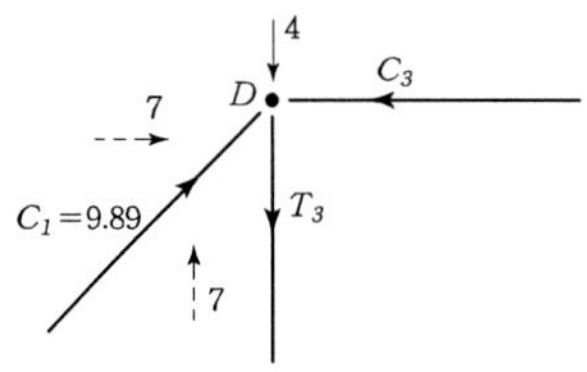

$$C_3 = 7\,\text{kN}$$

$$7 - 4 - T_3 = 0$$

$$\therefore T_3 = 3\,\text{kN}$$

③

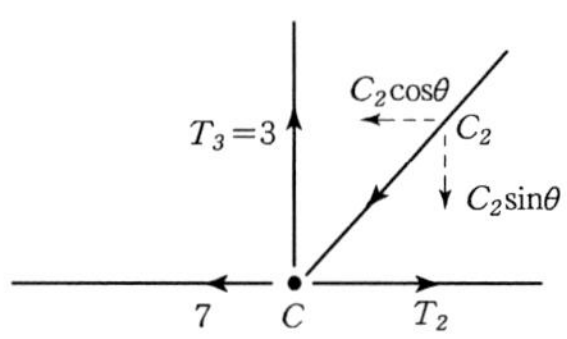

$$C_2\,\sin\,\theta = T_3 = 3\,\text{kN}$$

$$\therefore C_2 = 4.24\,\text{kN}$$

$$C_2\,\cos\,\theta + 7 = T_2 = 10\,\text{kN}$$

④

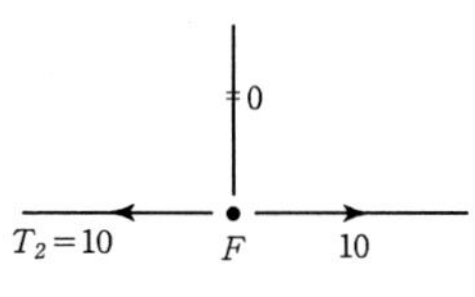

⑤

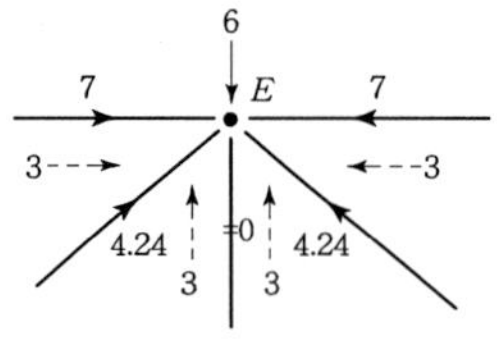

(5)

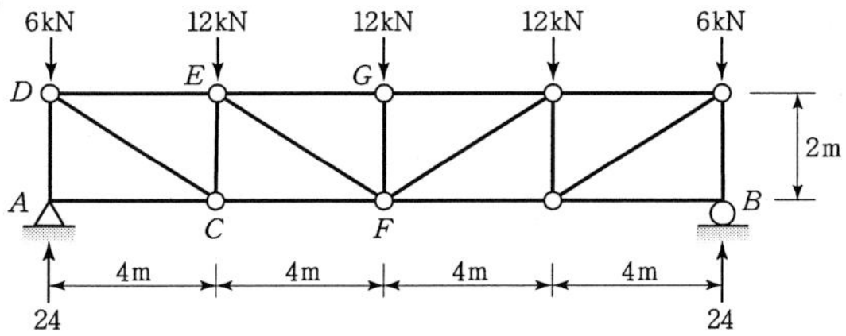

①

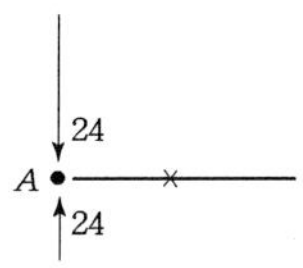

②

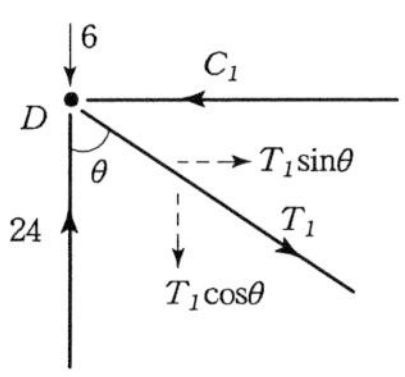

$$\cos\,\theta=\frac{1}{\sqrt{5}},\quad \sin\,\theta=\frac{2}{\sqrt{5}}$$

$$6+T_1\cos\,\theta=24$$

$$T_1\cos\,\theta=18$$

$$\therefore T_1=40.25$$

$$C_1=T_1\sin\,\theta$$

$$=40.25\times\frac{2}{\sqrt{5}}=36\,\text{kN}$$

③

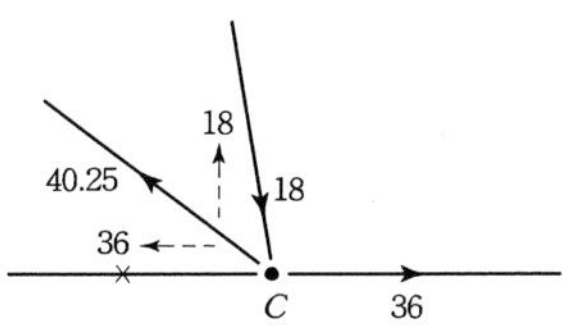

$$6=T_2\cos\,\theta$$

$$\therefore T_2=13.42$$

④

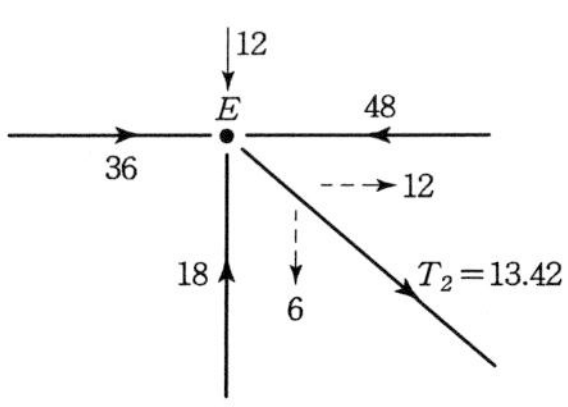

⑤

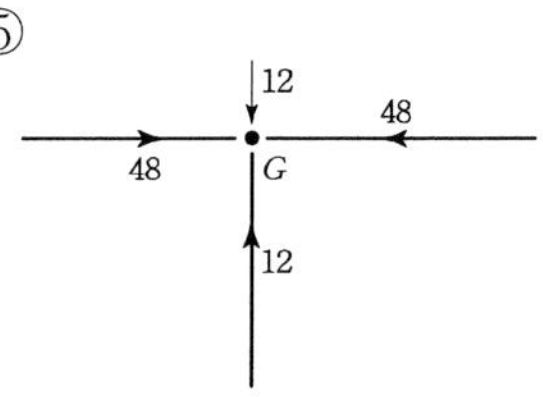

⑥

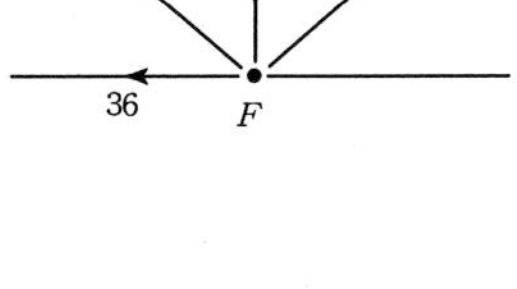

5-2

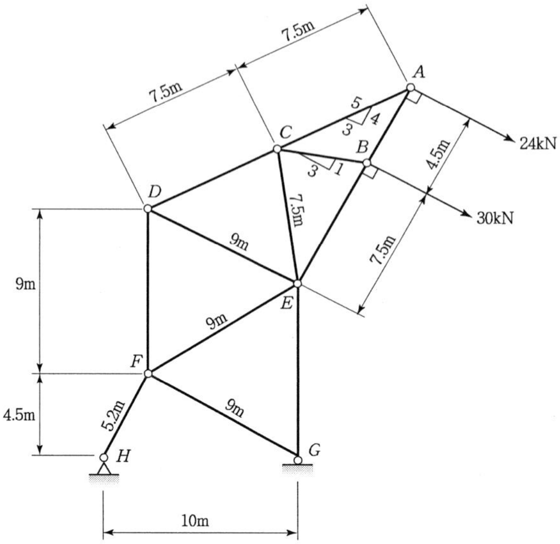

(1) 절점 A 로부터 얻을 수 있는 힘

부재 AB 의 부재력을 산정하는 데에 계산상의 편의를 위하여 다음 그림과 같은 좌표축을 사용한다.

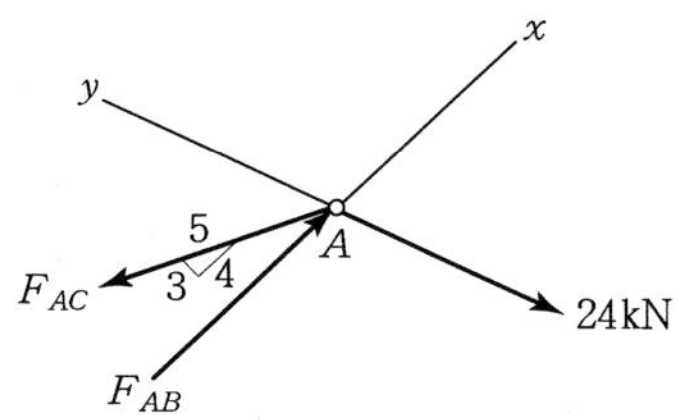

절점 A 에 작용하는 힘이 2개이고 평형방정식 또한 $\sum F_x=0$, $\sum F_y=0$로서 2개이므로 F_{AC}와 F_{AB}를 구할 수 있다.

$$\sum F_y=0 : \ F_{AC}=(24)\left(\frac{5}{3}\right)=40\,\text{kN}$$

$$\sum F_x=0 : \ F_{AB}=(40)\left(\frac{4}{5}\right)=32\,\text{kN}$$

$\therefore$ AB 의 부재력 $=F_{AB}l=32\,\text{kN}$(압축)

(2) 절점 B 로부터 얻을 수 있는 힘

계산을 간편하게 하기 위해서 다음 그림과 같은 좌표축을 사용한다.

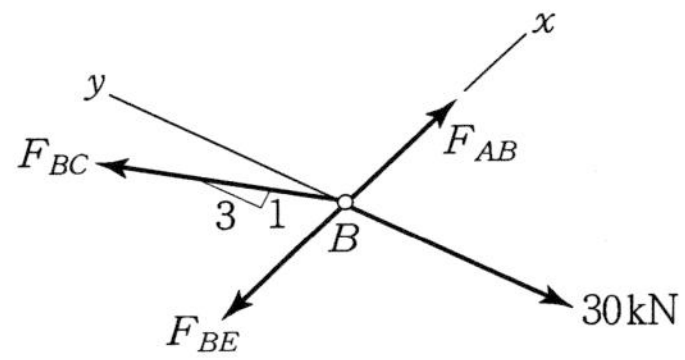

절점 B에 작용하는 힘 중에서 미지수는 F_{BC}와 F_{BE}이다.

$$\sum F_y = 0 \ : \ F_{BC} = (30)\left(\frac{\sqrt{10}}{3}\right) = 31.6\,\text{kN}$$

$\therefore$ BC 부재력 $= F_{BC} = 31.6$ kN(인장)

5-3 (1)

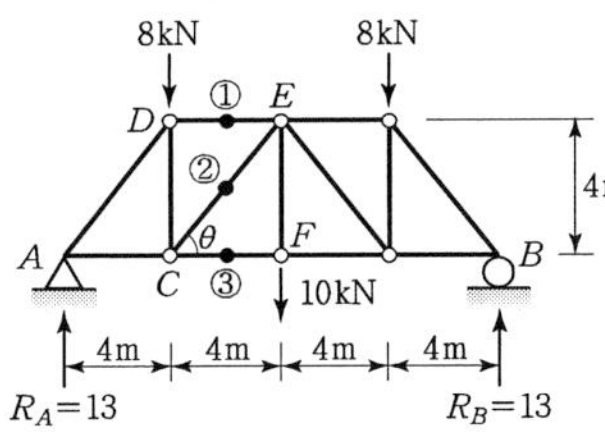

① 부재 ; $\sum M_C = 0$; $13\times4 = ①\times4$

$\therefore ① = 13$ kN(D ←→ E 인장)

③ 부재 ; $\sum M_E = 0$; $-4\times8 + 13\times8 - ③\times4 = 0$

$\therefore ③ = 18$ kN(C →← F 압축)

② 부재 ; $13 = 8 + ②\sin\theta$

$\therefore ② = 5\times\dfrac{1}{\sin\theta} = 7.07$ kN(C ↙↗ E 압축)

(2)

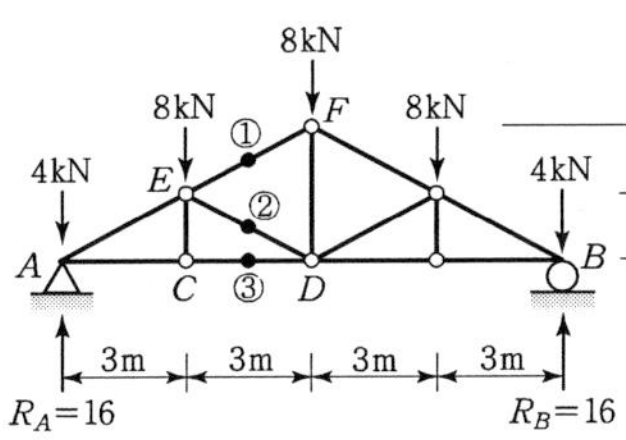

① 부재 ; $\sum M_E = 0$; $-4\times3 + 16\times3 = ③\times2$

$\therefore ③ = 18$ kN(C →← F 압축)

$\theta = \tan^{-1}\left(\dfrac{2}{3}\right) = 33.7°$

$\therefore y = 56.3°$

$\dfrac{h}{6} = \cos(56.3°)$

$\therefore h = 3.33$ m

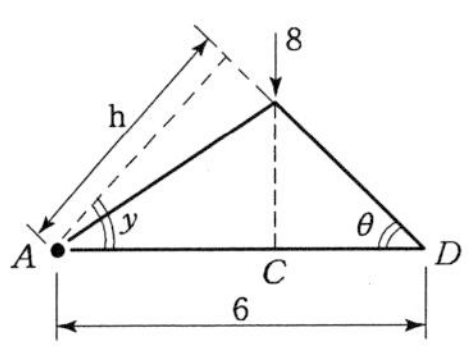

$\therefore ②\ \sum M_A = 0$; $8\times3 = ②\times h$(인장)

$② = 7.211$ kN(E ↖↘ D)

$①\sin\theta = ②\sin\theta + 4$

$\therefore ① = 14.42$ kN(E ↙↗ F 인장)

(3)

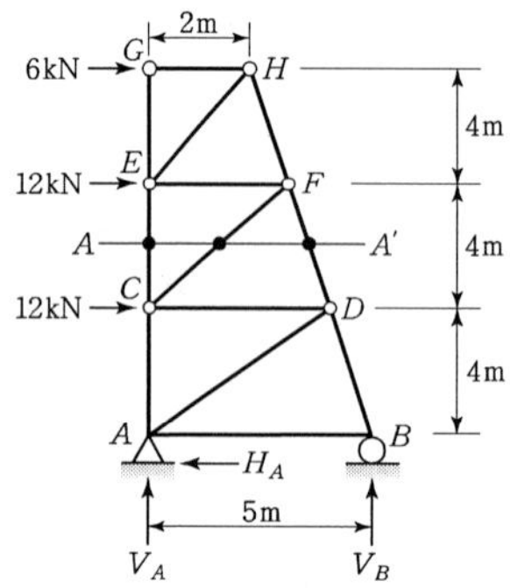

① 반력 산정

$\sum F_x = 0$; $H_A = 12 + 12 + 6 = 30\,\text{kN}$

$\sum F_y = 0$; $-V_A + V_B = 0 \quad \therefore V_A = V_B$

$\sum M_A = 0$; $(12\times 4) + (12\times 8) + (6\times 12)$

$\qquad - (V_B \times 5) = 0$

$\therefore V_B = V_B = 43.2\,\text{kN}$

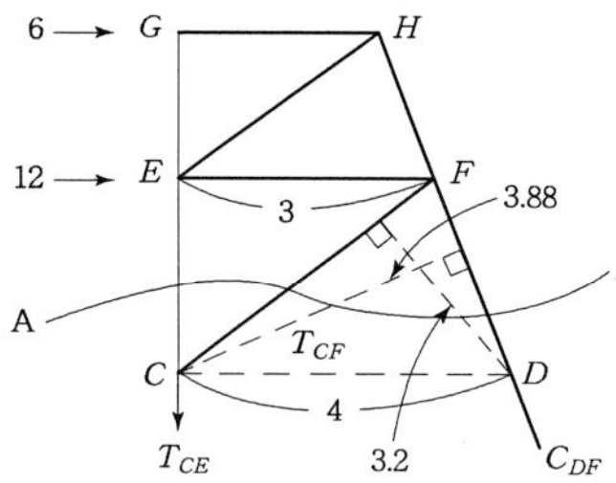

② 부재력 산정($A - A'$ 절단선)

$\sum M_F = 0$; $(6\times 4) - (T_{CE} \times 3) = 0$

$\therefore T_{CE} = 8\,\text{kN}$

$\sum M_C = 0$; $(12\times 4) + (6\times 8) - (C_{DF} \times 3.88) = 0$

$\therefore C_{DF} = 24.74\,\text{kN}$

$\sum M_D = 0$; $(12\times 4) + (6\times 8) - (T_{CE} \times 4)$

$\qquad - (T_{CF} \times 3.2) = 0$

$\therefore T_{CF} = 20\,\text{kN}$

(4)

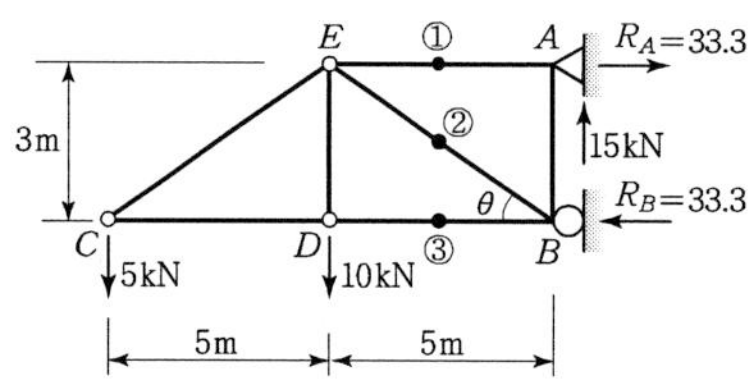

$\sum M_A = 0$; $5\times 10 + 10\times 5 = R_B \times 3$

$\therefore R_B = R_A = 33.3\,\text{kN}$

③ 부재 ; $\sum M_E = 0$; $5\times 5 = ③\times 3$

$\therefore ③ = 8.33\,\text{kN}$(D ⟷ B 인장)

② 부재 ; $5 + 10 = ②\sin\theta$ $\left(\sin\theta = \dfrac{3}{\sqrt{34}}\right)$

$\therefore ② = 29.15\,\text{kN}$(E ⟷ B 인장)

① 부재 ; $\sum M_B = 0$; $5\times 10 + 10\times 5 = ①\times 3$

$\therefore ① = 33.3\,\text{kN}$(E → ← A 압축)

(5)

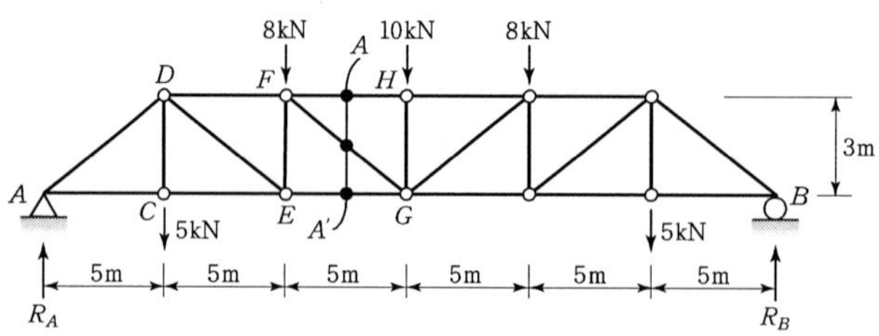

① 반력 산정

$R_A = R_B = 18\,\text{kN}$

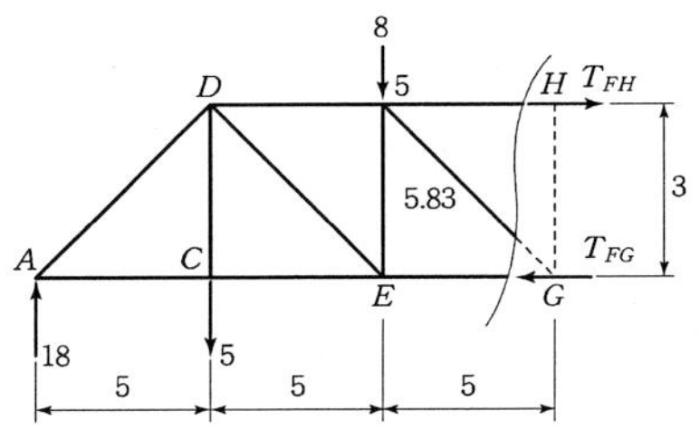

② 부재력 산정($A-A'$ 절단선)

$$\sum M_F=0\ ;\ (18\times10)-(5\times5)-(C_{EG}\times3)=0$$

$\therefore C_{EG}=51.67\text{ kN}$

$$\sum M_G=0\ ;\ (18\times15)-(5\times10)-(8\times5)+(T_{FH}\times3)=0$$

$\therefore T_{FH}=-60\text{ kN}$(방향은 HF 쪽, 즉 압축)

$$\sum F_y=0\ ;\ -\left(T_{FG}\times\frac{3}{\sqrt{34}}\right)-8-5+18=0$$

$\therefore T_{FG}=9.71\text{ kN}$

5-4

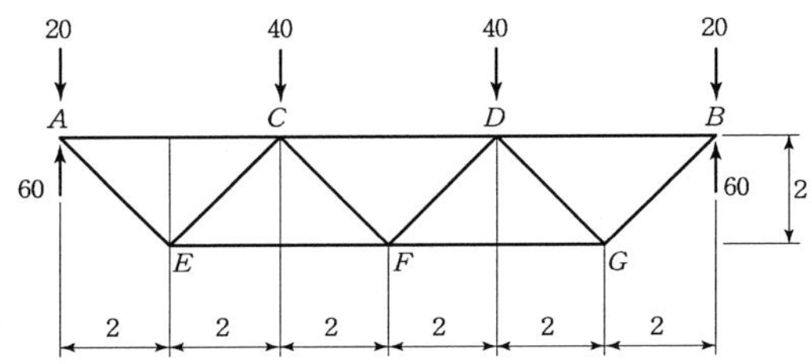

① A절점

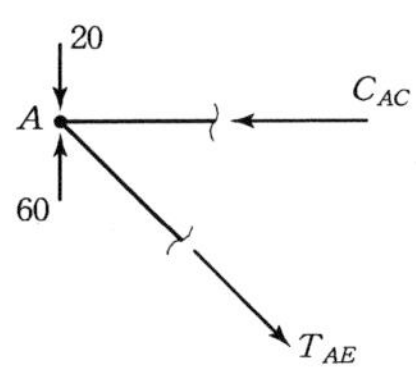

$$\sum F_y=0\ ;\ 60-20-\frac{T_{AE}}{\sqrt{2}}=0$$

$\therefore T_{AE}=40\sqrt{2}\text{ kN}$

$$\sum F_x=0\ ;\ -C_{AC}+T_{AE}\cdot\frac{1}{\sqrt{2}}=0$$

$\therefore C_{AC}=40\text{ kN}$

② E절점

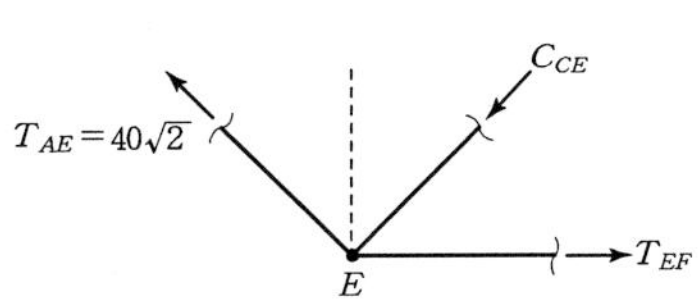

$$\sum F_y=0\ ;\ -C_{CE}\cdot\frac{1}{\sqrt{2}}+40=0$$

$\therefore C_{CE}=40\sqrt{2}\text{ kN}$

$$\sum F_x=0\ ;\ T_{EF}-C_{CE}\frac{1}{\sqrt{2}}-40=0$$

$\therefore T_{EF}=80\text{ kN}$

③ C절점

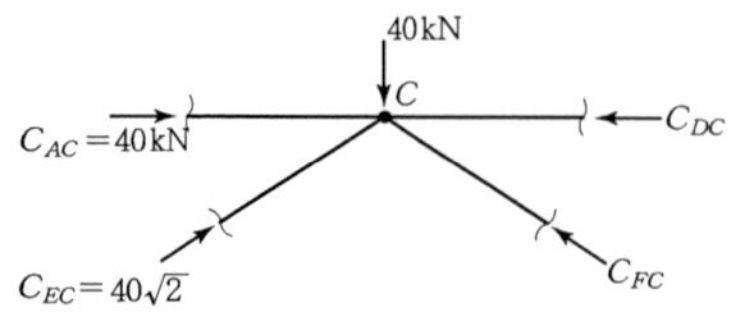

$$\sum F_y=0\ ;\ \left(C_{FC}\times\frac{1}{\sqrt{2}}\right)-40+40=0$$

$\therefore C_{FC}=0$ kN

$$\sum F_x=0\ ;\ 40+40-C_{DC}=0$$

$\therefore C_{DC}=80$ kN

④ 하중 및 부재 배치의 대칭성

$T_{BG}=T_{AE}$, $C_{BD}=C_{AC}$, $C_{DG}=C_{CE}$

$C_{DF}=C_{CF}$, $T_{GF}=T_{EF}$

5-5 (1) 절점하중 산정

① E절점 ; $2.5\times8\times10/2=100$ kN

② C, E절점 ; $2.5\times4\times10/2=50$ kN

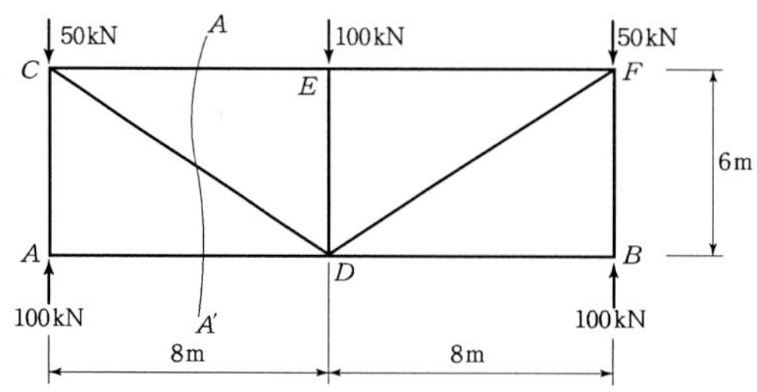

(2) 부재력 산정

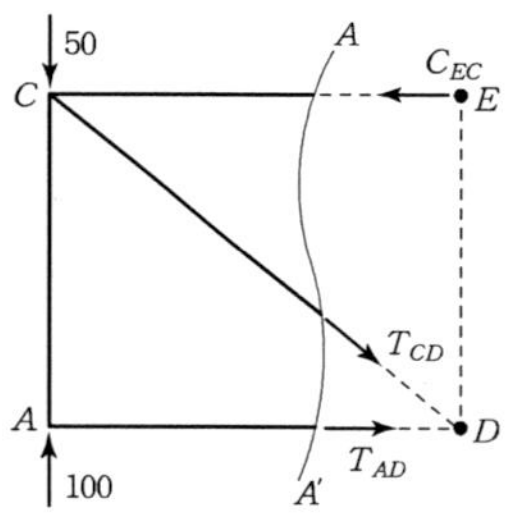

① $A-A'$ 절단선

$$\sum M_C=0\ ;\ T_{AD}=0$$

$$\sum M_D=0\ ;\ -(50\times8)+(100\times8)-(C_{EC}\times6)=0$$

$\therefore C_{EC}=66.67$ kN

$$\sum F_x=0\ ;\ -C_{EC}+T_{CD}\times\frac{4}{5}=0$$

$\therefore T_{CD}=83.34$ kN

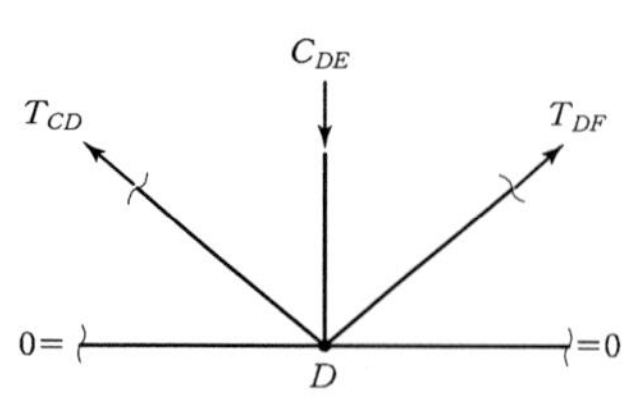

② D절점

$$\sum F_x=0\ ;\ T_{CD}=T_{DF}=83.34\text{ kN}$$

$$\sum F_y=0\ ;\ C_{DE}=2\times83.34\times\frac{3}{5}=100\text{ kN}$$

③ 하중 및 부재배치의 대칭성

$T_{DF} = T_{CD},\ \ C_{EF} = C_{CE},\ \ T_{DB} = T_{AD} = 0$

5-6

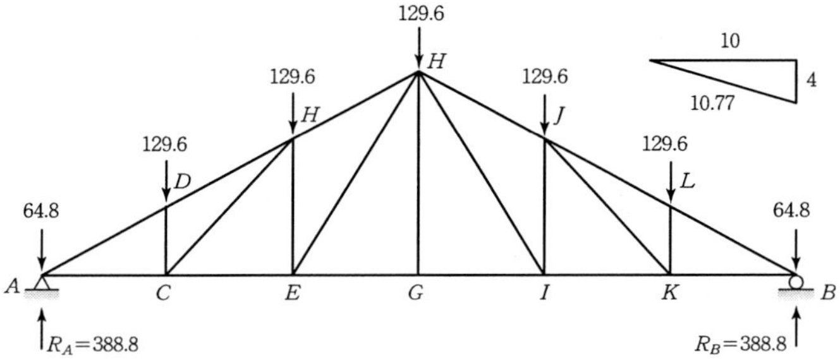

(1) 절점하중 산정

① 상현재의 길이 ; $L = 4.5 \times \dfrac{10.77}{10} = 4.85\,\text{m}$

② 절점별 하중 부담폭 ; $B = \dfrac{4.85}{3} = 1.62\,\text{m}$

③ 절점에 작용하는 집중하중 ; $P = 80 \times 1.62 = 129.6\,\text{kN}$

(2) 반력 산정

$$R_A = R_B = \frac{(129.6 \times 5) + (64.8 \times 2)}{2} = 388.8\,\text{kN}$$

(3) 부재력 산정

① A 절점

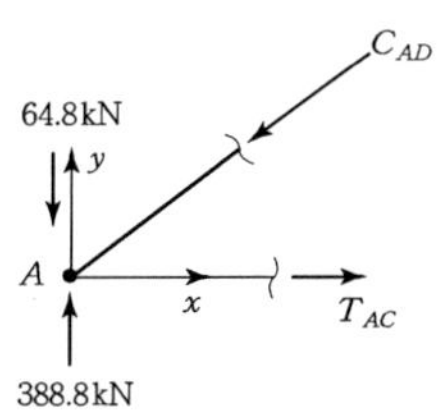

$\sum F_y = 0$; $388.8 - 64.8 - \left(C_{AD} \times \dfrac{4}{10.77}\right) = 0$

$\therefore C_{AD} = 872.37\,\text{kN}$

$\sum F_x = 0$; $-\left(C_{AD} \times \dfrac{10}{10.77}\right) + T_{AC} = 0$

$\therefore T_{AC} = 810\,\text{kN}$

② D절점

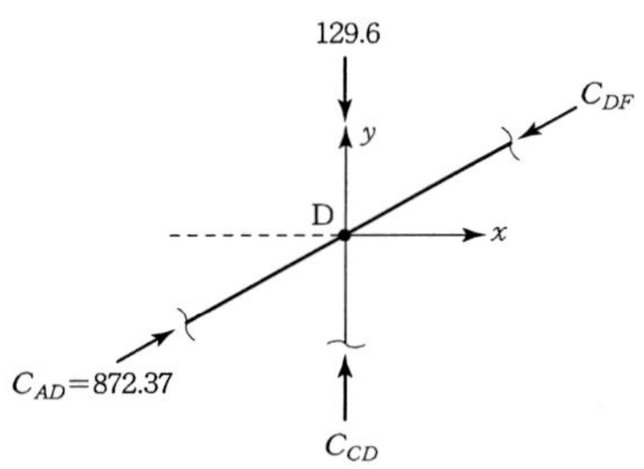

$\sum F_x = 0$; $C_{AD} = C_{DF} = 872.37\,\text{kN}$

$\sum F_y = 0$; $-129.6 + \left(C_{AD} \times \dfrac{4}{10.77}\right)$

$- \left(C_{DF} \times \dfrac{4}{10.77}\right) + C_{CD} = 0$

$\therefore C_{CD} = 129.6\,\text{kN}$

③ C절점

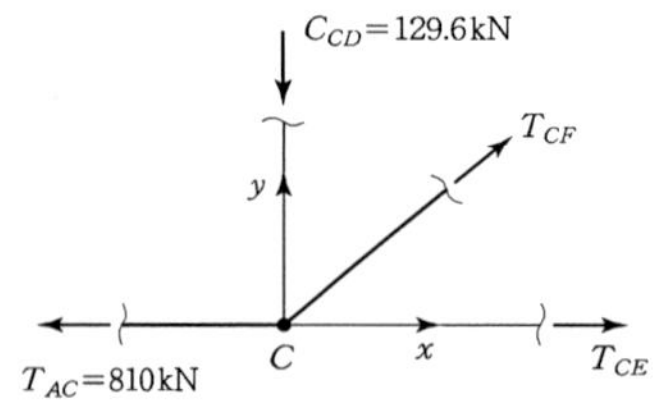

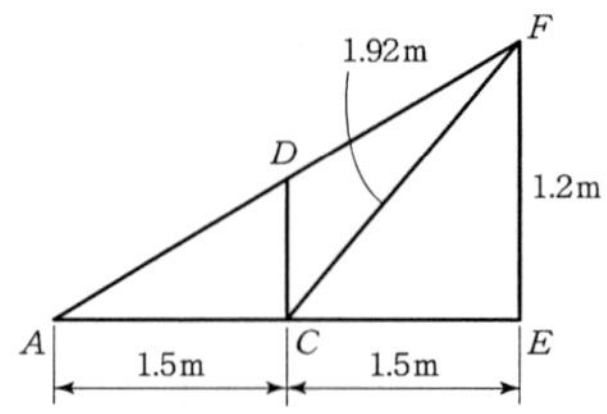

$$\sum F_y = 0\ ;\ -129.6 + \left(T_{CF} \times \frac{1.2}{1.92}\right) = 0$$

$\therefore T_{CF} = 207.36 \text{ kN}$

$$\sum F_x = 0\ ;\ -810 + \left(T_{CF} \times \frac{1.5}{1.92}\right) + T_{CE} = 0$$

$\therefore T_{CE} = 648 \text{ kN}$

④ F절점

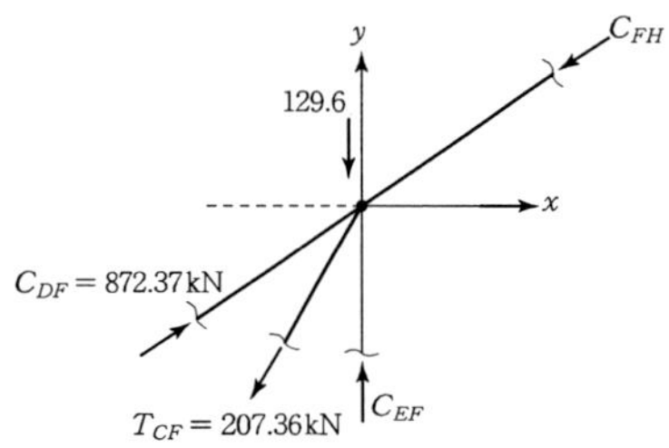

$$\sum F_x = 0\ ;\ \left(872.37 \times \frac{10}{10.77}\right)$$

$$-\left(207.36 \times \frac{1.5}{1.92}\right) - \left(C_{FH} \times \frac{10}{10.77}\right) = 0$$

$\therefore C_{FH} = 697.9 \text{ kN}$

$\sum F_y = 0\ ;$

$$\left(872.37 \times \frac{4}{10.77}\right) - \left(207.36 \times \frac{1.2}{1.92}\right)$$

$$+ C_{EF} - \left(C_{FH} \times \frac{4}{10.77}\right) - 129.6 = 0$$

$\therefore C_{EF} = 194.4 \text{ kN}$

⑤ E절점

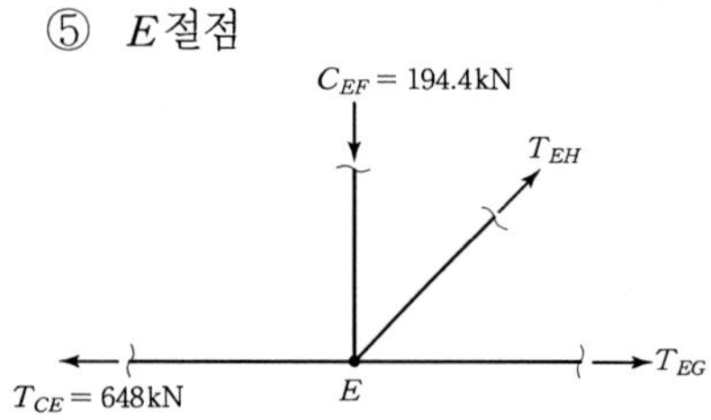

$$\sum F_y = 0\ ;\ -194.4 + \left(T_{EH} \times \frac{1.8}{\sqrt{2.34}}\right) = 0$$

$\therefore T_{EH} = 252.72 \text{ kN}$

$$\sum F_x = 0\ ;\ -648 + T_{EG} + \left(T_{EH} \times \frac{1.5}{2.34}\right) = 0$$

$\therefore T_{EG} = 486 \text{ kN}$

⑥ G절점

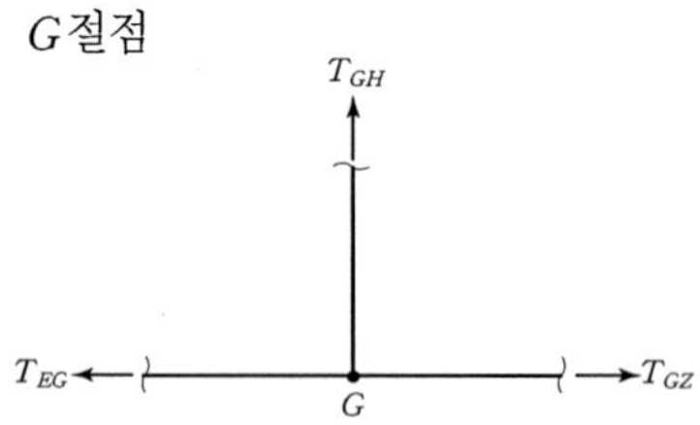

$\sum F_y = 0\ ;\ \therefore T_{GH} = 0$

⑦ 나머지 부재는 대칭부재도 부재력 결정됨

5-7 트러스의 응력에 관한 성질

$N_{GH}=0$

5-8 (1) 수식 해법

다음의 그림에서 절점 C의 절단면을 보여 주고 있다. 압축력을 음(−), 인장력을 양(+)이라 하고 평형방정식을 이용하여 부재력을 구한다.

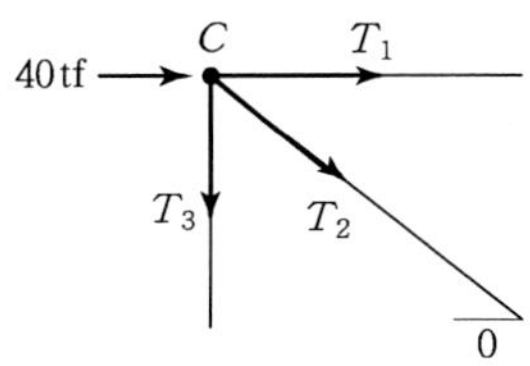

먼저 절점 D에 작용하는 외력이 없으므로, CD 부재는 0부재이다.

$\therefore\ T_1=0$

절점 C에서 수평 및 수직 평형방정식을 이용하여 부재력(T_2, T_3)을 구하면 다음과 같다.

$\sum X=0$:

$T_2\cos\theta+40=0$

$T_2\left(\dfrac{7.5}{8}\right)+40=0$

$T_2=-42.6\,\text{tf}\,(\text{C})$

$\sum Y=0$:

$T_3-T_2\sin\theta=0$

$T_3-42.6\left(\dfrac{3}{8}\right)=0$

$T_3=16\,\text{tf}\,(\text{T})$

(2) 가새 및 기둥의 축방향 변위

이 구조물은 탄성한계 내에서 응력과 변형률은 비례한다. 그러므로 축방향력을 받는 부재의 변위식 $\delta=\dfrac{PL}{AE}$을 이용하여 해당 부재의 변위량을 구한다.

$$\delta_d=\frac{(-42.6\times10^3)(8\times10^2)}{(121)(2.1\times10^6)}=-0.13\,\text{cm}$$

$$\delta_c=\frac{(16\times10^3)(3\times10^2)}{(44)(2.1\times10^6)}=0.57\,\text{cm}$$

즉 이 구조물에서 가새부재는 0.13 cm가 줄어들고, 좌측 기둥부재는 0.57 cm가 늘어난다.

6장 케이블과 아치

6-1 (1) 단순보로 보았을 경우의 반력 산정

평형방정식 $\sum F_x=0$, $\sum F_y=0$, $\sum M_B=0$ 이용

① $\sum F_x = H_A + H_B = 0$

② $\sum F_y = 0$ 에서

$R_A + R_B - (12+16+8) = 0$

③ $\sum M_B = 0$ 에서

$(8\times 12) + (16\times 24) + (12\times 36) - (R_A\times 48) = 0$

$R_A = \dfrac{1}{48}\times\{(8\times 12) + (16\times 24) + (12\times 36)\} = 19\ \text{kN}$

$\therefore\ R_A = 19\ \text{kN}$

(2) 단순보의 반력을 이용한 케이블 반력 산정

케이블의 일반정리 $Hy_c =$ 단순보의 M_c 이용

$M_C = 19\times 12 = 228\ \text{kN}$

$Hy_c = H\left(1 + 12\times\dfrac{4}{48}\right) = M_C = 228$

따라서 케이블의 일반정리로부터 $Hy_c =$단순보에서의 M_c이므로,

$H\left(1+12\times\dfrac{4}{48}\right) = 228$

$\therefore\ H = 114\ \text{kN}(\leftarrow)$

$\sum M_B = 0$; $114\times 4 + V_A\times 48 - 12\times 36 - 16\times 24 - 8\times 12 = 0$

$V_A = 9.5\ \text{kN}(\uparrow)$

6-2

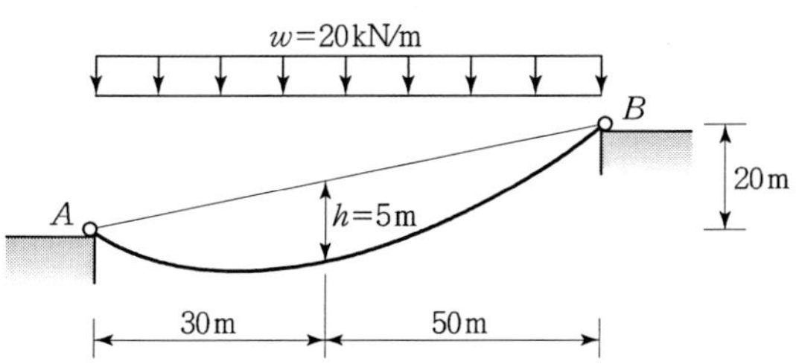

(1) h_1 산정

케이블 일반정리를 이용하여 $L/2$일 때의 처짐 h_1을 산정

- 케이블 일반정리

① $H \times y_m = \dfrac{wLx}{2} - \dfrac{wx^2}{2}$

② $x = L/2$; $H = \dfrac{wl^2}{8h_1}$

①, ②식을 통해 $h_1 = \dfrac{y_m L^2}{4x(L-x)}$이고 $x = 30\,\text{m}$, $y_m = h = 5\,\text{m}$이므로

$$h_1 = \frac{5 \times 80^2}{4 \times 30 \times (L-30)} = \frac{5 \times 80^2}{4 \times 30 \times 50} = 5.333\,\text{m}$$

$$n = \frac{h_1}{L} = \frac{5.333}{80} = 0.067$$

$$H = \frac{wL^2}{8h} = \frac{20 \times 80^2}{8 \times 5.333} = 3000\,\text{kN}$$

$$\tan\theta = \frac{20}{80} = 0.25$$

(2) 최대장력 산정

케이블의 최대 장력은 B 지점에서 발생

- 케이블 양단에서 장력

① $x=0$일 때 $T_{\max} = H(1+16n^2+\tan^2\theta + 8n\tan\theta)^{\frac{1}{2}}$

② $x=L$일 때 $T_{\max} = H(1+16n^2+\tan^2\theta + 8n\tan\theta)^{\frac{1}{2}}$

②일 때 최대이므로

$$\begin{aligned} T_{\max} &= H(1+16n^2+\tan^2\theta+8n\tan\theta)^{\frac{1}{2}} \\ &= 3000 \times (1+16 \times 0.067^2 + 0.25^2 + 8 \times 0.067 \times 0.25)^{\frac{1}{2}} \\ &= 3376.759\,\text{kN} \end{aligned}$$

6-3

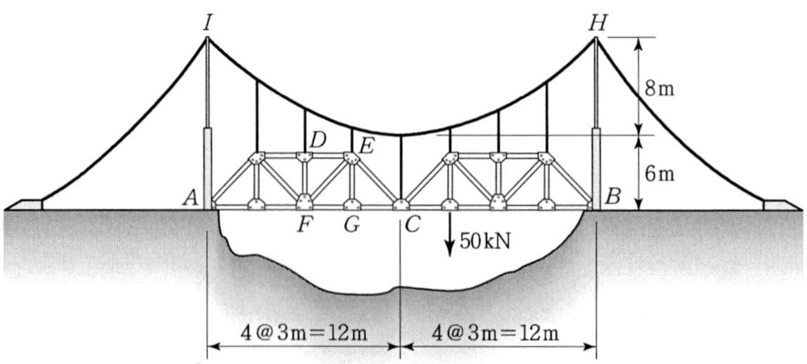

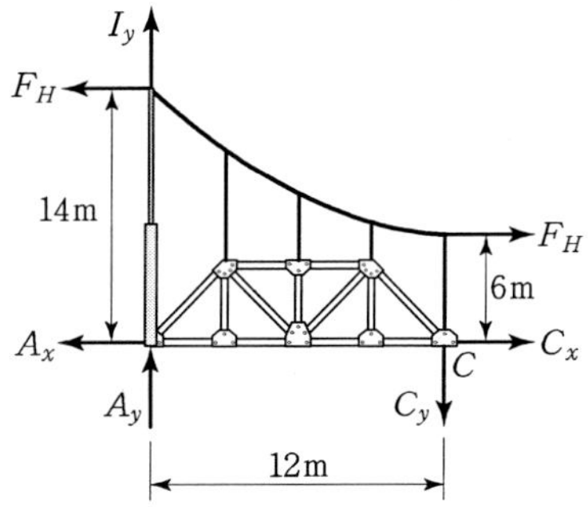

(1) I_y , A_y 산정

평형방정식 $\sum M_B = 0$, $\sum M_C = 0$을 이용

① $\sum M_B = 0$; $-I_y \times 24 - A_y \times 24 + 50 \times 9 = 0$

$I_Y + A_y = 18.75$

② $\sum M_C = 0$; $F_H \times 14 - F_H \times 6 - I_y \times 12 - A_y \times 12 = 0$

$I_y + A_y = 0.667 F_H$

$\therefore$ $F_H = 28.125\,\text{kN}$

(2) 최대장력 산정

등분포하중 w_0이 작용한다고 가정하여, 최대장력을 산정

• 등분포하중 w_0을 받을 때 최대장력

$$T_{\max} = w_0 \times L \times \sqrt{1 + (L/2h)^2}$$

$$w_0 = \frac{2F_H \times h}{L^2} = \frac{2 \times 28.125 \times 8}{12^2} = 3.125\,\text{kN}$$

$$T_{\max} = w_0 \times L \times \sqrt{1 + \left(\frac{L}{2h}\right)^2} = 3.125 \times 12 \times \sqrt{1 + \left(\frac{12}{2 \times 8}\right)^2} = 46.9\,\text{kN}$$

6-4

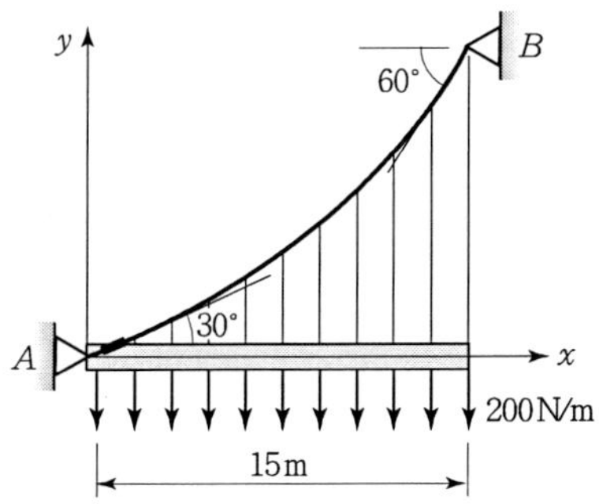

(1) T_o, T_L 산정

x에 따라 변하는 T_x, T_y를 구한다.

• x에 따른 T의 변화

① x에 따른 T_x의 변화 $= \dfrac{d(T\cos\theta)}{dx} = 0$

② x에 따른 T_y의 변화 $= \dfrac{d(T\sin\theta)}{dx} = w$

① $\dfrac{d(T\cos\theta)}{dx} = 0$; $x=0$에서 $T\cos\theta_0 = \dfrac{\sqrt{3}}{2}T_0$

$x=L$에서 $T\cos\theta_L = \dfrac{1}{2}T_L$

$\sum F_x = 0$이므로, $T_L = \sqrt{3}\,T_0$

② $\dfrac{d(T\sin\theta)}{dx} = w$; $\displaystyle\int \frac{d(T\sin\theta)}{dx}dx = \int w dx$

$\theta = w_0 x + c$

$x=0$ 에서 $T_0 = c$

$T\sin\theta = w_0 x + \dfrac{T_0}{2}$

$\dfrac{T\sin\theta}{T\cos\theta} = \tan\theta = \dfrac{2}{\sqrt{3}} \times \dfrac{wx}{T_0} + \dfrac{1}{\sqrt{3}} = \dfrac{dy}{d}x$

$x=L$에서 $\tan\theta = \tan 60° = \sqrt{3}$이므로

$\sqrt{3} = \dfrac{2}{\sqrt{3}} \times \dfrac{wL}{T_0} + \dfrac{1}{\sqrt{3}}$

$T_0 = 3$, $T_L = 3\sqrt{3}$

$\dfrac{dy}{d}x = \dfrac{2}{\sqrt{3}} \times \dfrac{0.2x}{T_0} + \dfrac{1}{\sqrt{3}} = \dfrac{0.4}{3\sqrt{3}}x + \dfrac{1}{\sqrt{3}}$

$\therefore y = \dfrac{0.2}{3\sqrt{3}}x^2 + \dfrac{1}{\sqrt{3}}x + c$

$x=0$에서 $y=0$이므로 $c=0$

$\therefore y = \dfrac{0.2}{3\sqrt{3}}x^2 + \dfrac{1}{\sqrt{3}}x = (38.5x^2 + 5.77x) \times 10^{-3}\text{m}$

(2) 케이블의 최대장력 산정

케이블의 장력이 최대인 지점에서의 x, y 방향의 장력의 합

$T_{\max} = \sqrt{(T\cos\theta)^2 + (T\sin\theta)^2}$

$T_{\max} = \sqrt{(T\cos\theta)^2 + (T\sin\theta)^2} = \sqrt{\dfrac{3}{4}T_0{}^2 + \left(w_0 L + \dfrac{T_0}{2}\right)^2} = \sqrt{\dfrac{3}{4} \times 9 + \left(3 + \dfrac{3}{2}\right)^2}$

$= 5.2\text{kN}$

6-5

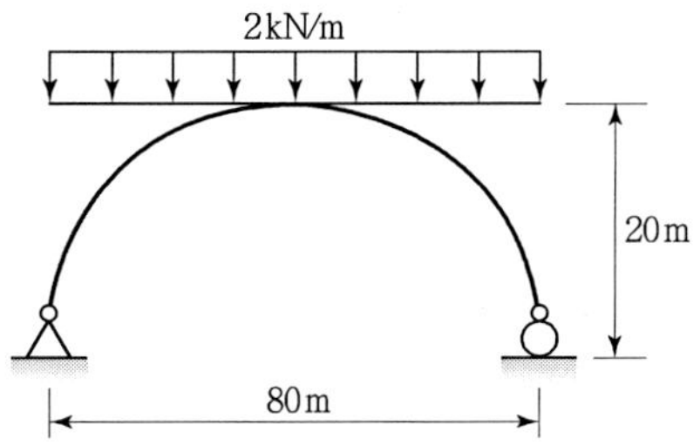

(1) 포물선 방정식

포물선 방정식 $y = -\frac{w}{2F_H}x^2$을 구하고, 경계값으로 F_H를 구한다.

① $y = -\frac{w}{2F_H}x^2 = -\frac{2}{2F_H}x^2 = -\frac{x^2}{F_H}$

C점에서 $x = 40$, $y = -20$ 이므로 $F_H = 80\,\text{kN}$

$y = -\frac{1}{80}x^2$, $\frac{dy}{d}x = -\frac{1}{40}x$

② $\tan\theta = \frac{dy}{d}x$에서 $x = -40$일 때 $\tan\theta_A = \frac{dy}{d}x = -\frac{1}{40} \times -40 = 1$

$\therefore \theta_A = 45°$

$T_A = \frac{F_H}{\cos}\theta = \frac{80}{\cos 45°} = 80 \times \sqrt{2} = 113.14\,\text{kN}$

6-6

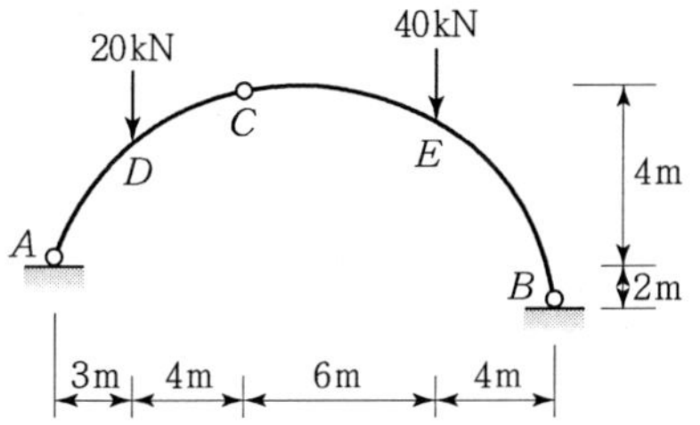

반력 산정

평형방정식 $\sum M_B = 0$, $\sum M_C = 0$ 이용

① $\sum M_B = 0$; $17 \times V_A - 20 \times 14 - 40 \times 4 + H_A \times 20 = 0$

② $\sum M_C = 0$; $7 \times V_A - 20 \times 4 - H_A \times 4 = 0$

①, ②식 연립하여 풀면

$\therefore$ $V_A = 23.41\,\text{kN}(\uparrow)$, $V_B = 36.59\,\text{kN}(\uparrow)$, $H_A = H_B = 20.98\,\text{kN}(\rightarrow, \leftarrow)$

6-7

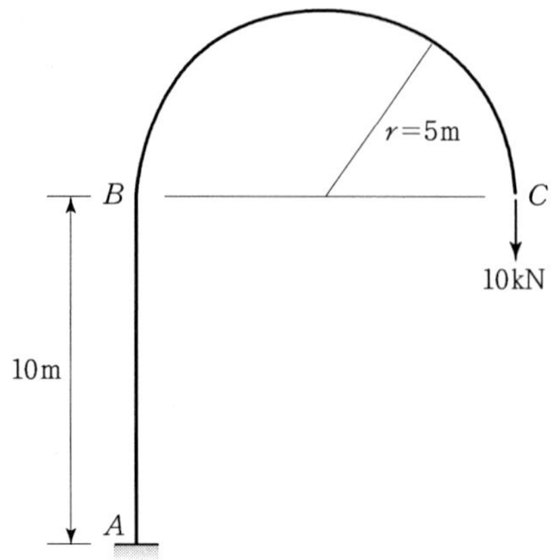

반력 산정

평형방정식 $\sum M_A = 0$ 이용.

$\sum M_A = 0$; $P \times 2r - M_A = 0$

$M_A = 10 \times 10 = 100\,\text{kN} \cdot \text{m}$ (반시계방향)

6-8

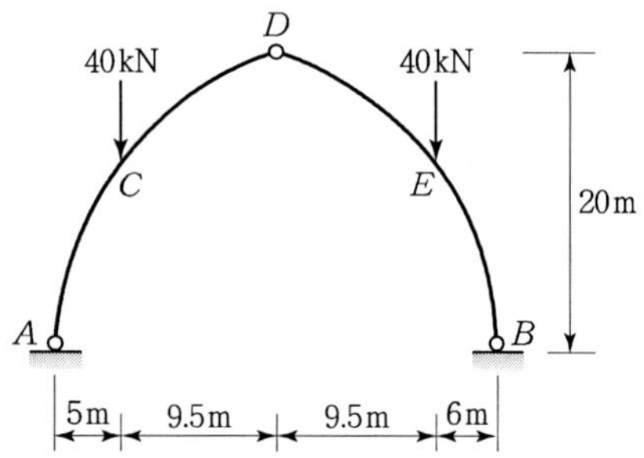

반력 산정

평형방정식 $\sum M_B = 0$, $\sum M_D = 0$, $\sum H = 0$ 이용

① $\sum M_B = 0$; $V_A \times 30 - 40 \times 25 - 40 \times 6 = 0$, $V_A = 41.3\,\text{kN}$ (↑)

② $\sum M_D = 0$; $V_A \times 15 - H_A \times 20 - 40 \times 10 = 0$, $H_A = 11\,\text{kN}$ (→)

③ $\sum H = 0$; $H_A - H_B = 0$, $H_B = 11\,\text{kN}$ (←)

6-9

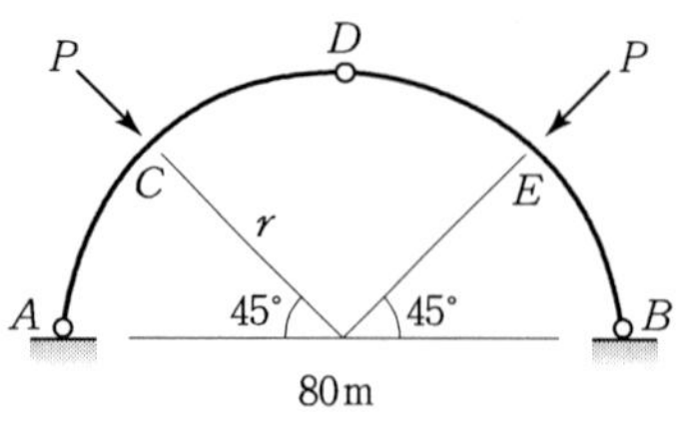

(1) 반력 산정

평형방정식 $\sum M_A=0$, $\sum M_D=0$ 이용

① $\sum M_A=0$; $-V_B\times 2r+\frac{P}{\sqrt{2}}\times\left(r+\frac{r}{\sqrt{2}}\right)+\frac{P}{\sqrt{2}}\times\left(r-\frac{r}{\sqrt{2}}\right)=0$이고, $\sum V=0$

이므로 $V_A=V_B=\frac{P}{\sqrt{2}}$

② $\sum M_D=0$; $V_A\times-H_A\times r-\frac{P}{\sqrt{2}}\times\frac{r}{\sqrt{2}}-\frac{P}{\sqrt{2}}\times\left(r-\frac{r}{\sqrt{2}}\right)=0$

$V_A=\frac{P}{\sqrt{2}}$를 대입하면, $\sum H=0$이므로 $H_A=H_B=0$

(2) 임의의 점에서의 모멘트

$M_\theta=x\times V_A-H_A\times y$;

C 점은 $\theta=45°$일 때이므로

$\therefore\ M_C=\frac{P}{\sqrt{2}}\times r-\frac{P}{\sqrt{2}}\times\frac{r}{\sqrt{2}}=0.207\,Pr$ (시계방향)

6-10

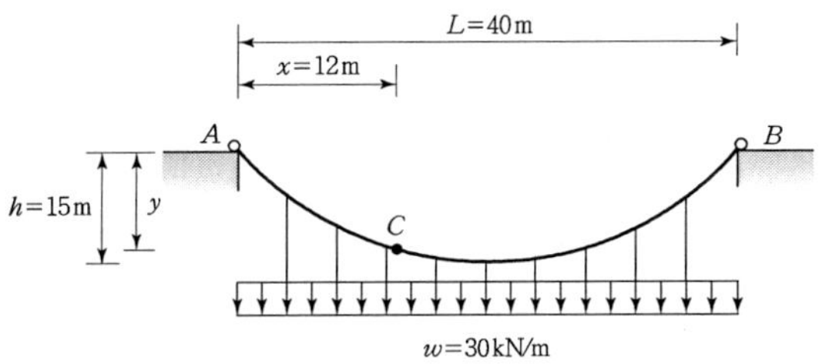

케이블 중앙의 모멘트의 합을 0으로 하면,

$$\sum M=\left(\frac{wL}{2}\times\frac{L}{2}\right)-\left(\frac{wL}{2}\times\frac{L}{4}\right)-H\times h=0$$

(H : 수평반력, h : 케이블과 지점과의 수직거리, w : 등분포하중, L : 지점과 지점과의 거리)

위 식에서 수평반력 H과 수직반력 V은

$$H=\frac{wL^2}{8h}=\frac{30\times 40^2}{8\times 15}=400\text{ kN},\quad V=\frac{wL}{2}=\frac{30\times 40}{2}=600\text{ kN}$$

C점에서 모멘트 합은 0이므로

$$\sum M_C=V\cdot x-(wx)\frac{x}{2}-H\times y=0$$

$$y=\left(600\times 12-30\times 12\times\frac{12}{2}\right)\div 400=12.6$$

$\therefore y=12.6\,\text{m}$

6-11

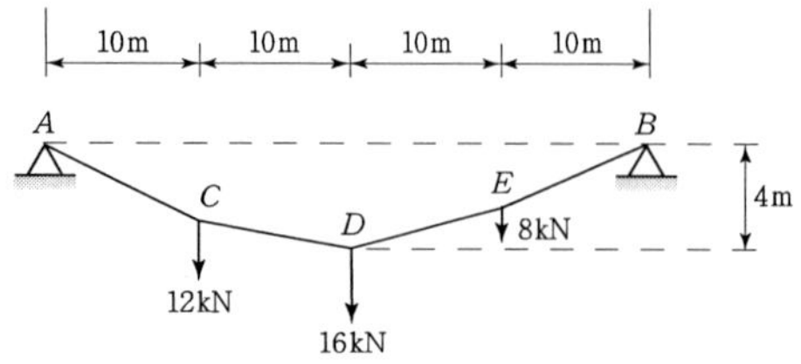

B점에 대한 모멘트 평형방정식으로부터

$$\sum M_B = 0\ ;\ V_A \times 40 - 12 \times 30 - 16 \times 20 - 8 \times 10 = 0$$

$$\therefore V_A = 19\text{ kN}$$

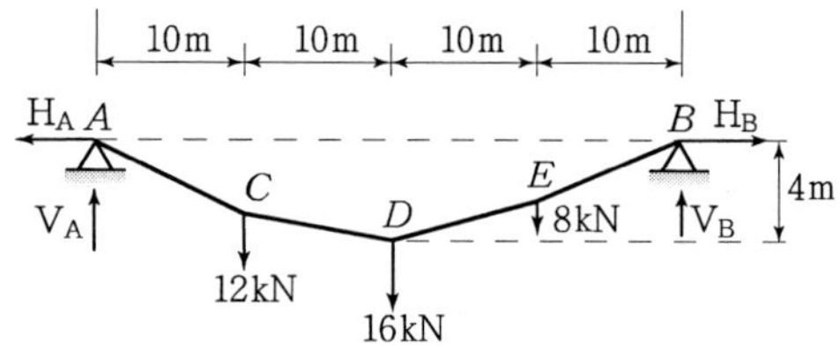

수평 평형방정식으로부터

$\sum F_y = 0$이므로

$$V_B = (12 + 16 + 8) - V_A = 36 - 19$$

$$\therefore V_B = 17\text{ kN}$$

$$\sum M_D = 0\ ;\ -H_A \times 4 + 19 \times 20 - 12 \times 10 = 0$$

$$\therefore H_A = 65\text{ kN}$$

$$\sum H = 0\ ;\ H_A = H_B = 65\text{ kN}$$

따라서 각 부재의 부재력을 구해본 결과,

$$T_{AC} = \sqrt{19^2 + 65^2} = 67.7\text{ kN}$$

$$T_{CD} = \sqrt{(19-12)^2 + 65^2} = 65.37\text{ kN}$$

$$T_{DE} = \sqrt{(19-12-16)^2 + 65^2} = 65.62\text{ kN}$$

$$T_{EB} = \sqrt{(19-12-16-8)^2 + 65^2} = 67.19\text{ kN}$$

$\therefore T_{AC}$가 최대인장력 67.7kN을 받는다.

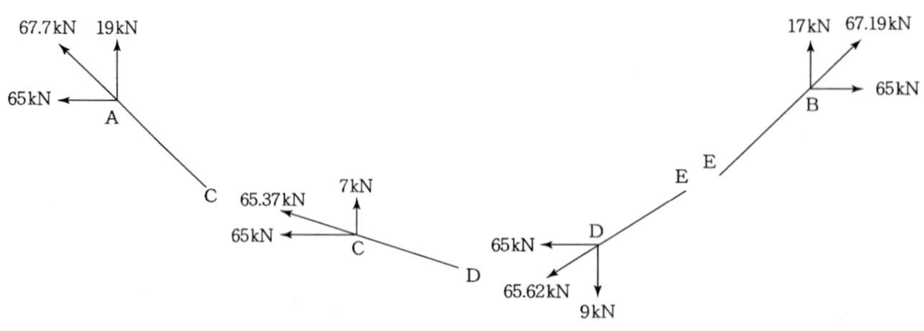

6-12

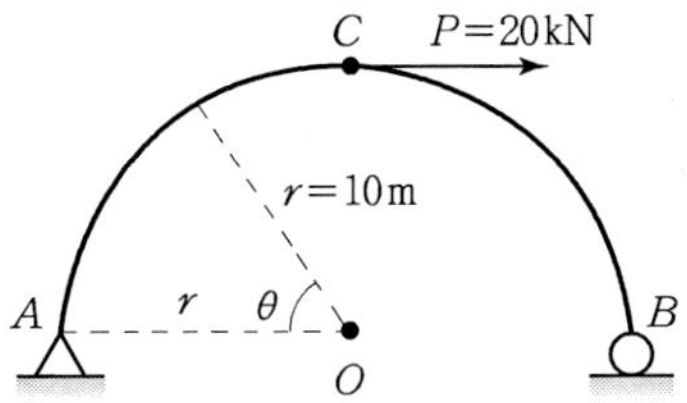

(1) 반력 산정

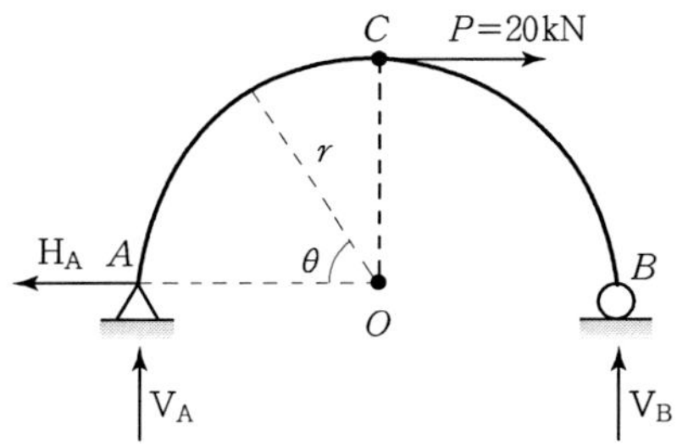

$\sum F_x = 0$; $-H_A + 20 = 0$

$\therefore H_A = 20$ kN

$\sum F_y = 0$; $V_A = -V_B$

$\sum M_A = 0$; $20 \times 10 - V_B \times 20 = 0$

$\therefore V_B = 10$ kN, $V_A = -10$ kN

(2) 구간별 부재력 방정식

① AC구간

축방향력 ; $N_x = H_A \sin\theta - V_A \cos\theta = 20 \sin\theta + 10 \cos\theta$

전단력 ; $V_x = H_A \cos\theta + V_A \sin\theta = 20 \cos\theta - 10 \sin\theta$

휨모멘트 (kN·m) ; $M_x = H_A r \sin\theta + V_A (r - r\cos\theta) = 200 \sin\theta + 100 \cos\theta - 100$

② CB구간

축방향력 ; $N_x = H_A \sin\theta - V_A \cos\theta - P \sin\theta = 10 \cos\theta$

전단력 ; $V_x = H_A \cos\theta + V_A \sin\theta - P \cos\theta = -20 \sin\theta$

휨모멘트 (kN·m) ; $M_x = H_A r \sin\theta + V_A (r - r\cos\theta) + P(r - r\sin\theta) = 100(\cos\theta + 1)$

(3) 부재력도 작성

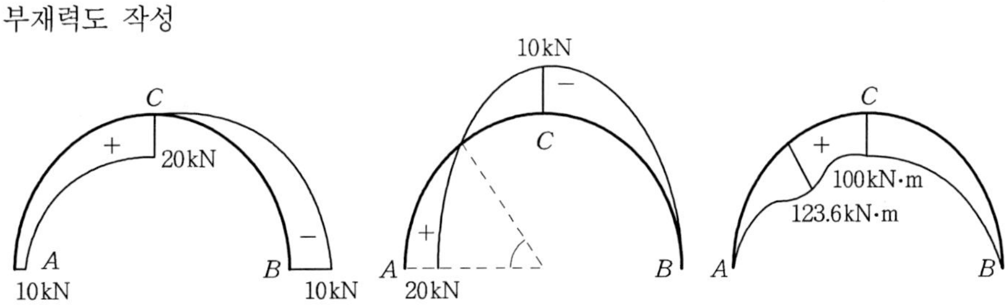

축방향력도 전단력도 휨모멘트도

$V_\theta = 0 = P \cos\theta - \dfrac{P}{2} \sin\theta$, $\theta = 63.45°$ 일 때 모멘트값이 최대이므로

$M_{max} = 100(2 \sin 63.45° + \cos 63.45° - 1) = 123.6$ kN·m

7장 구조물의 변형

7-1

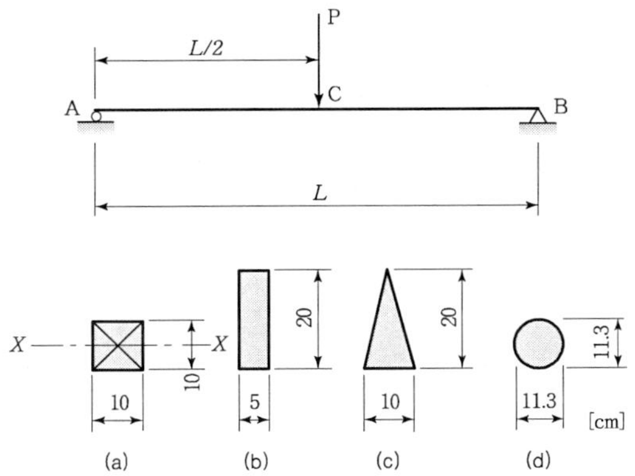

P, L, E의 값이 동일하므로 처짐을 결정하는 값은 I이다. 즉 I가 큰 값이면 처짐값이 작다.

(1) 단면 (a)의 단면 2차모멘트

$$I_x = \frac{bh^3}{12} = \frac{10(10)^3}{12} = 833.33\,\mathrm{cm}^4$$

$$\delta_C = \frac{PL^3}{48EI} = \frac{PL^3}{48E(833.33)} = \frac{PL^3}{(40,000)E}$$

(2) 단면 (b)의 단면 2차모멘트

$$I_x = \frac{bh^3}{12} = \frac{5(20)^3}{12} = 3333.33\,\mathrm{cm}^4$$

$$\delta_C = \frac{PL^3}{48EI} = \frac{PL^3}{48E(3333.33)} = \frac{PL^3}{(160,000)}E$$

(3) 단면 (c)의 단면 2차모멘트

$$I_x = \frac{bh^3}{36} = \frac{5(20)^3}{36} = 1111.11\,\mathrm{cm}^4$$

$$\delta_C = \frac{PL^3}{48EI} = \frac{PL^3}{48E(2220)} = \frac{PL^3}{(53,333.33)E}$$

(4) 단면 (d)의 단면 2차모멘트

$$I_x = \frac{\pi d^4}{64} = \pi \frac{(11.3)^4}{64} = 800.35\,\text{cm}^4$$

$$\delta_C = \frac{PL^3}{48EI} = \frac{PL^3}{48E(800.35)} = \frac{PL^3}{(38,417)E}$$

결국 단면 (a)의 처짐을 1로 보았을 때, 다른 단면에서의 상대적인 처짐값은 다음과 같다.

	단면 (a)	단면 (b)	단면 (c)	단면 (d)
δ_C	1	0.25	0.75	1.04

7-2

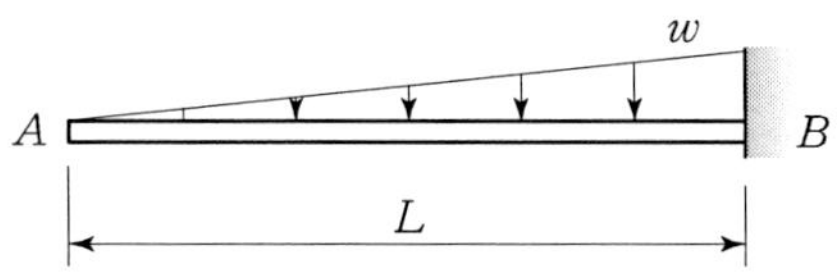

A점에서 발생하는 최대처짐과 최대처짐각의 처짐곡선의 미분방정식을 이용하여 구한다.

- 처짐곡선의 미분방정식
  - ① $EIy''(x) = -M(x)$
  - ② $EIy'''(x) = -V(x)$
  - ③ $EIy^{iv}(x) = w(x)$

그림 (a)와 (b)처럼 좌표계를 바꾸어 생각할 수도 있다.

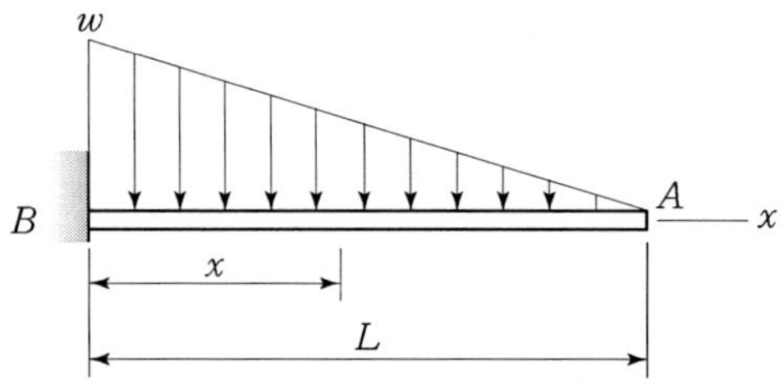

(a)

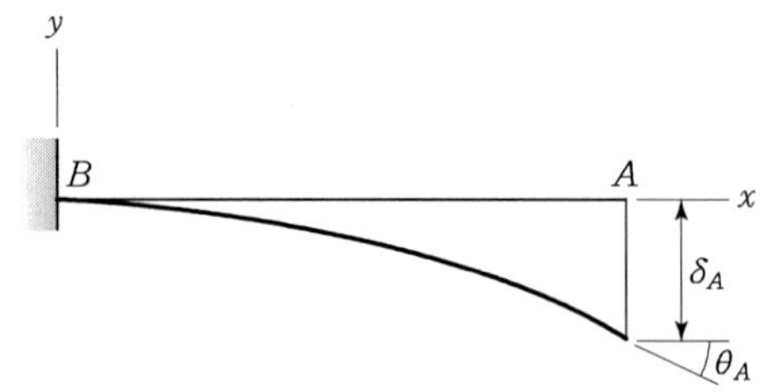

(b)

(1) B점에서 x만큼 떨어진 분포하중 크기는 다음 식으로 주어진다

$$\omega_x = \frac{\omega(L-x)}{L}$$

(2) 따라서, 4계 미분방정식은 다음과 같다.

$$EI\nu'''' = \omega_x = \frac{\omega(L-x)}{L} \tag{a}$$

(3) 식 (a)를 세 번 과 네 번 미분하면 다음과 같다.

$$EI\nu' = -\frac{\omega_0}{24L}(L-x)^4 + C_3 \tag{b}$$

$$EI\nu = \frac{\omega_0}{120L}(L-x)^5 + C_3 x + C_4 \tag{c}$$

(4) 고정 지점에서의 경계조건은 기울기와 처짐이 0이 된다는 것이다.

$\nu'(0) = 0 \quad \nu(0) = 0$

(5) 이 조건들을 식 (b)와 (c)에 적용하면 각각 다음과 같다.

$$C_3 = -\frac{\omega_0 L^3}{24} \quad C_4 = \frac{\omega_0 L^4}{30}$$

(6) 이 상수값을 식 (b)와 (c)에 대입하면 보의 기울기와 처짐에 대한 다음 식을 얻을 수 있다.

$$\nu' = \frac{\omega_0 x}{24LEI}(4L^3 - 6L^2x - x^3) \tag{d}$$

$$\nu = \frac{\omega_0 x^2}{120LEI}(10L^3 - 10L^2x + 5Lx^2 - x^3) \tag{e}$$

(7) 보의 자유단에서 최대처짐과 최대처짐각이 발생하며, 회전각 θ_A와 처짐 δ_A는 식 (d)와 (3)에 $x = L$을 대입하여 구할 수 있다.

$$\therefore \theta_{A(\max)} = \nu'(L) = \frac{\omega_0 L^3}{24EI}, \ \delta_{A(\max)} = \nu(L) = \frac{\omega_0 L^4}{30EI}$$

7-3

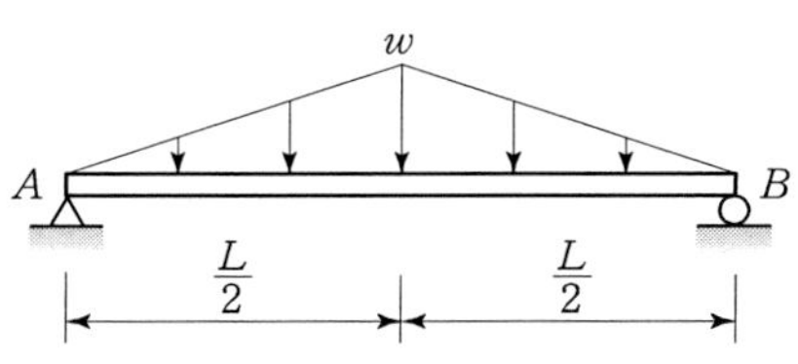

최대처짐은 보의 중앙에서 발생하며, 처짐곡선의 미분방정식을 이용하여 구할 수 있다. 최대처짐각은 그 발생위치를 구한 후 처짐곡선의 미분방정식을 이용하여 구할 수 있다.

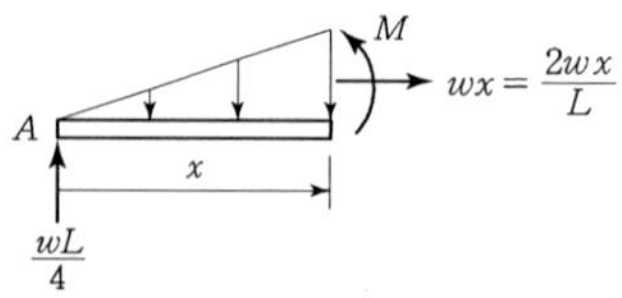

(1) 위의 그림과 같이 A점에서 x만큼 떨어진 곳에서 발생하는 모멘트는 다음과 같다.

$$M = \frac{\omega L}{4}x - \frac{\omega x^3}{3L}\left(0 \le x \le \frac{L}{2}\right)$$

(2) 따라서 미분방정식은 다음과 같다.

$$EI\nu'' = -\frac{\omega L}{4}x + \frac{\omega}{3L}x^3 \quad \text{(a)}$$

$$EI\nu' = -\frac{\omega L}{8}x^2 + \frac{\omega}{12L}x^4 + C_1 \quad \text{(b)}$$

$$EI\nu = -\frac{\omega L}{24}x^3 + \frac{\omega}{60L}x^5 + C_1 x + C_2 \quad \text{(c)}$$

(3) 경계조건

$x = 0$ 에서 $\nu = 0$

$x = \frac{L}{2}$ 에서 $\nu' = 0$

(4) 이 조건들을 식 (b)와 (c)에 적용하면 각각 다음과 같다.

$$C_1 = \frac{5\omega L^3}{192}$$

$$C_2 = 0$$

(5) 이 상수값을 식 (c)에 대입하면 처짐에 대한 다음 식을 얻을 수 있다.

$$EI\nu = -\frac{5\omega x L^3}{192} + \frac{\omega x^3 L}{24} - \frac{\omega x^5}{60L} \quad \text{(d)}$$

(6) 보의 중앙에서 최대처짐이 발생하며, 최대처짐 δ_{max}는 식 (d)에 $x = \frac{L}{2}$을 대입하여 구할 수 있다.

$$\therefore \delta_{(max)} = \nu\left(\frac{L}{2}\right) = \frac{\omega L^4}{120EI}$$

(7) 최대처짐각 $\theta_{max} = \nu'_{max}$ 이며, $\nu''=0$인 위치에서 ν'의 최대값을 구할 수 있다.

$$\nu''=\left(-\frac{\omega L}{4}+\frac{\omega x}{3L}\right)x\times EI=0$$

$$x^2=\frac{3L^2}{4},\quad x=0$$

$0\leq x\leq \dfrac{L}{2}$ 이므로 $x=0$의 경우만 해를 얻을 수 있다.

(8) $x=0$을 식 (b)에 대입하면

$$\therefore \theta_{max}=\nu'(0)=\frac{5\omega L^3}{192EI}$$

7-4

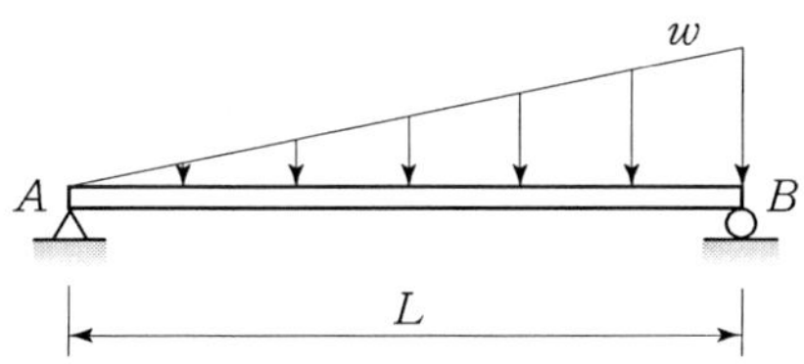

처짐곡선의 미분방정식을 이용한다.

(1) 처짐곡선의 미분방정식은 다음과 같다.

$$EI\nu''''=\frac{\omega x}{L} \quad \text{(a)}$$

$$EI\nu'''=\frac{\omega x^2}{2L}+C_1 \quad \text{(b)}$$

$$EI\nu''=\frac{\omega x^3}{6L}+C_1x+C_2 \quad \text{(c)}$$

(2) 경계조건

① $EI\nu''=-M \quad EI\nu''(0)=0 \quad C_2=0$

② $EI\nu''(L)=0 \qquad C_1=-\dfrac{\omega L}{6}$

$$EI\nu'=\frac{\omega x^4}{24L}-\frac{\omega Lx^2}{12}+C^3 \quad \text{(d)}$$

$$EI\nu=\frac{\omega x^5}{120L}-\frac{\omega Lx^3}{36}+C^3x+C_4 \quad \text{(e)}$$

③ $\nu(0)=0 \quad C_4=0$

④ $\nu(L)=0 \quad C_3=\frac{7\omega L^3}{360}$

(3) 구해진 값을 식 (d)와 (e)에 대입하여 다음과 같은 식을 구할 수 있다.

$$\nu=-\frac{\omega x}{360LEI}(7L^4-10L^2x^2+3x^4)$$

$$\nu'=-\frac{\omega}{360LEI}(7L^4-30L^2x^2+15x^4)$$

(4) $\nu'=0$인 곳에서 처짐이 최대이다.

$$x=L^2\left(1-\sqrt{\frac{8}{15}}\right)$$

$$\therefore x=0.519L^2$$

7-5

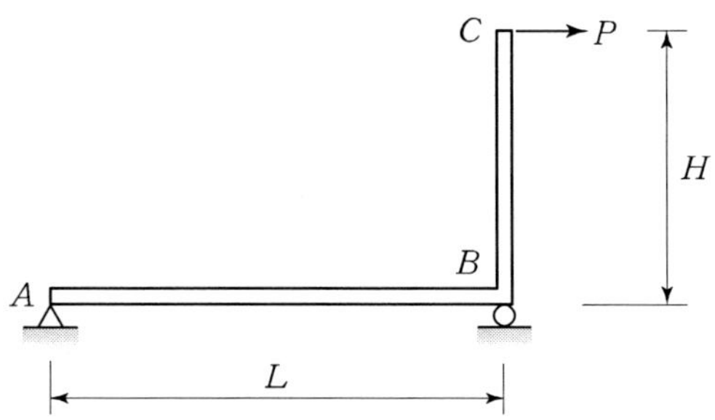

브라켓이 있는 단순보에 중첩의 원리를 적용하면 집중하중 P를 받는 캔틸레버보와 모멘트 M_0를 받는 단순보로 나누어 생각할 수 있다.

(1) 반력 산정

횡자중 P로 인한 지점에서의 반력은 평형방정식을 이용하여 다음과 같이 구할 수 있다.

$$V_A+V_B=0$$

$$H_A=P$$

$$M_B=-V_AL+PH$$

$$V_A=-\frac{PH}{L} \quad V_B=\frac{PH}{L}$$

(2) 처짐 산정

그림과 같이 브라켓이 있는 단순보를 중첩의 원리를 적용하면, 집중하중 P를 받는 캔틸레버보와 모멘트 M_0를 받는 단순보로 나누어 생각할 수 있다.

① C 점에서의 처짐

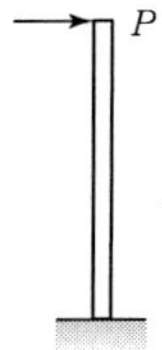

$$\delta = -\iint \frac{M}{EI}\,dx\,dx + C_1 x + C_2$$

$$x_1 = 0 : \delta = 0 = C_2$$

$$\delta_c = -\iint \frac{M}{EI}\,dx\,dx$$

$$M = -P(H - x_1)$$

$$\delta_c = -\iint \frac{-P(H - x_1)}{EI}\,dx_1\,dx_1 = \frac{P}{EI}\left(\frac{Hx_1^2}{2} - \frac{x_1^3}{6}\right)$$

$$x_1 = H : \delta_c = \frac{Px_1^2}{6EI}(3H - x_1) = \frac{PH^3}{3EI}$$

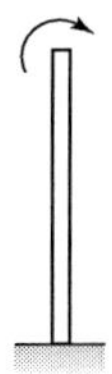

$$\delta_c = -\iint \frac{M}{EI}\,dx\,dx = \frac{PL}{3EI}\,x_1^2$$

$$x_1 = H : \ \delta_c = \frac{PLH^2}{3EI}$$

따라서 구하고자 하는 C 점에서의 처짐은

$$C\text{에서의 처짐} : \therefore \frac{PH^3}{3EI} + \frac{PH^2}{3EI} = \frac{PH^2}{3EI}(H + L)$$

② 단순보 AB 에서 최대처짐

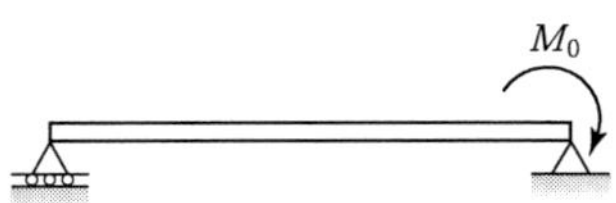

$$M_x = M_B + V_B x$$

$$V_B = \frac{PH}{L}$$

$$M_B = -PH$$

$$M_x = -PH + \frac{PH}{L}x,$$

$$\delta = \frac{1}{EI}\iint\left(-PH + \frac{PH}{L}\right)dx\,dx + C_1 x + C_2$$

경계조건 $x = 0 : \delta = 0$ 이므로 $C_2 = 0$

$$x = 0 : \delta = 0 = -\frac{1}{EI}\iint\left(-PH + \frac{PH}{L}\right)dx\,dx + C_1 x$$

$$= -\frac{1}{EI}\left(\frac{-PH}{2}x^2 + \frac{PH}{L}x^3\right) + C_1 x$$

$$= -\frac{1}{EI}\left(\frac{-PH}{2}L^2 + \frac{PH}{L}L^3\right) + C_1 L$$

$$C_1 = \frac{-3PHL + PHL}{6EI} = -\frac{PHL}{3EI}$$

$$\therefore \delta = -\frac{PHx}{6EIL}(x^2 - 3Lx + 2L^2)$$

(3) 모멘트도를 보면 등변분포하중의 경우와 같이 최대처짐이 $x=L\left(1-\frac{1}{\sqrt{3}}\right)$일 때이다.

$$\therefore\ \delta_{max}=\delta_{x=L\left(1-\frac{1}{\sqrt{3}}\right)}=-\frac{PHL\left(1-\frac{1}{\sqrt{3}}\right)}{6EIL}$$

$$\left[\left\{L\left(1-\frac{1}{\sqrt{3}}\right)\right\}^2-3L\left\{L\left(1-\frac{1}{\sqrt{3}}\right)\right\}+2L^2\right]$$

$$=\frac{PHL^2}{9\sqrt{3}\,EI}\ (\text{위로 볼록})$$

7-6

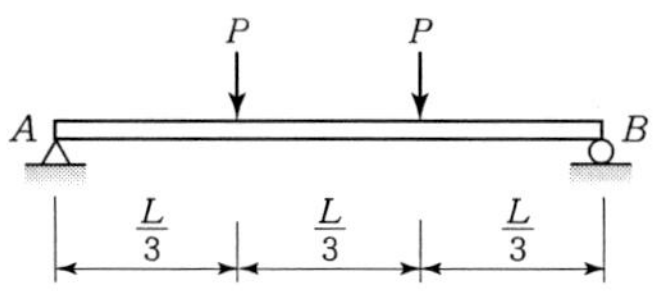

최대처짐은 보의 중앙에서 발생하며, 최대처짐각은 보의 단부에서 발생한다.

(1) 최대처짐

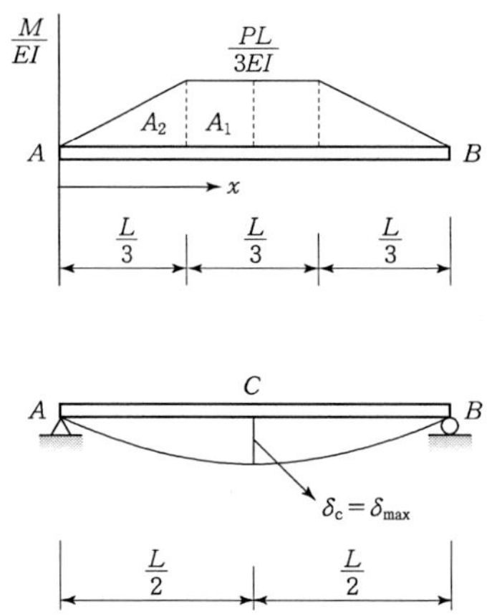

C점에서 접선은 수평

$$\delta_{max}=\delta_c=A_1x_1+A_2x_2$$

$$\delta_c=\left(\frac{PL}{3EI}\right)\left(\frac{L}{6}\right)\left(\frac{L}{3}+\frac{L}{12}\right)$$

$$+\frac{1}{2}\left(\frac{PL}{3EI}\right)\left(\frac{L}{3}\right)\left(\frac{2}{9}L\right)$$

$$=\frac{5PL^3}{216EI}+\frac{PL^3}{81EI}=\frac{23PL^3}{648EI}$$

(2) 최대처짐각

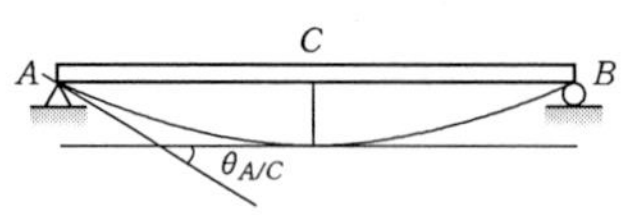

$$\theta_{max}=\theta_A=\theta_{A/C}$$

$$\theta_{A/C}=A_1+A_2$$

$$=\frac{PL}{3EI}\times\frac{L}{6}+\frac{1}{2}\left(\frac{PL}{3EI}\right)\left(\frac{L}{3}\right)$$

$$=\frac{PL^3}{18EI}+\frac{PL^3}{18EI}=\frac{PL^2}{9EI}$$

7-7

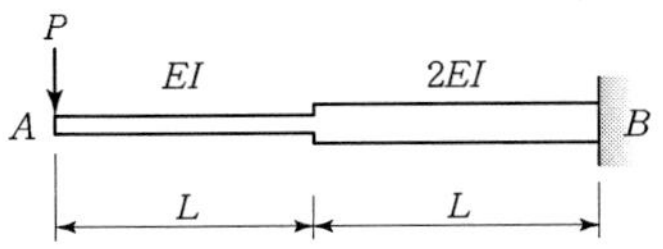

보의 자유단에서의 처짐 δ_A를 구하기 위해 중첩의 원리를 사용해야 한다. 보의 구간 AC의 굽힘에 의한 처짐과 구간 CB의 굽힘에 의한 처짐을 구하고 그것을 중첩하여 전체 처짐을 구할 수 있다.

(1) 보의 구간 AC의 굽힘에 의한 처짐

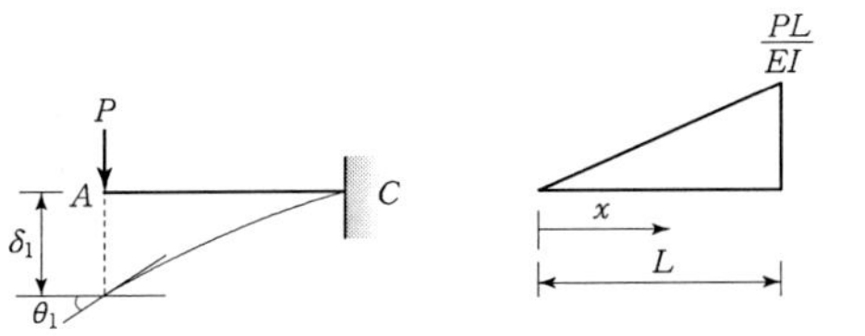

① $\delta_1 = \dfrac{1}{2}\left(\dfrac{PL^2}{EI}\right) \times \dfrac{2}{3}L = \dfrac{PL^3}{3EI}$

② $\theta_1 = \dfrac{PL^3}{2EI}$

(2) 보의 구간 CB의 굽힘모멘트에 의한 처짐

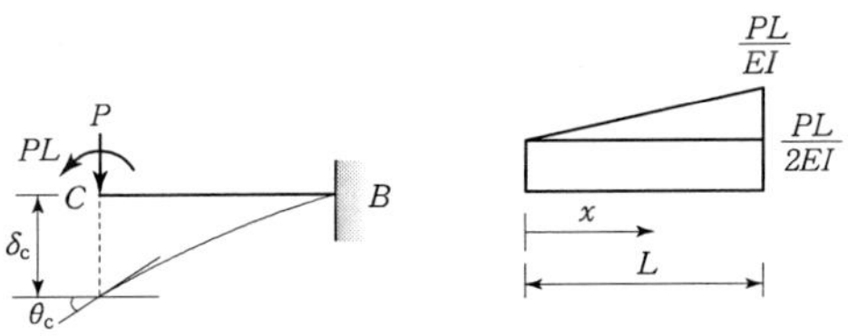

① $\delta_c = \dfrac{1}{2}\left(\dfrac{PL^2}{2EI}\right) \times \dfrac{2}{3}L + \dfrac{PL^2}{2EI} \times \dfrac{L}{2} = \dfrac{PL^3}{6EI} + \dfrac{PL^3}{4EI} = \dfrac{5PL^3}{12EI}$

② $\theta_c = \dfrac{PL^2}{2EI} + \dfrac{PL^2}{4EI} = \dfrac{3PL^2}{4EI}$

(3) 점 A에서의 추가적인 처짐 δ_2가 발생한다. 다시 지점이 C인 캔틸레버보 AC는 δ_c에 의해 아랫방향으로 이동하며, 각 θ_c를 따라 반시계방향으로 회전한다.

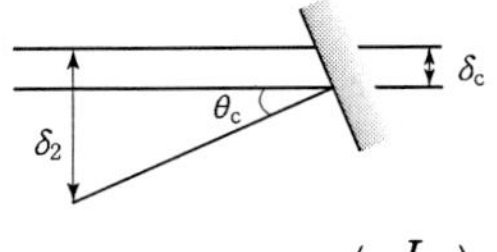

$$\delta_2 = \delta_c + \theta_c\left(\frac{L}{2}\right) = \frac{5PL^3}{12EI} + \frac{3PL^3}{8EI} = \frac{19PL^3}{24EI}$$

$$\therefore \delta_{max} = \delta_A = \delta_1 + \delta_2 = \frac{PL^3}{3EI} + \frac{19PL^3}{24EI} = \frac{27PL^3}{24EI} = \frac{9PL^3}{8EI}$$

7-8

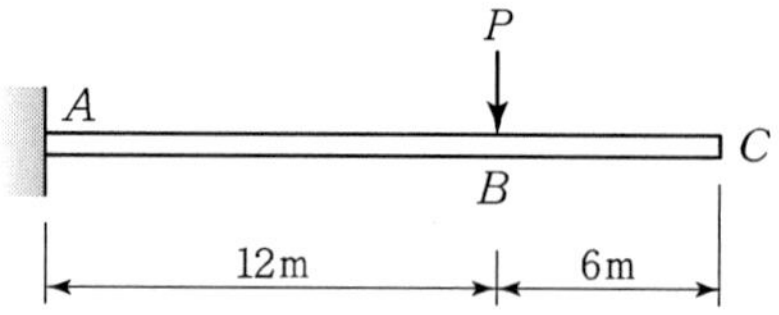

보의 처짐곡선에 있는 한 점으로부터 또다른 점의 접선까지의 수직거리는 한점에 대한 M/EI 의 모멘트와 같다.

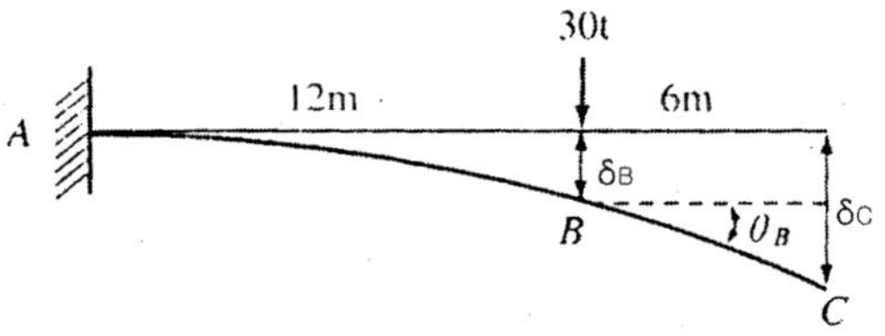

(a)

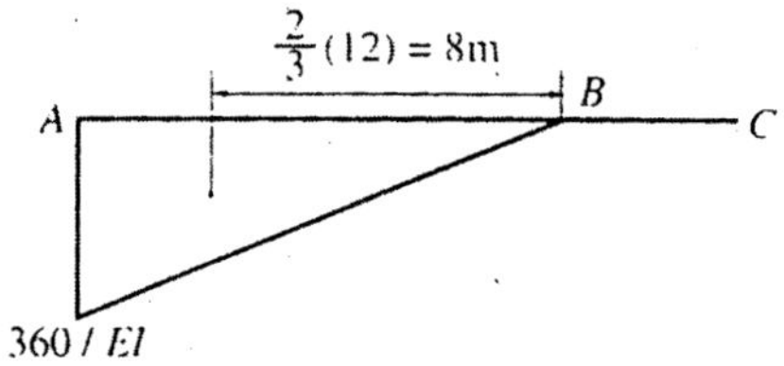

(b) M/EI 도

(1) $\theta_B =$ 점 A 의 접선(수평선)과 점 B 의 접선과의 교각 $= AB$ 간의 M/EI 도의 면적

$$= \frac{1}{2}\left(\frac{12P}{EI} \times 12\right) = \frac{72P}{EI}\ \mathrm{t \cdot m^2}\ (\text{시계방향})$$

(2) $\delta_B =$ 점 A 의 접선(수평선)과 점 B 의 수직거리 $= AB$ 간의 M/EI 도의 B 에 관한 1차 모멘트

$$= \frac{72P}{EI}(8) = \frac{576P}{EI}\ \mathrm{t \cdot m^3}\ (\text{아래로})$$

(3) $\delta_C =$ 점 A 의 접선(수평선)과 점 C 의 수직거리 $= AC$ 간의 M/EI 도의 C 에 관한 1차모멘트

$$= \frac{72P}{EI}(6+8) = \frac{1008P}{EI}\ \mathrm{t \cdot m^3}\ (\text{아래로})$$

여기서 EI 의 단위는 $\mathrm{t \cdot m^2 \times m^4 = t \cdot m^2}$ 이므로 θ_B 는 radian, δ_B 와 δ_C 는 m 의 단위가 된다.

7-9

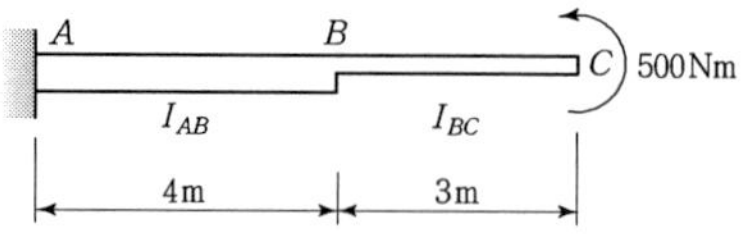

보의 처짐곡선에 있는 한 점으로부터 또다른 점의 접선까지의 수직거리는 한 점에 대한 M/EI 의 모멘트와 같다.

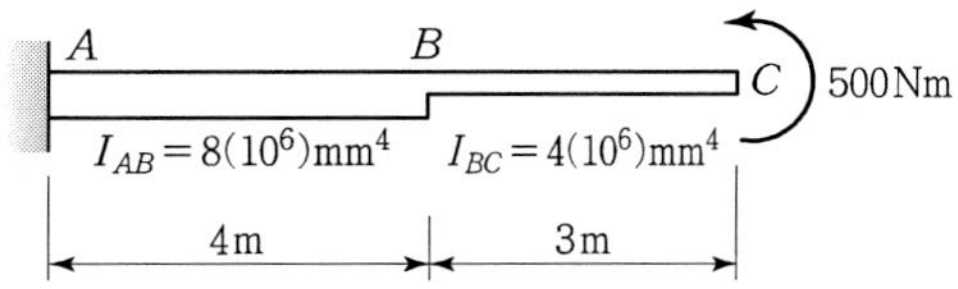

(a)

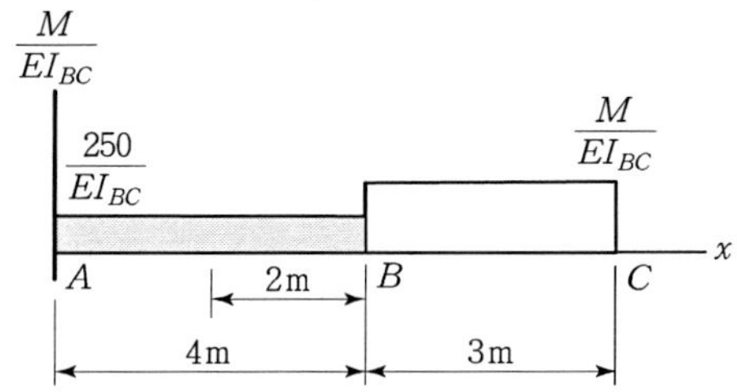

(b)

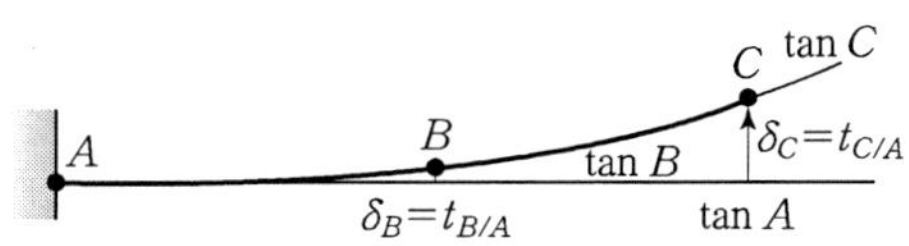

(c)

$$\frac{M}{EI}=\frac{500}{EI_{AB}}=\frac{500}{2EI_{BC}}=\frac{250}{EI_{BC}}$$

$$\delta_B=t_{B/A}=AX_1=\left(\frac{250}{EI_{BC}}\times 4\right)\times 2=\frac{2000}{EI_{BC}}$$

$$=\frac{2000\times 10^9\ \text{N}\cdot\text{mm}}{(200\times 10^9\ \text{N}/(10^6\ \text{mm}^2)\times(4\times 10^6\ \text{mm}^4)}$$

$$=2.5\ \text{mm}$$

$$\delta_C=t_{C/A}=AX_1=\left(\frac{250}{EI_{BC}}\times 4\right)\times(2+3)\left(\frac{500}{EI_{BC}}\times 3\right)\times 1.5=\frac{7250}{EI_{BC}}$$

$$=\frac{7250\times 10^9\ \text{N}\cdot\text{mm}}{(200\times 10^9\ \text{N}/(10^6\ \text{mm}^2)\times(4\times 10^6\ \text{mm}^4)}$$

$$=9.0625\ \text{mm}$$

7-10

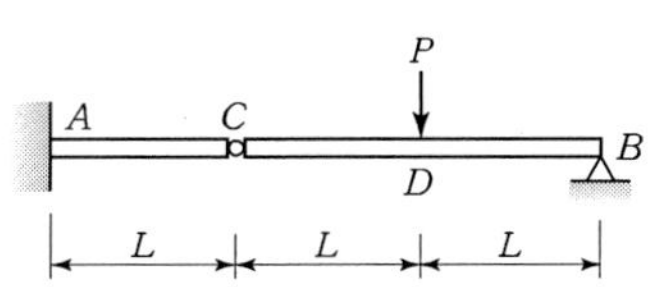

다음 그림과 같이 실제보를 다음과 같은 공액보로 바꾸어 생각할 수 있다.

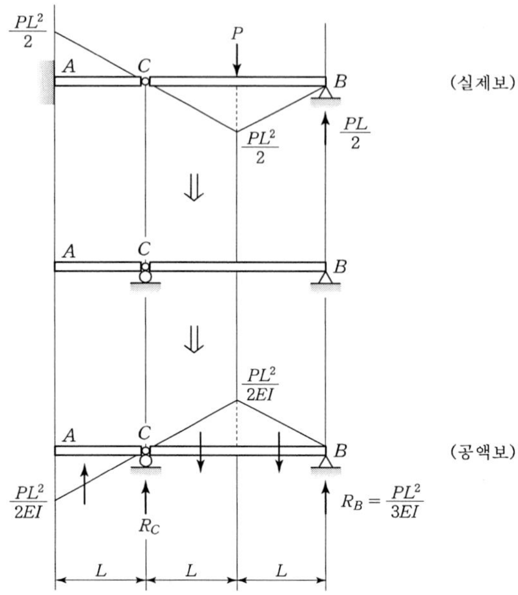

(1) $\sum F_y = 0$

$$\frac{PL^2}{2EI} \times L \times \frac{1}{2} + R_C + R_B$$

$$\frac{PL^2}{4EI} = R_C + R_B$$

(2) $\sum M_C = 0$

$$\frac{PL^2}{4EI} \times \frac{2}{3}L + \frac{PL^2}{4EI} \times \frac{2}{3}L + \frac{PL}{4EI} + \frac{2}{3}L = 2L \times R_B$$

$$R_B = \frac{PL^2}{3EI}$$

(3) 실제보에서 D점의 처짐은 공액보에서 D점의 모멘트와 크기가 같다.

$$\therefore \delta_D = M_D = -\frac{PL^2}{4EI} \times \frac{L}{3} + \frac{PL^2}{3EI} \times L = \frac{PL^3}{4EI} \text{ (아랫방향)}$$

7-11

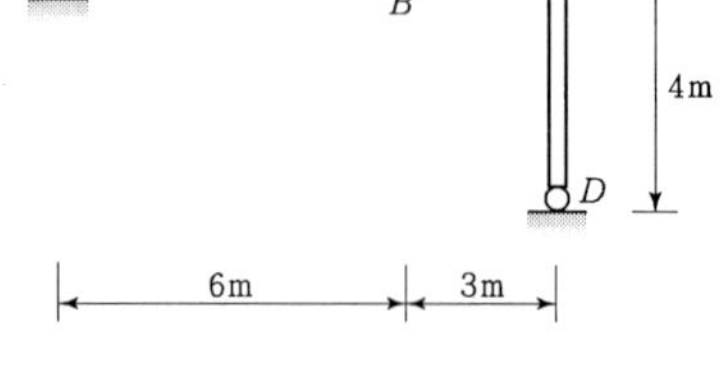

실제보에서 B, D점의 처짐은 공액보에서 B, D점의 모멘트와 크기가 같다.

• 공액보로 바꾸기

그림 (a)와 같이 실제보를 공액보로 바꾸어 생각할 수 있다.

C점은 공액보에서 힌지로 바꿀 수 있으며 D점은 수평처짐이 있으므로 공액보에서는 고정단으로 바꿀 수 있다.

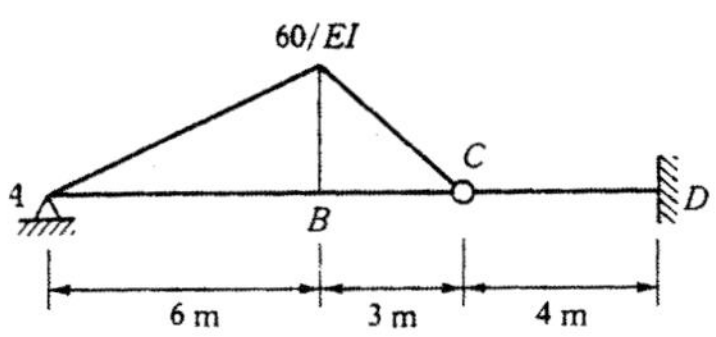

(a) 공액보

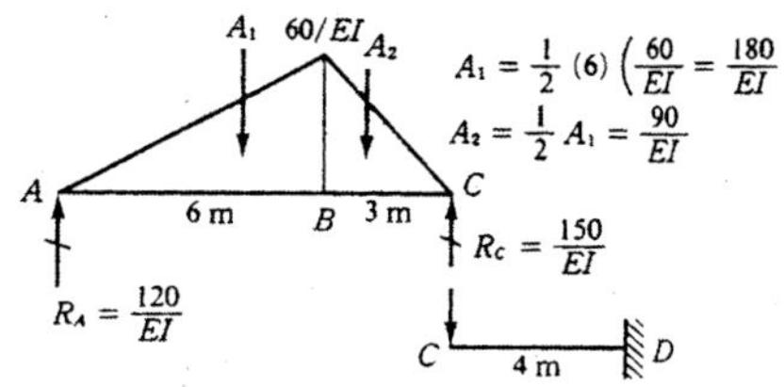

(b) 분해된 공액보

(1) $\delta_B = M_B = R_A(6) - A_1(2) = +\dfrac{360}{EI}\,\mathrm{t \cdot m^3}$ (아래로)

(2) $\delta_D = M_D = R_C(4) = \dfrac{600}{EI}\,\mathrm{t \cdot m^3}$ (오른쪽으로)

7-12

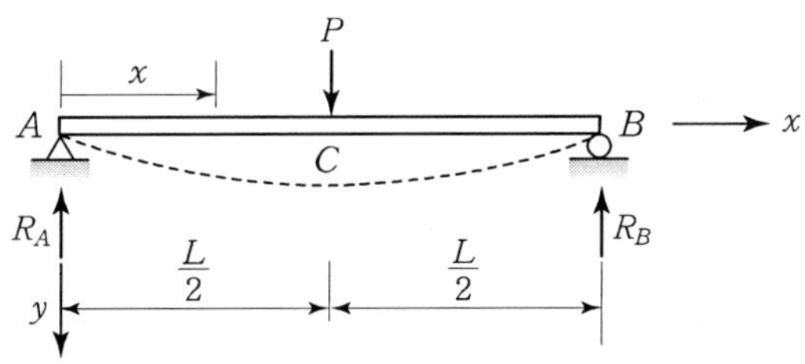

$$M_X = \frac{Px}{2} \quad (R_A,\ R_B = P/2)$$

보 좌측부분에 대한 탄성곡선의 미분방정식은 식 (7.16)에서,

$$\frac{d^2y}{dx^2} = -\frac{M}{EI} = -\frac{Px}{2EI} \quad \rightarrow \quad EI\frac{d^2y}{dx^2} = -M = -\frac{Px}{2}$$

보의 처짐각은 위의 식을 적분하여 구한다.

$$EI\frac{dy}{dx} = -\frac{Px^2}{4} + C_1$$

집중하중이 보의 중앙에 작용하므로 $x = L/2$일 때, 처짐각은 0이 된다. 즉, $\dfrac{dy}{dx} = 0$

$$\therefore C_1 = \frac{PL^2}{16}$$

$$\therefore EI\frac{dy}{dx} = -\frac{Px^2}{4} + \frac{PL^2}{16} \qquad \text{(a)}$$

위의 식을 한 번 더 적분하면 처짐식을 구할 수 있다.

$$EI\,y(x) = -\frac{Px^3}{12} + \frac{PL^2x}{16} + C_2$$

$x=0$일 때, $y=0$이므로 C_2도 0이 된다.

$$\therefore C_2 = 0$$

$$\therefore EI\,y(x) = -\frac{Px^3}{12} + \frac{PL^2x}{16} \qquad \text{(b)}$$

식 (a)에서 $x=0$일 때 최대처짐각이 발생한다.

$$\theta_A = \frac{PL^2}{16EI}$$

집중하중이 보의 중앙에 작용하므로 θ_B는 θ_A와 대칭한다.

$$\theta_B = -\frac{PL^2}{16EI}$$

최대처짐 δ_C는 보의 중앙에 생기므로 식 (b)에 $x=L/2$을 대입하면,

$$\delta_C = \frac{PL^3}{48EI}$$

7-13

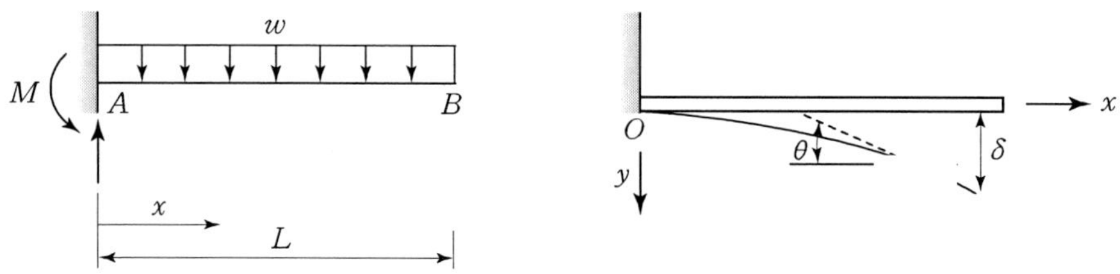

(a) (b)

탄성곡선의 미분방정식은 식 (7.16)에서,

$$\frac{d^2y}{dx^2} = -\frac{M}{EI} = \frac{wL^2}{2EI} \rightarrow EI\frac{d^2y}{dx^2} = -M = \frac{wL^2}{2} = wLx = \frac{wx^2}{2}$$

보의 휨모멘트를 그림 (a)의 A점으로부터 임의의 거리 x에서 구하면,

$$M_x = -\frac{w(L-x)^2}{2} = -\frac{wL^2}{2} + wLx - \frac{wx^2}{2}$$ 이 된다.

식 (7.19)에서, $EIy''(x) = -M(x)$

탄성곡선의 미분방정식은

$$EI\frac{d^2y}{dx^2}=Mx=\frac{wL^2}{2}-wLx+\frac{wx^2}{2}$$

보의 처짐각은 위의 식을 적분하여 구한다.

$$EI\frac{dy}{dx}=\frac{wL^2x}{2}-\frac{wLx^2}{2}+\frac{wx^3}{6}+C_1$$

$x=0$일 때, $\frac{dy}{dx}=0$ 이므로 $C_1=0$

처짐각식을 한번 더 적분하여 처짐식을 구한다.

$$EIy=\frac{wL^2x^2}{4}-\frac{wLx^3}{6}+\frac{wx^4}{24}+C_2$$

$x=0$일 때는, $y=0$이므로 $C_2=0$

탄성곡선에 대한 처짐각과 처짐의 식은 다음과 같이 쓸 수 있다.

$$EI\frac{dy}{dx}=\frac{wL^2x}{2}-\frac{wLx^2}{2}+\frac{wx^3}{6} \quad \text{(a)}$$

$$EIy=\frac{wL^2x^2}{4}-\frac{wLx^3}{6}+\frac{wx^4}{24} \quad \text{(b)}$$

자유단의 처짐각과 처짐을 구하기 위하여 식 (a)와 (b)에 $x=L$을 대입하면,

$$\theta_B=\frac{wL^3}{6EI}, \qquad \delta_B=\frac{wL^4}{8EI}$$

7-14

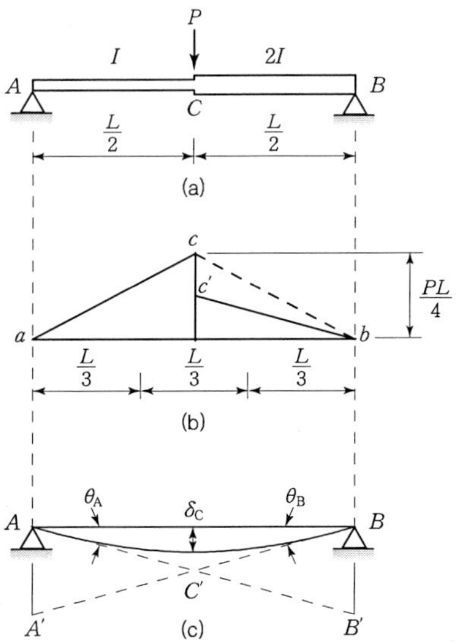

그림 (b)의 삼각형 abc는 보 전체의 단면 2차모멘트 I가 같다고 할 때의 휨모멘트도이다.

이것을 M/EI도로 바꾸려면, 이 보의 오른쪽 스팬에 대한 y좌표 c를 2로 나누어 주기만 하면 된다.

다음으로 그림 (c)와 같이 처짐곡선을 살펴보자. 점 A와 점 A'(점 B의 접선과 점 A에서 내린 수직선이 만나는 점)의 수직거리 AA'는 모멘트면적법에 의해 다음과 같이 계산된다.

$AA'=$ [A와 C 사이의 M/EI의 면적]
× [도심의 거리]
+ [C와 B 사이의 M/EI의 면적]
× [도심의 거리]

$$AA' = \left(\frac{1}{2}\cdot\frac{L}{2}\cdot\frac{PL}{4EI}\right)\left(\frac{L}{3}\right) + \left(\frac{1}{2}\cdot\frac{L}{2}\cdot\frac{PL}{8EI}\right)\left(\frac{2L}{3}\right) = \frac{PL^3}{24EI}$$

θ_B는 AA'를 보의 길이로 나눈 값과 같으므로,

$$\theta_B = \frac{AA'}{L} = \frac{PL^2}{24EI}$$

점 B와 점 B'(점 A의 접선과 점 B에서 내린 수직선이 만나는 점)의 수직거리 BB'는 모멘트면적법에 의해 다음과 같이 계산된다.

BB' = [B와 C 사이의 M/EI의 면적]×[도심의 거리]
+[C와 B 사이의 M/EI의 면적]×[도심의 거리]

$$BB' = \left(\frac{1}{2}\cdot\frac{L}{2}\cdot\frac{PL}{8EI}\right)\left(\frac{L}{3}\right) + \left(\frac{1}{2}\cdot\frac{L}{2}\cdot\frac{PL}{4EI}\right)\left(\frac{2L}{3}\right) = \frac{5PL^3}{96EI}$$

θ_A는 AA'를 보의 길이로 나눈 값과 같으므로,

$$\theta_A = \frac{BB'}{L} = \frac{5PL^2}{96EI}$$

이 보의 중앙점 C에서의 처짐 δ_C를 계산하기 위해 모멘트면적법의 제 2 정리를 적용하면, 점 B에서의 접선으로부터 점 C'이 수직이동한 거리는

$$\delta_{C/B} = \frac{PL}{8EI}\cdot\frac{L}{4}\cdot\frac{L}{6} = \frac{PL^3}{192EI}$$

이므로, δ_C가 다음과 같이 구해진다.

$$\delta_C = \frac{AA'}{2} - \delta_{C/B} = \frac{PL^3}{48EI} - \frac{PL^3}{192EI} = \frac{PL^3}{64EI}$$

7-15

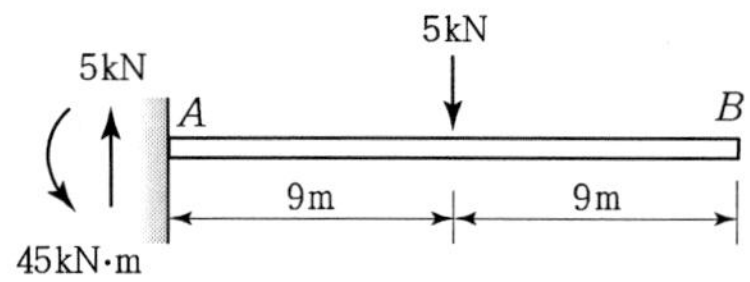

(a) 실제보

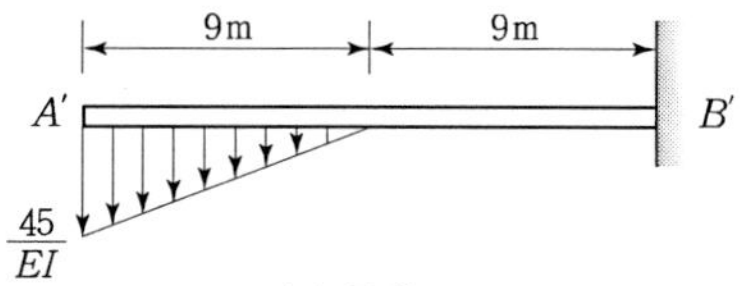

(b) 공액보

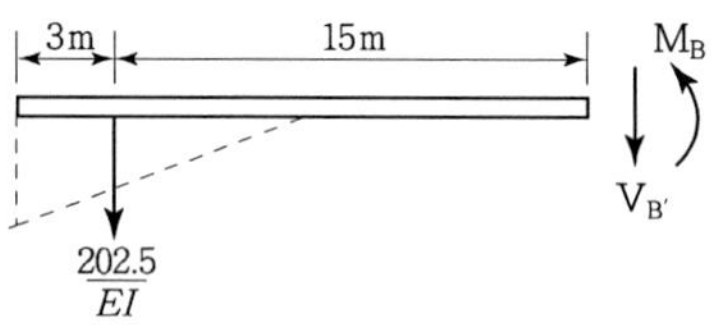

(c) 자유물체도

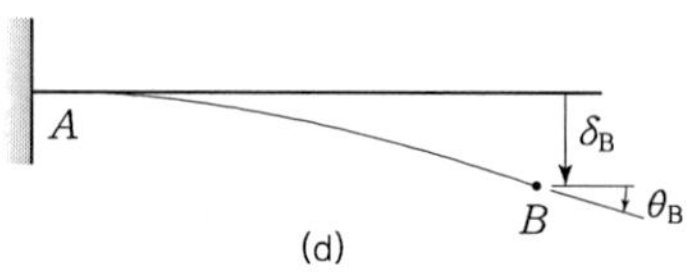

(d)

그림 (b)는 실제보의 M/EI도가 하중으로 작용하는 공액보이다. 표 7-5에 따라 공액보에서 점 B는 고정단, 점 A는 자유단이 된다. 하중은 등분포하중이 아래쪽으로 작용하고 있으므로 M/EI도는 음(−)의 부호를 갖는다.

힘의 평형방정식을 이용하여,

$$\sum F_y = 0\text{에서,}\quad -\frac{202.5\,\text{kN}\cdot\text{m}^2}{EI} - V_B = 0$$

$$\theta_B = M_{B'} = -\frac{202.5\,\text{kN}\cdot\text{m}^2}{EI}$$

$$= \frac{-202.5\,\text{kN}\cdot\text{m}^2}{(2\times10^8\,\text{kN/m}^2)\times(5\times10^7\,\text{mm}^4)} = -0.02025\,\text{rad}$$

$$\sum M_{B'} = 0\text{에서,}\quad \frac{202.5\,\text{kN}\cdot\text{m}^2}{EI}\cdot 15\,\text{m} + M_{B'} = 0$$

$$\delta_B = M_{B'} = -\frac{3037.5\,\text{kN}\cdot\text{m}^3}{EI}$$

$$= \frac{-3037.5\,\text{tf}\cdot\text{m}^3}{2\times10^8\,\text{kN/m}^2\times(5\times10^7\,\text{mm}^4)} = -0.308\,\text{m}$$

8장 에너지법

8-1

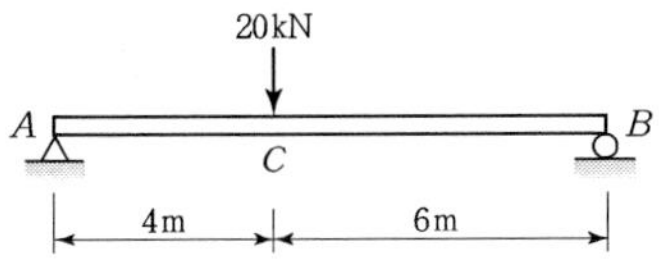

(1) 기본구조물의 해석

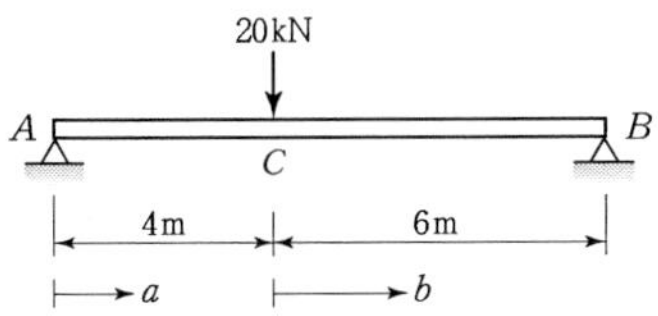

① AC 부재 : $0 \leq x \leq a$

$$M_{AC} = \frac{Pbx}{L}$$

② CB 부재 : $0 \leq x \leq b$

$$M_{CB} = \frac{Pax}{L}$$

(2) 변형에너지 산정

$$U = \int \frac{M^2 dx}{2EI} = \frac{1}{2EI} \int_0^a \left(\frac{Pbx}{L} \right)^2 dx + \frac{1}{2EI} \int_0^b \left(\frac{Pax}{L} \right)^2 dx = \frac{P^2 a^2 b^2}{6LEI}$$

(3) C점의 처짐 산정

$$\delta_c = \frac{\partial U}{\partial P} = \frac{Pa^2 b^2}{3LEI} = \frac{20 \times 4^2 \times 6^2}{3 \times 10EI} = \frac{11,520}{30EI} = \frac{384}{EI}\ \mathrm{kN \cdot m^3}$$

8-2

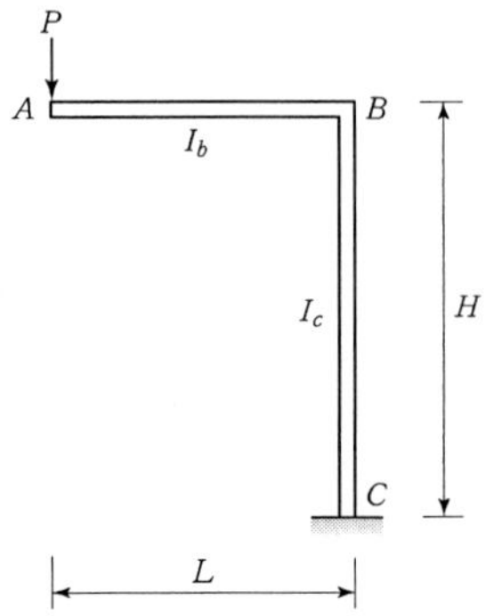

(1) 기본구조물의 해석

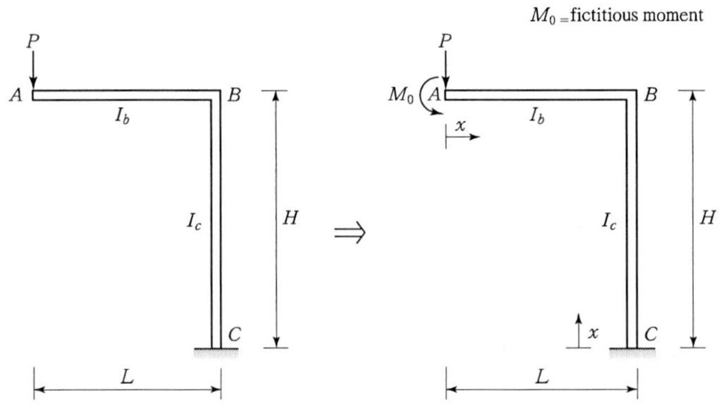

① CB 부재 : $(0 \leq x \leq H)$

$$M_{CB} = PL + M_0, \quad \frac{\partial M_{CB}}{\partial M_0} = 1$$

② BA 부재 : $(0 \leq x \leq L)$

$$M_{BA} = Px + M_0, \quad \frac{\partial M_{BA}}{\partial M_0} = 1$$

(2) 회전각 산정

$$\theta_A = \int \left(\frac{M}{EI}\right)\left(\frac{\partial M}{\partial M_0}\right) dx = \frac{1}{EI}\int_0^H (PL + M_0)(1)\, dx + \frac{1}{EI}\int_0^L (Px + M_0)(1) dx$$

위 식에서 M_0는 가상모멘트이므로 $M_0 = 0$ 이다. $M_0 = 0$ 를 대입하여 적분식을 정리하면 다음과 같다.

$$\theta_A = \frac{1}{EI}\int_0^H (PL)\, dx + \frac{1}{EI}\int_0^L (Px)\, dx = \frac{PL}{2EI}(2H + L) = \frac{PL^2}{2EI_b} + \frac{PLH}{EI_c}$$

8-3

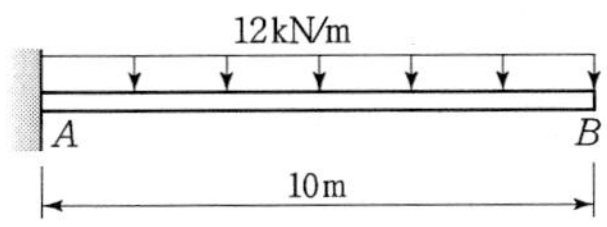

(1) 기본구조물의 해석

① 가상수직하중 P를 캔틸레버 끝단 점 B에 가한다.

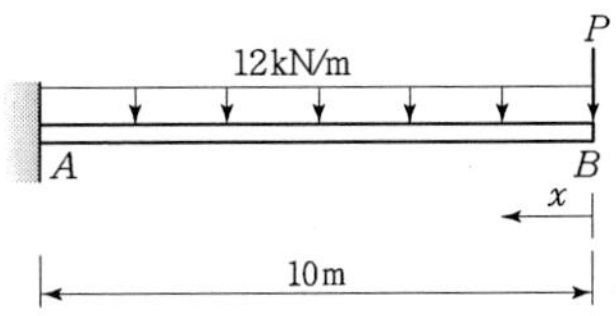

② 캔틸레버 끝단 점 B에서부터 x만큼 떨어진 곳을 자유물체도로 잘라서 힘의 평형조건을 이용하여 모멘트를 산정한다.

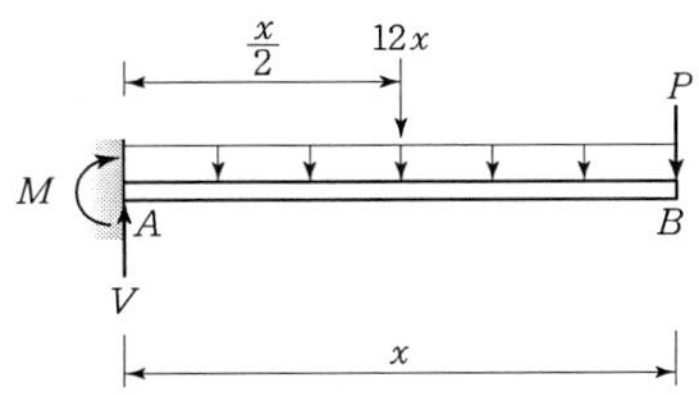

$$-M-(12x)\left(\frac{x}{2}\right)-Px=0,\quad M=-6x^2-Px,\quad \frac{\partial M}{\partial P}=-x$$

위 식에서 가상하중 $P=0$이므로 $P=0$을 대입하여 정리하면 다음과 같이 정리된다.

$$M=-6x^2,\quad \frac{\partial M}{\partial P}=-x$$

(2) 점 B의 처짐 산정

$$\delta_B=\int_0^L M\left(\frac{\partial M}{\partial P}\right)\frac{dx}{EI}=\int_0^{10}\frac{(-6x^2)(-x)dx}{EI}$$

$$=\frac{15(10^3)\,\mathrm{kN\cdot m^3}}{200(10^6)\mathrm{kN/m^2}\,[500(10^6)\mathrm{mm^4}](10^{-12}\,\mathrm{m^4/mm^4})}=0.150\,\mathrm{m}$$

8-4

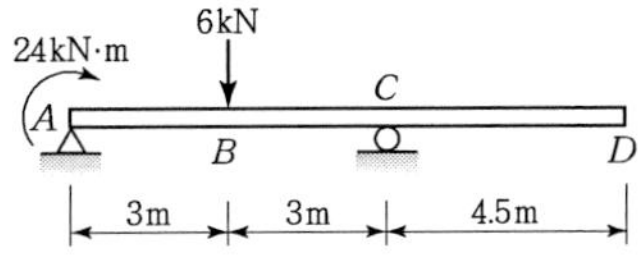

(1) 실제보 해석

각 구간별로 실제하중재하시 보를 해석하고 가상하중재하시 보를 해석하여 이를 가상일법의 기본식에 적용하여 산정한다.

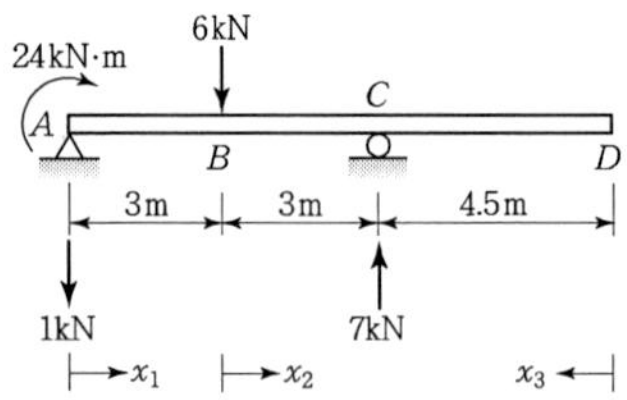

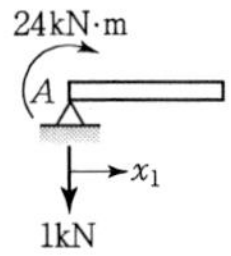

$M_{x_1} = -x_1 + 24\text{kN}\cdot\text{m}$

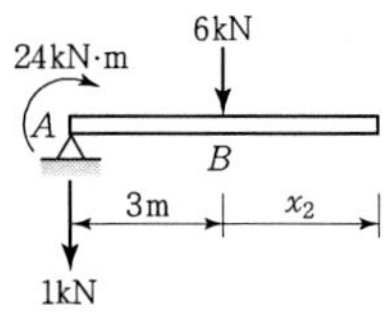

$M_{x_2} = -(3+x_2) - 6x_2 + 24\text{kN}\cdot\text{m}$
$= -7x_2 + 21$

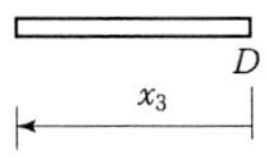

$M_{x_3} = 0$

(2) 가상보 해석

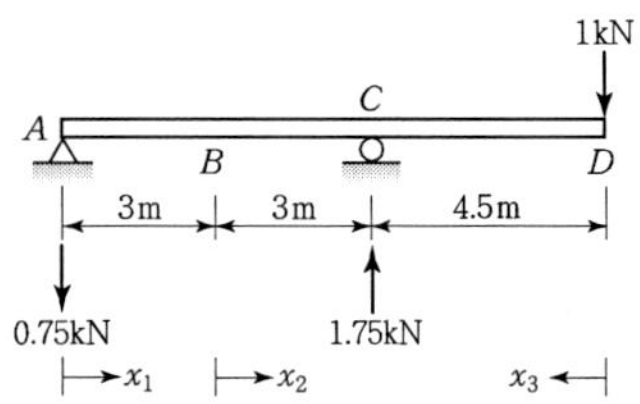

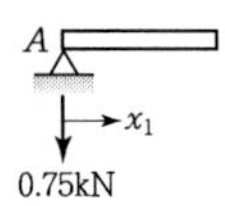

$m_{x_1} = -0.75x_1$

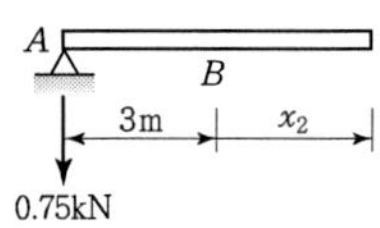

$m_{x_2} = -0.75x_2 - 2.25$

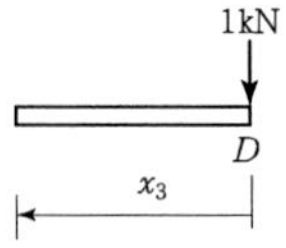

$M_{x_3} = x_3$

(3) 점 D의 처짐 산정

• 기본식 ; $1 \cdot \Delta = \sum \int \frac{m_x \cdot M_x}{EI} dx$

$$1 \cdot \Delta_D = \int_0^3 \frac{1}{EI}(-0.75x_1)(-x_1+24)\,dx_1$$
$$+ \int_0^3 \frac{1}{EI}(-7x_2+21)(-0.75x_2-2.25)\,dx_2$$
$$+ \int_0^{4.5} \frac{1}{EI}(0)(x_3)\,dx_3 = -\frac{168.75}{EI} = -\frac{168.75}{2\times10^5\times10^3\times33,300\times10^{-8}}\,(\text{m})$$

$$\therefore \delta_D = -0.00253\text{ m}$$

위의 계산결과가 음(−)의 값이 나온 것은 절점 D에서의 처짐이 가정한 방향과 반대라는 것을 의미한다.

8-5

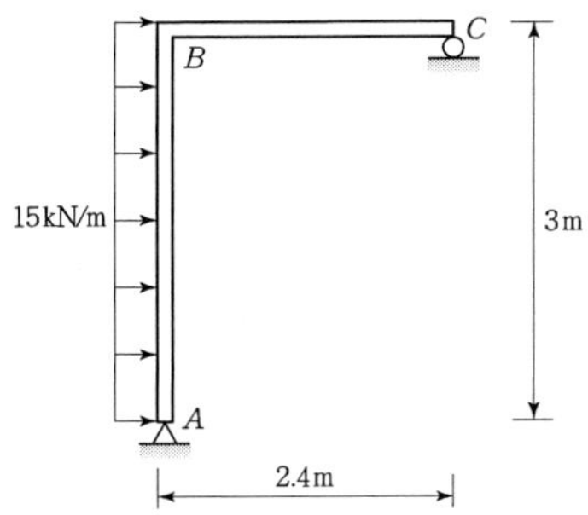

(1) 실제보 해석

각 구간별로 실제하중재하시 보를 해석하고 가상하중재하시 보를 해석하여 이를 가상일법의 기본식에 적용하여 산정한다.

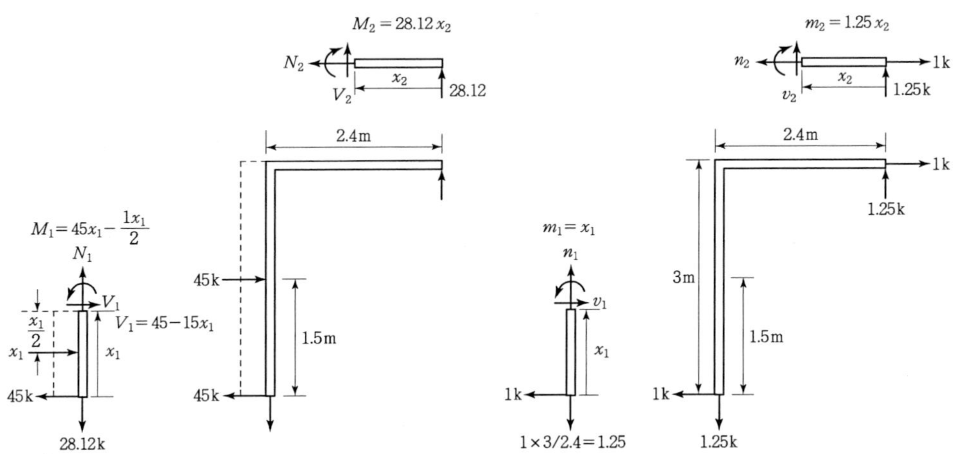

(a) 실제하중 (b) 가상하중

실제하중에 의한 부재력은 그림 (a)와 같다. 또한 C점에서 수평처짐을 구하기 위해 그림 (b)와 같이 단위수평하중을 가한다.

(2) 점 D의 처짐 산정

$$1\cdot\delta_c=\int\frac{mM}{EI}dx=\int_0^3\frac{(1\cdot x_1)\left(45x_1-\frac{15}{2}x_1^2\right)}{EI}dx_1$$

$$+\int_0^{2.4}\frac{(1.25x_2)(28.12x_2)}{EI}dx_2$$

$$\delta_c=\frac{415.0962\,\mathrm{kN\cdot m^3}}{(2\times10^5\times10^6\,\mathrm{N/10^4\,cm^2}\times24,980\,\mathrm{cm^4})}=0.00831\,\mathrm{m}$$

8-6

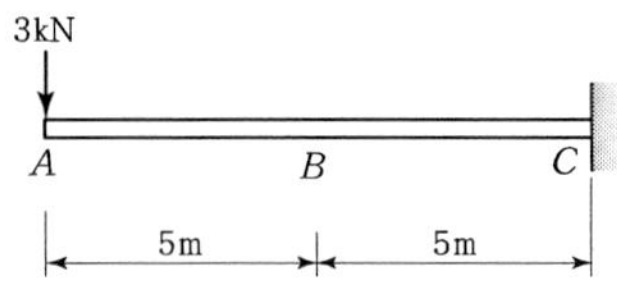

(1) 기본구조물의 해석

① AB 부재 : $0\le x\le\frac{L}{2}$

$$M_{AB}=-Px,\quad\frac{\partial M_{AB}}{\partial M_0}=0$$

② BC 부재 : $\frac{L}{2}\le x\le L$

$$M_{BC}=-Px-M_0,\quad\frac{\partial M_{BC}}{\partial M_0}=-1$$

(2) 점 B의 회전각 산정

$$\theta_B=\frac{\partial V}{\partial M}=\int_0^L\frac{M}{EI}\cdot\frac{\partial M}{\partial M_0}dx=\frac{1}{EI}\int_0^{\frac{L}{2}}(-Px)(0)dx$$

$$+\frac{1}{EI}\int_{\frac{L}{2}}^{L}(-Px-M_0)(-1)dx$$

$$=\frac{3PL^2+4M_0L}{8EI}$$

위 식에서 가상모멘트 $M_0=0$이므로 $M_0=0$과 L, P, E, I 대입 후 계산하면 다음과 같다.

$$\therefore\theta_B=\frac{3\times3000\,\mathrm{N}\times(10^3\,\mathrm{cm})^2}{8\times2\times10^5\,\mathrm{N/mm^2}\times10^2\,\mathrm{mm^2/cm^2}\times600\,\mathrm{cm^4}}=0.0938\,\mathrm{rad}$$

8-7

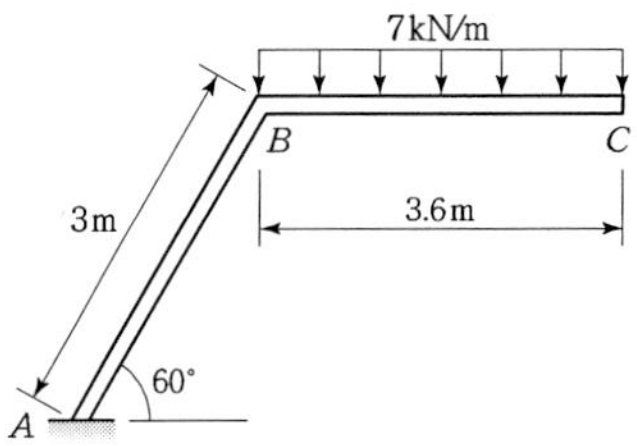

(1) 기본구조물 해석

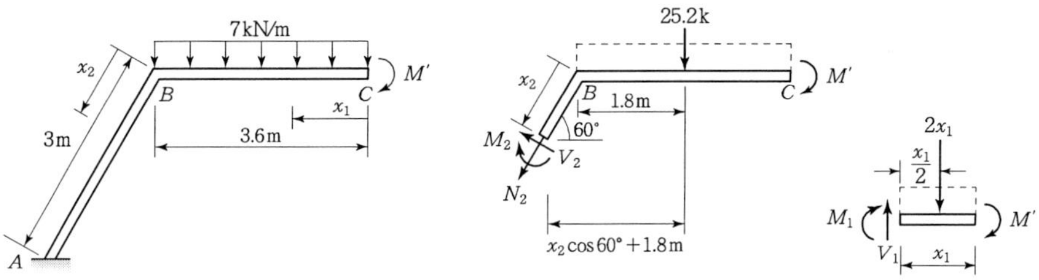

$$\sum M = 0$$

$$-M_1 - 7x_1 \cdot \frac{x_1}{2} - M' = 0$$

$$M_1 = -\left(\frac{7}{2}x_1^{\;2} + M'\right) = -\frac{7}{2}x_1^{\;2}$$

$$\frac{\partial M_1}{\partial M'} = -1$$

$$\sum M = 0$$

$$-M_2 = 25.2(x_2 \cdot \cos 60° + 1.8) - M' = -25.2(x_2 \cdot \cos 60° + 1.8)$$

$$\frac{\partial M_2}{\partial M'} = -1$$

(2) 점 C의 회전각 산정

$$\theta_c = \int_0^L \frac{M}{EI}\left(\frac{\partial M}{\partial M'}\right)dx$$

$$= \int_0^{3.6} \frac{-\frac{7}{2}x_1^2(-1)}{EI}dx_1 + \int_0^3 \frac{-25.2(x_2 \cdot \cos 60° + 1.8)(-1)}{EI}dx_2$$

$$= \frac{54.432}{EI} + \frac{192.78}{EI} = \frac{247.212}{EI}$$

$$\therefore \theta_c = \frac{247.212\,\text{kN}\cdot\text{m}^2}{(2\times10^5\times10^6\,\text{N}/10^4\text{cm}^2)\times(24,980\ \text{cm}^4)} = 0.00495\,\text{rad}$$

8-8

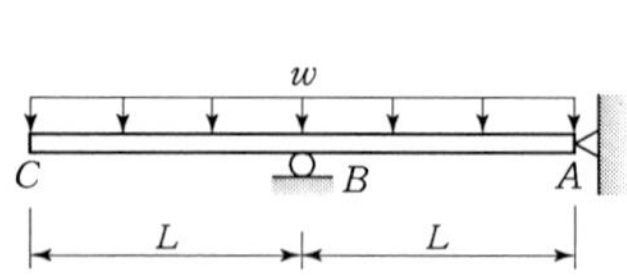

(1) 기본구조물의 해석

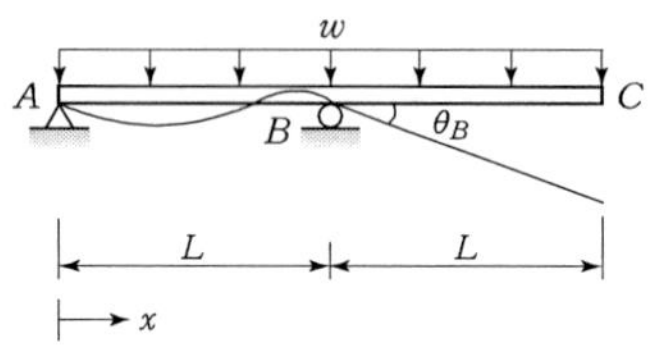

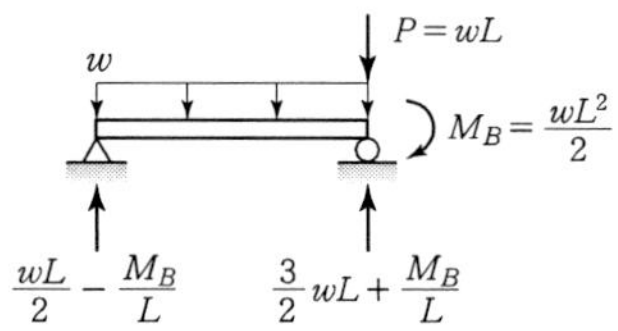

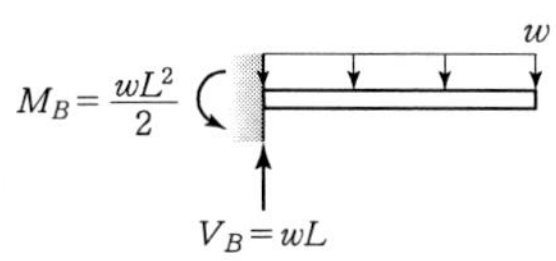

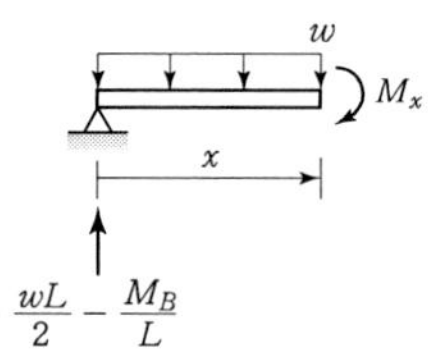

$M_x=(-\frac{MB}{L}+\frac{wL}{2})x-\frac{wx^2}{2}$

(2) 변형에너지 산정

카스틸리아노의 제2정리를 이용한다.

$$U=\int_0^L \frac{M^2}{2EI}dx=\frac{1}{2EI}\int_0^L\left(-\frac{M_Bx}{L}+\frac{wLx}{2}-\frac{wx^2}{2}\right)^2 dx$$

M_B가 없는 항은 무시하고 적분하면

$$U=\left(\frac{LM_B^2}{3}-\frac{wL^3M_B}{3}+\frac{wL^3M_B}{4}\right)\frac{1}{2EI}$$

(3) 점 B의 회전각 산정

$$\theta_B=\frac{dU}{dM_B}=\frac{1}{2EI}\left(\frac{2L}{3}\frac{wL^2}{2}-\frac{wL^3}{3}+\frac{wL^3}{4}\right)=\frac{wL^3}{8EI}$$

8-9

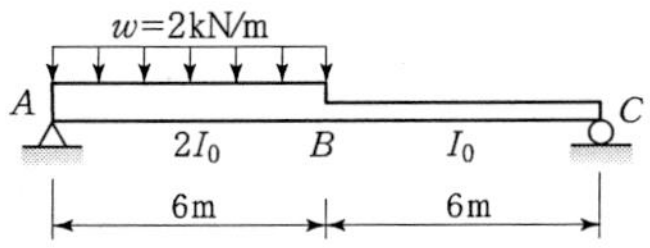

(1) 기본구조물의 해석

처짐을 구하고자하는 곳에 가상하중 Q를 재하한 후 반력을 산정한다.

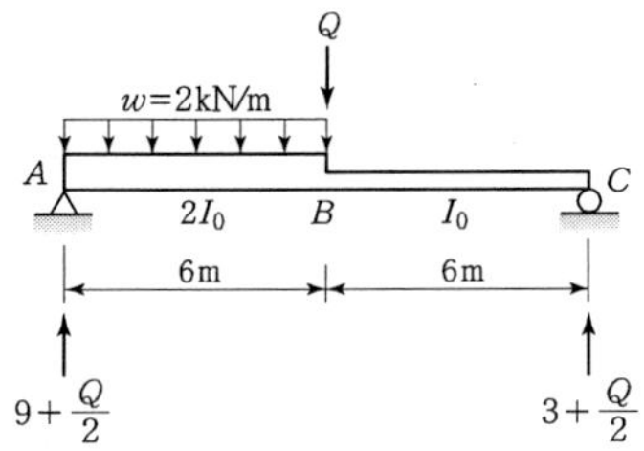

(2) 각 구간별 모멘트 산정

① AB 부재 : $(0 \leq x \leq 6)$

$$M_{AB} = \left(9 + \frac{Q}{2}\right)x - x^2$$

② BC 부재 : $(6 \leq x \leq 12)$

$$M_{BC} = -\left(3 + \frac{Q}{2}\right)x + 6(Q+6)$$

(3) 각 구간별 변형에너지 산정

각 구간별 변형에너지를 산정하고 각각을 합산하면 보전체의 변형에너지를 산정할 수 있다.

① AB 부재

$$U_{AB} = \int_0^6 \frac{{M_{AB}}^2}{4EI}\,dx$$

$$= \int_0^6 \left(9 + \frac{Q}{2}\right)^2 x^2 - 2\left(9 + \frac{Q}{2}\right)x^3 + x^4$$

$$= \frac{1}{4EI}\left[\frac{6^3}{3}\left(81 + 9Q + \frac{Q^2}{4}\right) - \frac{6^4}{2}\left(9 + \frac{Q}{2}\right) + \frac{6^5}{5}\right]_0^6$$

② BC 부재

$$U_{BC} = \int_6^{12} \frac{M_{BC}^2}{2EI}\,dx$$

$$= \int_6^{12} \frac{\left(9 + 3Q + \frac{Q^2}{4}\right)x^2 - 12\left(3 + \frac{Q}{2}\right)(6+Q)x + 36(Q^2 + 12Q + 36)}{2EI}\,dx$$

$$= \frac{1}{2EI}\left[\frac{1}{3}\left(9 + 3Q + \frac{Q^2}{4}\right)x^3 - 6\left(18 + 6Q + \frac{Q^2}{2}\right)x^2 + 36(Q^2 + 12Q + 36)x\right]_6^{12}$$

(4) 점 B의 처짐량 산정

가상하중 $Q=0$ 을 대입하고 U_{AB}와 U_{BC}를 가상하중 Q에 관하여 편미분하고 그 값을 합하면 점 B의 처짐량을 산정할 수 있다.

$$\therefore \delta_B = \frac{81}{EI} + \frac{108}{EI} = \frac{189}{EI}\ \mathrm{kN \cdot m^3}$$

9장 부정정구조물

9-1 (1) $r=11$, $n=3$, $11>3\times3$: 2차 부정정구조물

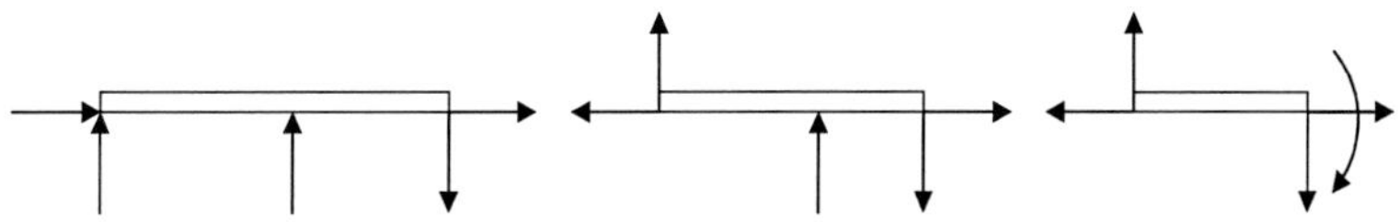

(2) $r=9$, $n=3$, $9=3\times3$: 정정구조물

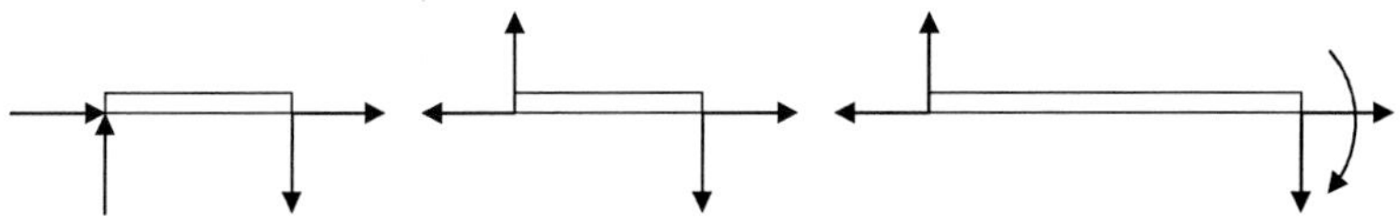

(3) $r=10$, $n=3$, $10>3\times3$: 1차 부정정구조물

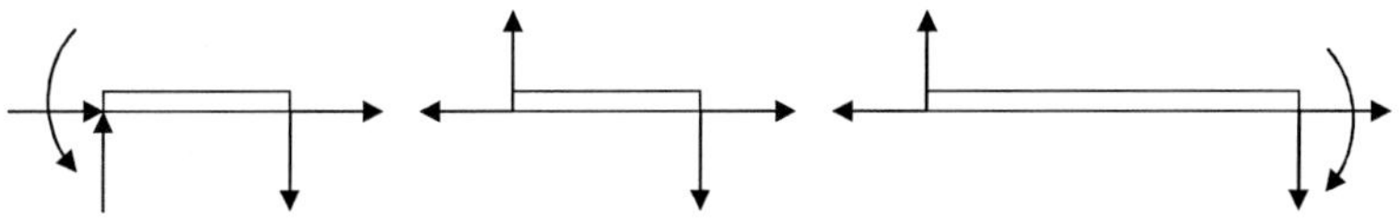

(4) $r=9$, $n=3$, $9=3\times3$: 정정구조물

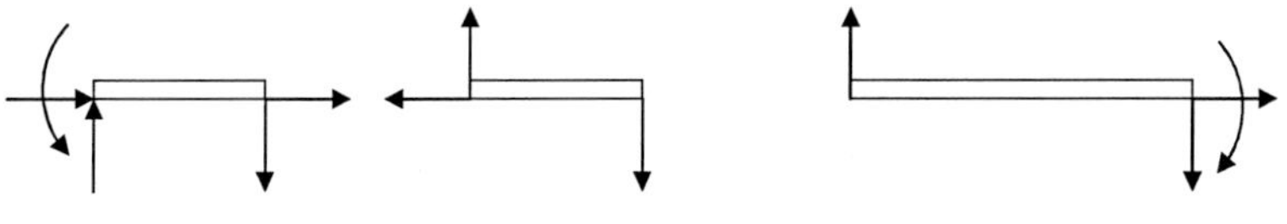

9-2 (1) $r=6$, $n=2$, $6=3\times2$: 정정구조물

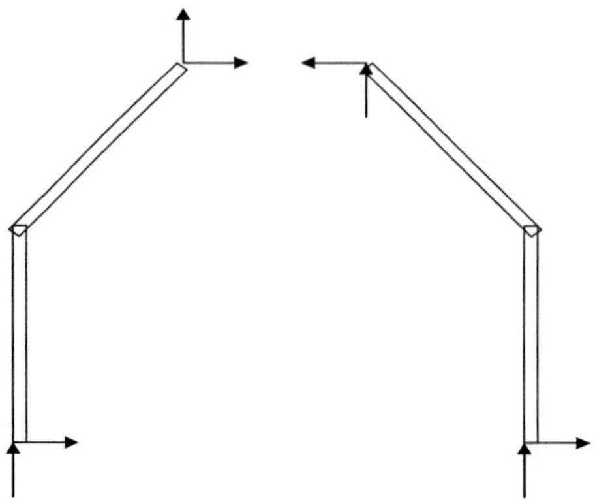

(2) $r=10$, $n=3$, $10>3\times3$: 1차 부정정구조물

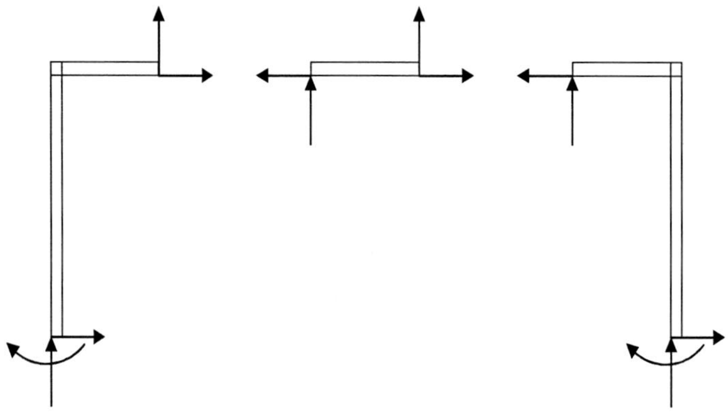

(3) $r=3$, $n=1$, $3=1\times1$: 정정구조물

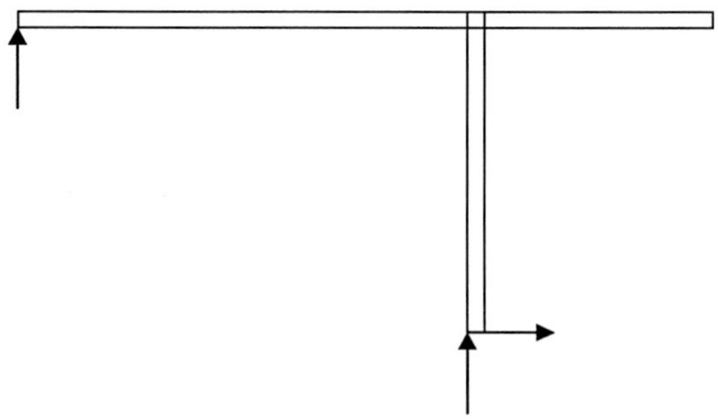

(4) $r=8$, $n=2$, $8>3\times2$: 2차 부정정구조물

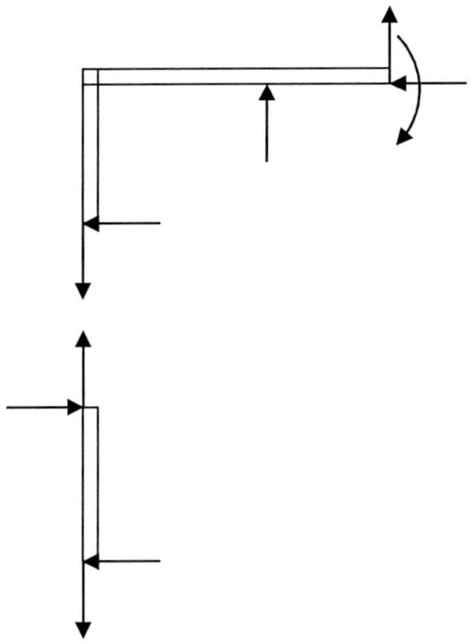

9-3 (1) $r=17$, $n=4$, $17>3\times4$: 5차 부정정구조물

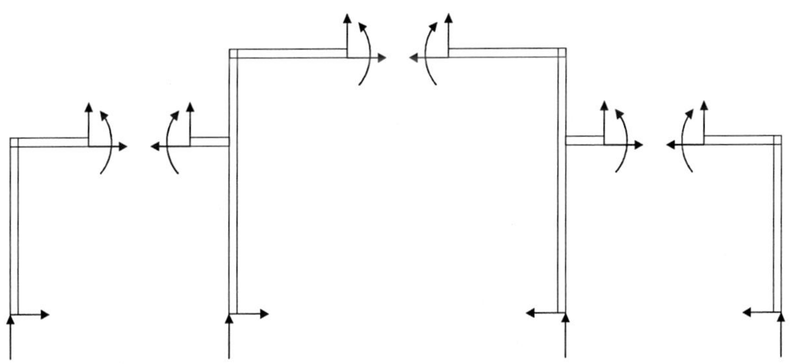

(2) $r=24$, $n=4$, $24>3\times4$: 12차 부정정구조물

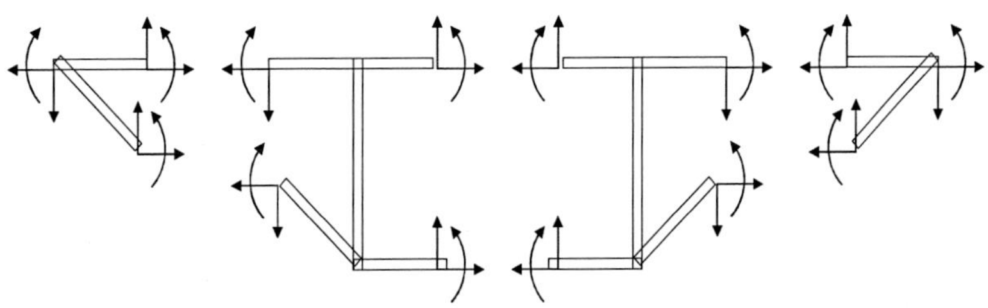

(3) $r=19$, $n=3$, $19>3\times3$: 10차 부정정구조물

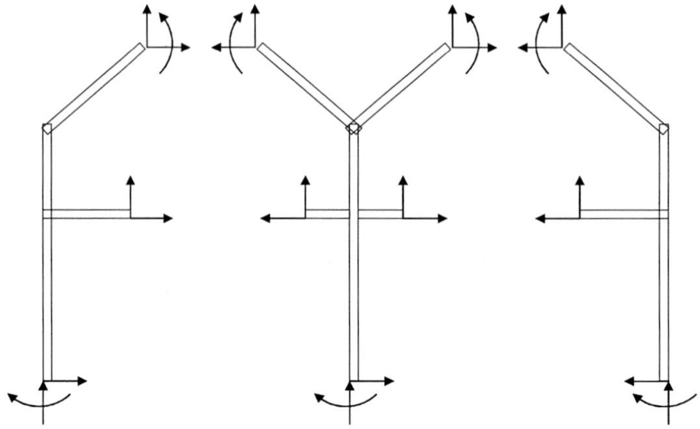

(4) $r=21$, $n=4$, $21>3\times4$: 9차 부정정구조물

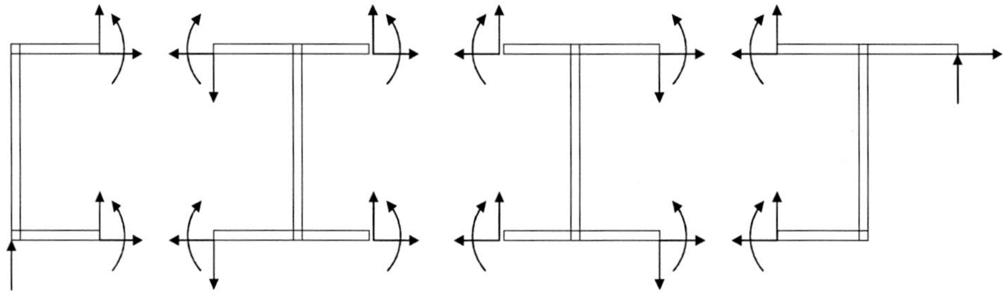

9-4 (1) $r=27$, $n=9$: 정정구조물(n개 부재간의 접합이 핀접합인 경우, 변형의 미지수가 각단에서 2개씩 모두 $2n$개가 존재하고 이 핀에서 평형조건이 존재하므로, 결국 그 핀접합에서의 미지수는 $2n$-2개가 된다)

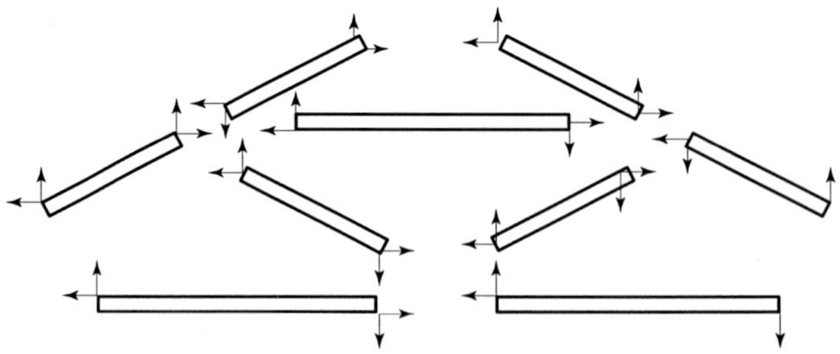

(2) $r=30$, $n=10$: 정정구조물

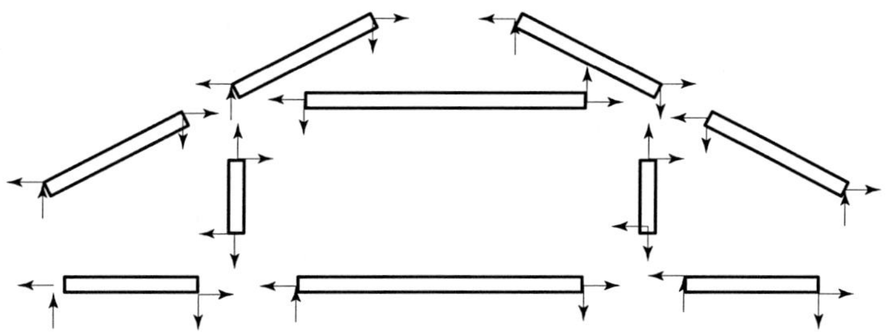

(3) $r=35$, $n=11$: 2차 부정정구조물

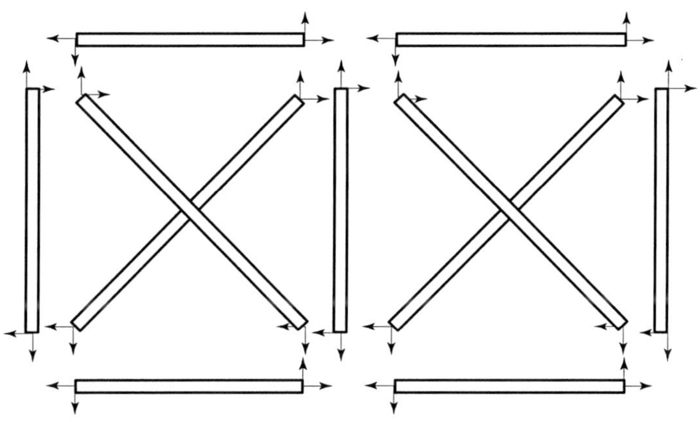

(4) $r=15$, $n=5$: 정정구조물

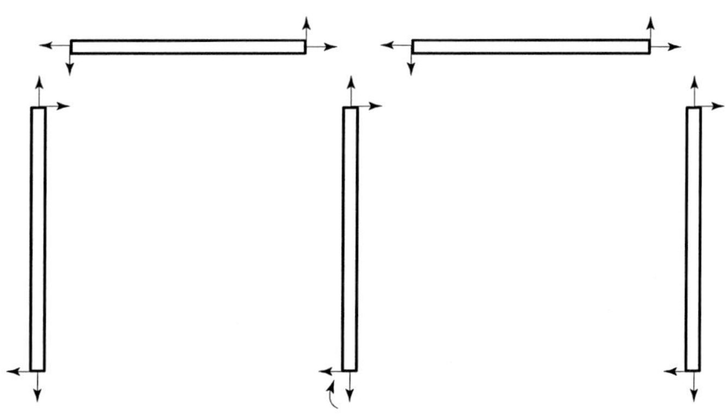

9-5 (1) $r=6$, $n=2$: 정정구조물

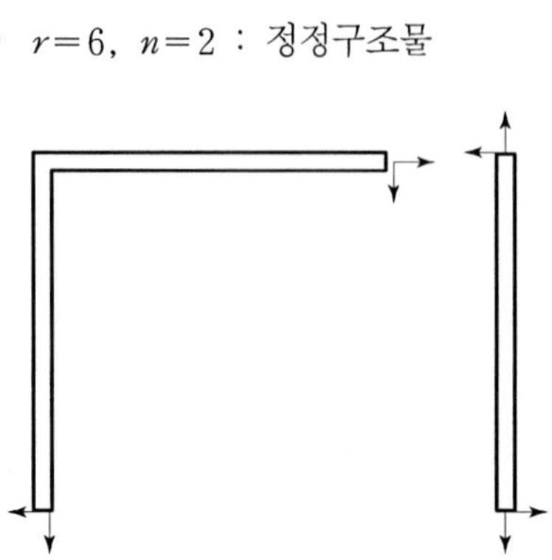

(2) $r=13$, $n=4$: 1차 부정정구조물

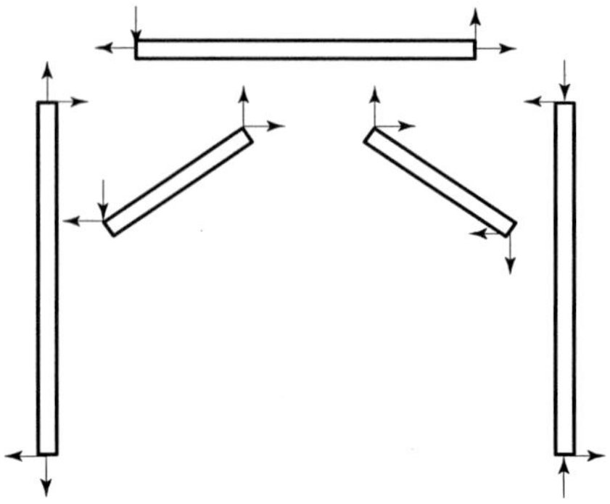

(3) $r=8$, $n=2$: 2차 부정정구조물

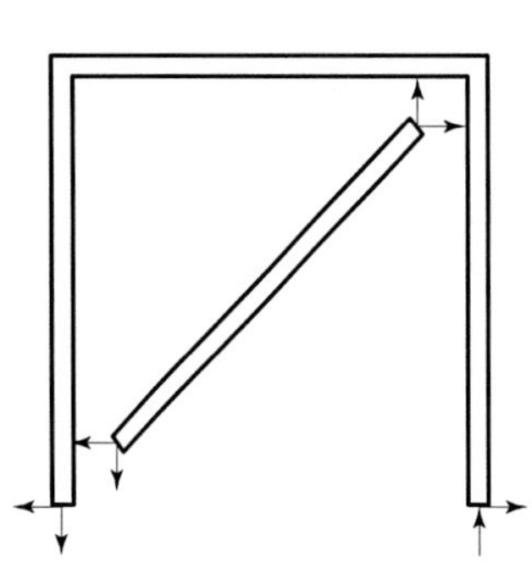

(4) $r=12$, $n=4$: 정정구조물

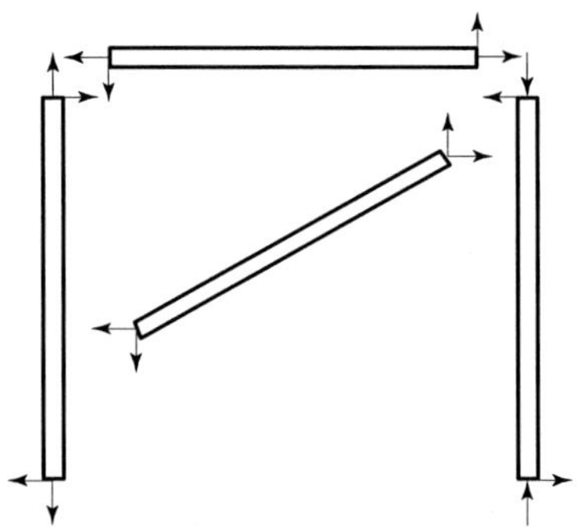

9-6 (1) $r=9$, $n=3$: 3차 부정정구조물

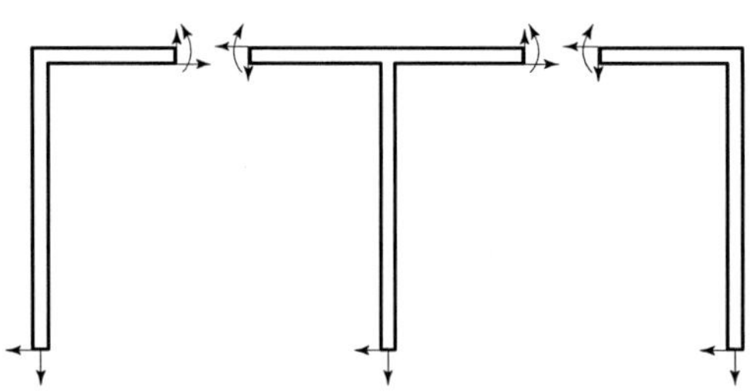

(2) $r=3$, $n=1$: 정정구조물

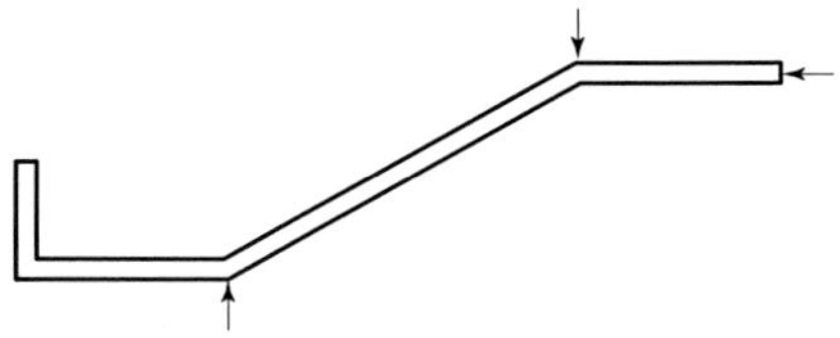

10장 연 성 법

10-1 (1) 이 구조물은 수평변위나 하중이 없으므로, 1차부정정 구조물이다.

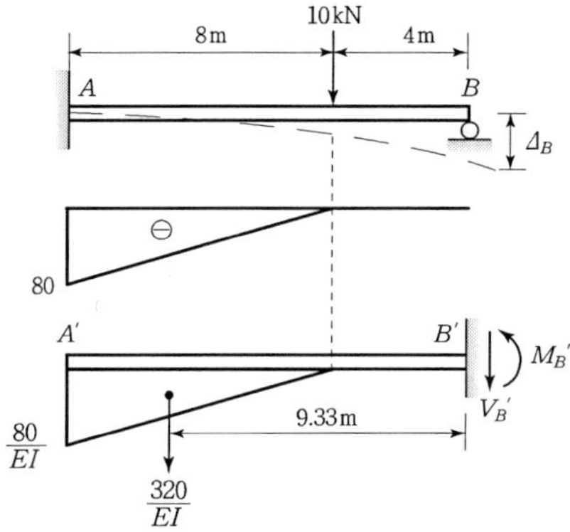

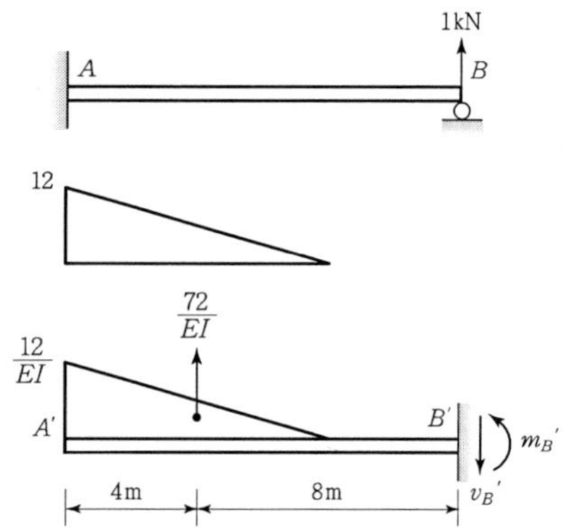

잉여력을 R_B라 하여 해방구조물을 만들고, 공액보법에 의해 $\varDelta_B$를 구한다.

10kN에 의한 B점에서의 처짐

$$\sum M_B' = 0 \ : \ M_B' + \frac{320}{EI}(9.33) = 0$$

$$\therefore \varDelta_B = M_B' = -\frac{2985.6}{EI} = \frac{2985.6}{EI}$$

B점에 작용하는 단위하중에 의한 B점에서의 처짐에 관한 연성계수(f)

$$\sum M_B' = 0 : \ m_B' - \frac{72}{EI}(8) = 0$$

$$\therefore f = m_B' = \frac{576}{EI}$$

$\varDelta_B = f \cdot R_B$에서, 이므로 $\frac{2985.6}{EI} = \frac{576}{EI} \cdot R_B$

$$\therefore R_B = 5.18\,\text{kN}$$

• 다른 방법

10kN에 의한 B점의 처짐을 δ_b^1이라 하면,

$$\delta_b^1 = \frac{(10\text{ kN})(8\text{m})^3}{3EI} + \frac{(10\text{ kN})(8\text{m})^2}{2EI}(4\text{ m})$$

한편, 잉여력 R_B에 의한 B점을 처짐을 δ_b^2라고 하면,

$$\delta_b^2 = \frac{R_b(12\text{ m})^3}{3EI}$$

$\delta_b = \delta_b^1 + \delta_b^2 = 0$의 관계식에서 잉여력 R_B를 구할 수 있다.

(2) 이 구조물은 수평변위나 하중이 없으므로, 1차부정정 구조물이다.

잉여력을 R_B라 하고, D점의 집중하중을 B점에서의 집중하중과 모멘트로 치환하여 도식하면 아래 그림과 같다.

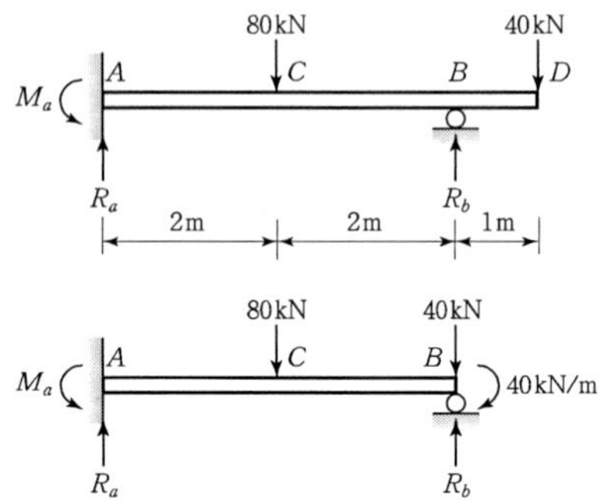

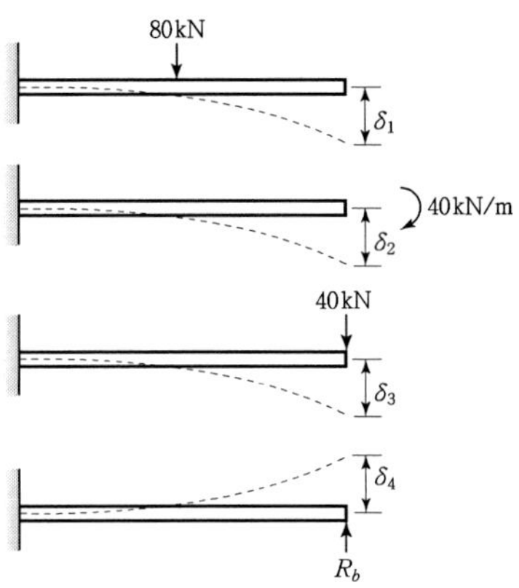

① C점의 집중하중 80kN에 의한 처짐(δ_1)

$$\delta_1 = \frac{5(8\text{ kN})\cdot(4\text{ m})^3}{48EI} = \frac{533.33}{EI}$$

② B점의 모멘트에 의한 처짐(δ_2),

$$\delta_2 = \frac{(40\text{ kN}\cdot\text{m})\cdot(4\text{m})^2}{2EI} = \frac{320}{EI}$$

③ B점의 집중하중에 의한 처짐(δ_3),

$$\delta_3 = \frac{(40\text{ kN})\cdot(4\text{ m})^3}{3EI} = \frac{853.33}{EI}$$

④ 잉여력 R_B에 의한 처짐(δ_4),

$$\delta_4 = \frac{R_B\cdot(4\text{ m})^3}{3EI} = \frac{R_B\times 21.33}{EI}$$

⑤ B점에서의 변형일치조건에 의해서,

$\delta_1+\delta_2+\delta_3=\delta_4$

$\therefore\ R_B = 80\text{ kN}$

(3) 이 구조물은 수평변위나 수평하중이 없으므로, 1차부정정 구조물이다.

잉여력을 R_B라 하고, B점에서의 처짐이 0이 됨을 이용하여 식을 유도한다.

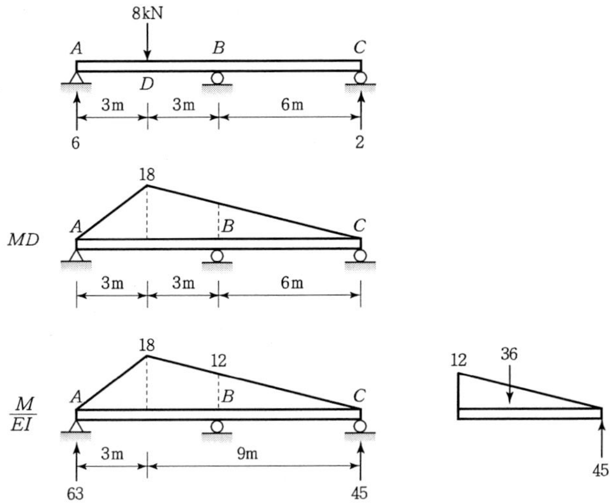

공액보법에 의해 Δ_B^1를 구하면,

$$\Delta_B^1 = M_B = 45 \times 6 - 36 \times 2 = \frac{198}{EI}$$

마찬가지로 아래 그림과 같이 잉여력 R_B에 의한 B점에서의 처짐(Δ_B^2)을 구하면,

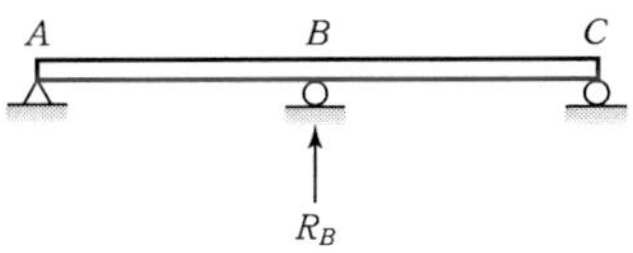

$$\Delta_B^2 = \frac{R_B \cdot (12\text{ m})^3}{48EI} = \frac{R_B \cdot 36}{EI}$$

$\Delta_B^1 = \Delta_B^2$ 이므로, $\therefore R_B = 5.5\,\text{kN}$

10-2 이 구조물은 수평변위나 수평하중이 없으므로, 1차부정정 구조물이다.

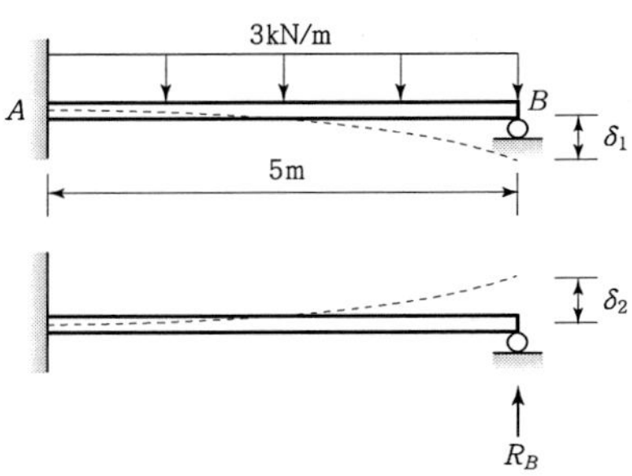

잉여력 $= R_B$ 라 하자.

등분포하중 3kN에 의한 처짐,

$$\delta_1 = \frac{\omega l^4}{8EI} = \frac{3000\text{ N/m} \cdot (5\text{ m})^4}{8 \times 40 \times 10^6\text{ N} \cdot \text{m}^2}$$

잉여력 R_B에 의한 B점에서의 처짐,

$$\delta_2 = \frac{Pl^3}{3EI} = \frac{R_B \cdot (5\text{ m})^3}{3 \times 40 \times 10^6\text{ N} \cdot \text{m}^2}$$

지점 B에서 1cm 만큼의 침하가 발생하였으므로,

$$\frac{1}{100}\,(\mathrm{m}) = \delta_1 - \delta_2 = \frac{3000\,\mathrm{N/m}\cdot(5\,\mathrm{m})^4}{8\times40\times10^6\,\mathrm{N\cdot m^2}} - \frac{\mathrm{R_B}\cdot(5\,\mathrm{m})^3}{3\times40\times10^6\,\mathrm{N\cdot m^2}} \text{ 에서}$$

$$\therefore\ R_B = -3.975\,\mathrm{kN}$$

10-3 이 라멘 구조물은 1차부정정 구조물이다.

A 점의 수평반력을 잉여력 A_x라 하자(결국, A 점은 이동단(roller)으로 치환된다).

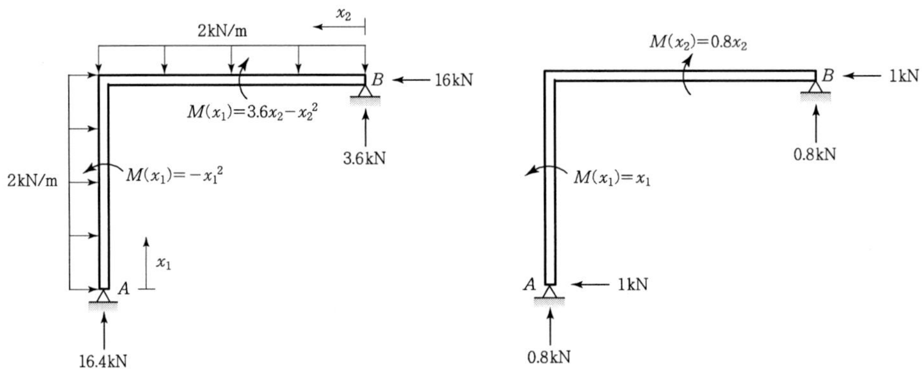

해방구조물에서의 A 점에서의 수평변위을 Δ_A이라고 하면,

$$\Delta_A = \Sigma\int \frac{M(x)\cdot m(x)}{EI}\,dx$$

$$= \frac{1}{EI}\left[\int_8^0(-x_1^2)(x_1)\,dx_1 + \int_{10}^0(3.6x_2 - x_2^2)(0.8x_2)\,dx_2\right] = \frac{2064}{EI}$$

잉여력의 방향의 단위하중에 의한 수평변위를 δ_{AA}라 하면,

$$\delta_{AA} = \Sigma\int \frac{m(x)\cdot m(x)}{EI}\,dx$$

$$= \frac{1}{EI}\left[\int_8^0(x_1^2)\,dx_1 + \int_{10}^0(0.8x_2^2)\,dx_2\right] = \frac{384}{EI}$$

$\Delta_A + A_x\cdot\delta_{AA} = 0$ 이므로

$A_x = 5.375\,\mathrm{kN}$, $A_y = 12.1\,\mathrm{kN}$, $B_x = 10.625\,\mathrm{kN}$, $B_y = 7.9\,\mathrm{kN}$

10-4 'AC재 = 잉여재'라고 하면, 아래 그림과 같다.

왼쪽 그림은 외력에 의한 트러스의 응력을 나타낸 것이고, 오른쪽 그림은 잉여재로 선정한 AC재의 응력에 의해 발생한 나머지 부재의 응력을 나타낸다.

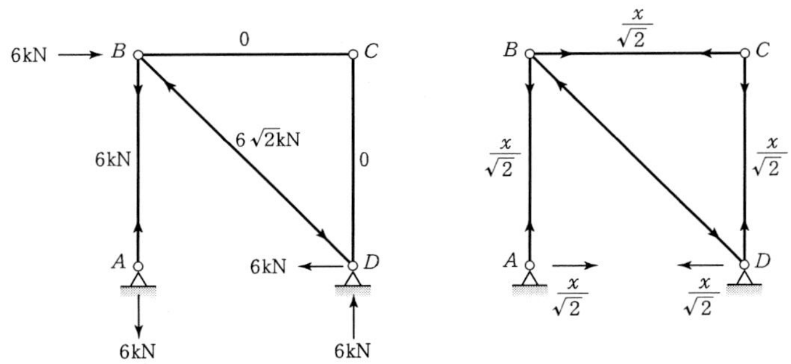

부재와 관련된 정보를 다음의 표와 같이 정리하면,

부재	l (cm)	단면적	N_0	N_1	$N=N_0+N_1$	$\dfrac{\partial N}{\partial x}$	$Nl\dfrac{\partial N}{\partial x}$
AB	300	A	6	$\dfrac{x}{\sqrt{2}}$	$6+\dfrac{x}{\sqrt{2}}$	$\dfrac{1}{\sqrt{2}}$	$150(6\sqrt{2}+x)$
BC	300	A	0	$\dfrac{x}{\sqrt{2}}$	$\dfrac{x}{\sqrt{2}}$	$\dfrac{1}{\sqrt{2}}$	$150x$
CD	300	A	0	$\dfrac{x}{\sqrt{2}}$	$\dfrac{x}{\sqrt{2}}$	$\dfrac{1}{\sqrt{2}}$	$150x$
BD	$300\sqrt{2}$	A	$-6\sqrt{2}$	$-x$	$-6\sqrt{2}-x$	-1	$300\sqrt{2}\,(6\sqrt{2}+x)$
AC	$300\sqrt{2}$	A	0	$-x$	$-x$	-1	$300\sqrt{2}\,x$

$$\frac{\partial w}{\partial x}=\sum\frac{N\cdot l}{EA}\cdot\frac{\partial N}{\partial x}=\frac{1}{EA}\{3600+900\sqrt{2}+(450+600\sqrt{2})x\}=0$$

$$\therefore\ x=-3.75\,\text{kN}$$

그러므로 각 부재력은 다음과 같다.

AB재 : $N=6-\dfrac{3.75}{\sqrt{2}}=3.35\,\text{kN}$

BC재 : $N=-\dfrac{3.75}{\sqrt{2}}=-2.65\,\text{kN}$

BD재 : $N=-6\sqrt{2}+3.75=-4.74\,\text{kN}$

AC재 : $N=3.75\,\text{kN}$

10-5

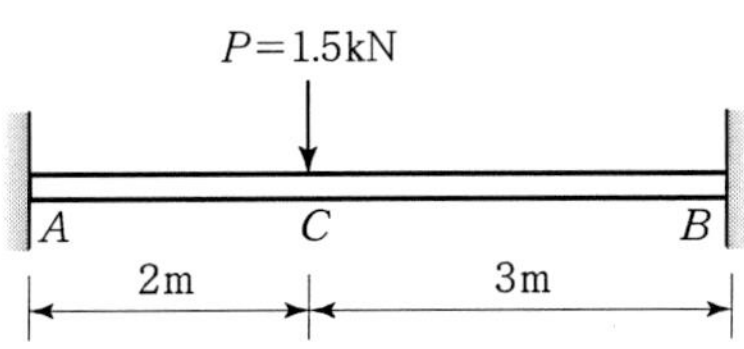

고정단 A의 반력을 M_A, V_A라 하면, 임의의 점 x에서의 휨모멘트는

AC 사이에서는, $M(x) = V_A x - M_A$

CB 사이에서는, $M(x) = V_A x - M_A - 1.5(x-2)$

$$\frac{\partial W}{\partial V_A} = \int_A^C \frac{\partial M}{\partial V_A} dx + \int_C^A \frac{\partial M}{\partial V_A} dx$$

$$= \int_0^2 (V_A x - M_A) x dx + \int_2^5 (V_A x - M_A - 1.5x + 3) x dx$$

$$= \left[V_A \frac{x^3}{3} - M_A \frac{x^2}{2} \right]_0^2 + \left[V_A \frac{x^3}{3} - M_A \frac{x^2}{2} - 1.5 \frac{x^3}{3} + \frac{3x^2}{2} \right]_2^5$$

$$= \frac{125}{3} V_A - \frac{25}{2} M_A - 27 = 0 \tag{a}$$

$$\frac{\partial W}{\partial M_A} = \int_A^C \frac{\partial M}{\partial M_A} dx + \int_C^A \frac{\partial M}{\partial M_A} dx$$

$$= \int_0^2 (V_A x - M_A) dx + \int_2^5 (V_A x - M_A - 1.5x + 3) dx$$

$$= \left[V_A \frac{x^2}{2} - M_A x \right]_0^2 + \left[V_A \frac{x^2}{2} - M_A x - 1.5 \frac{x^2}{3} + 3x \right]_2^5$$

$$= -\frac{25}{2} V_A + \frac{5}{2} M_A + \frac{27}{4} = 0 \tag{b}$$

식 (a), (b)를 연립하면,

$$V_A = \frac{243}{250} \text{ kN}, \qquad M_A = \frac{27}{25} \text{ kN·m}$$

힘의 평형조건식으로부터,

$$V_B = \frac{66}{125} \text{ kN}, \qquad M_A = \frac{18}{25} \text{ kN·m}$$

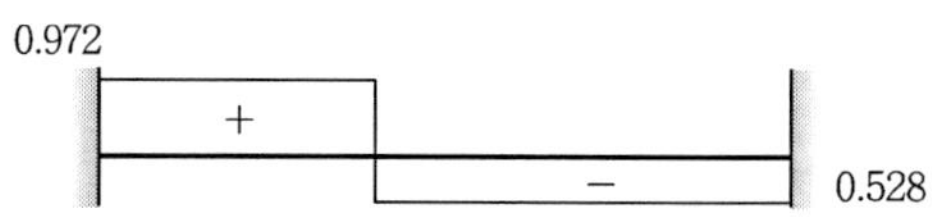

SFD

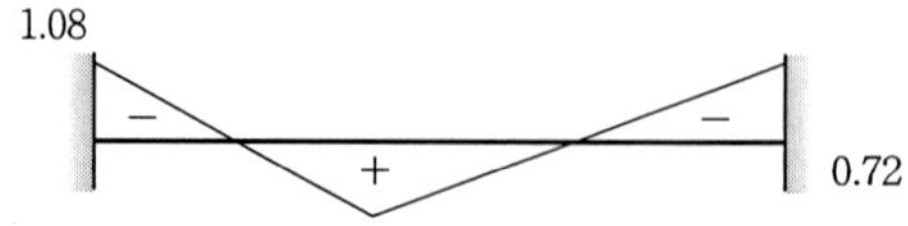

BMD

10-6

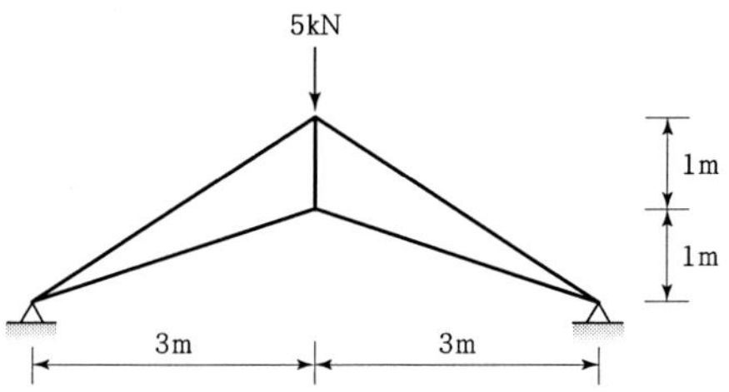

최소일법에 의하면,

$$\frac{dW}{dX}=\frac{d}{dX}\left(\Sigma\frac{N^2 l}{2EA}\right)=\frac{1}{E}\Sigma\frac{Nl}{A}\frac{dN}{dA}=0$$

여기서 $N=N_0+\overline{N_1}X$ 이므로,

$$\frac{1}{E}\Sigma\frac{(N_0+\overline{N_1}X)\,l\,\overline{N_1}}{A}=0$$

$$X=\frac{\Sigma\frac{N_0\overline{N_1}l}{A}}{\Sigma\frac{\overline{N_1}^2 l}{A}}=\frac{163.5}{36.4}=4.39\text{ kN}$$

각 트러스 부재의 응력은 아래의 표와 같이 구할 수 있다.

부재	l	A	$\overline{N_1}$	N_0	$\frac{\overline{N_1}N_0 l}{A}$	$\frac{\overline{N_1}^2 l}{A}$	$\overline{N_1}X$	$N=N_0+\overline{N_1}X$
AD	3.61	$1.5a$	1.2	−9.0	$-26.0/a$	$3.46/a$	5.3	−3.7
AC	3.16	a	−2.1	7.9	$-52.5/a$	$13.9/a$	−9.2	−1.3
CD	1.00	a	−1.3	5.0	$-6.5/a$	$1.69/a$	−5.7	−0.7
BD	3.61	$1.5a$	1.2	−9.0	$-26.0/a$	$3.46/a$	5.3	−3.7
BC	3.16	a	−2.1	7.9	$-52.5/a$	$13.9/a$	−9.2	−1.3
Σ					$-163.5/a$	$36.4/a$		

10-7

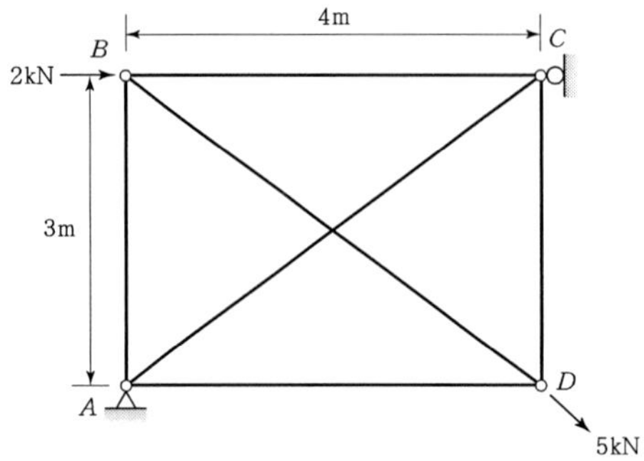

'*BD*재 = 잉여재'라고 하면, 아래 그림과 같다.

왼쪽 그림은 외력에 의한 트러스의 응력을 나타낸 것이고, 오른쪽 그림은 잉여재로 선정한 *AC*재의 응력(x)에 의해 발생한 나머지 부재의 응력을 나타낸다.

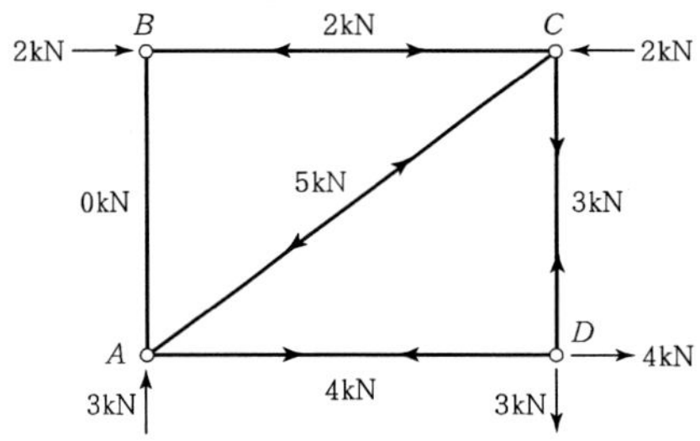

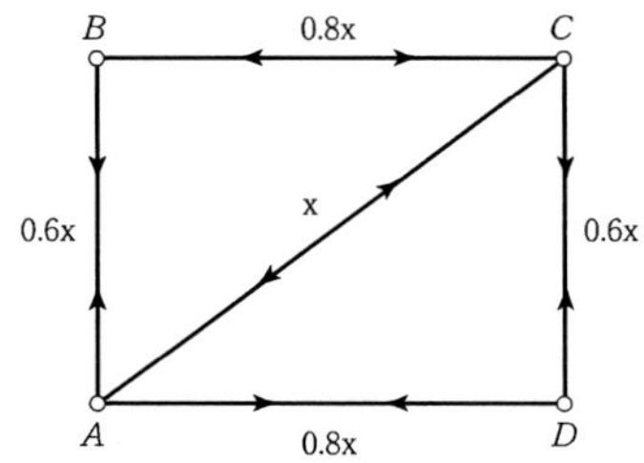

부재와 관련된 정보를 다음의 표와 같이 정리하면,

부재	l(m)	단면적	N_0	N_1	$N=N_0+N_1$	$\frac{\partial N}{\partial x}$	$Nl\frac{\partial N}{\partial x}$
AB	3	*A*	0	$0.6x$	$0.6x$	0.6	$1.08x$
BC	4	*A*	−2	$0.8x$	$-2+0.8x$	0.8	$3.2(-2+0.8x)$
CD	3	*A*	3	$0.6x$	$3+0.6x$	0.6	$1.8(3+0.6x)$
DA	4	*A*	4	$0.8x$	$4+0.8x$	0.8	$3.2(4+0.8x)$
AC	5	*A*	−5	$-x$	$-x$	−1	$5(5+x)$
BD	5	*A*	0	$-x$	$-x$	−1	$5x$

$$\frac{\partial w}{\partial x}=\sum\frac{N\cdot l}{EA}\cdot\frac{\partial N}{\partial x}=\frac{1}{EA}(17.28x+36.8)=0$$

$\therefore\ x=-2.13\,\text{kN}$

그러므로 *BC*의 부재력은 다음과 같다.

*BC*재 : $-2+0.8\cdot(-2.13)=-3.704\,\text{kN}$

11장 처짐각법

11-1 강비 계산

$k_{AC}=1.0$ 이라 하면, $k_{CB}=\dfrac{8}{6}=1.33$

처짐각방정식에 의해 고정단모멘트 계산

$$(FEM)_{AC}=-\frac{PL}{8}=-\frac{(5)(8)}{8}=-5\,\mathrm{kN\cdot m}$$

$$(FEM)_{CA}=\frac{PL}{8}=\frac{(5)(8)}{8}=5\,\mathrm{kN\cdot m}$$

$$(FEM)_{CB}=\frac{-wL^2}{12}=\frac{-(3)6^2}{12}=-9\,\mathrm{kN\cdot m}$$

$$(FEM)_{BB}=\frac{wL^2}{12}=\frac{(3)6^2}{12}=9\,\mathrm{kN\cdot m}$$

지점들이 침하방향변위가 없으므로 $\psi_{AC}=\psi_{CB}=0$

$M_N=\left(\dfrac{2EI}{L}\right)(2\theta_N+\theta_F-3\psi)+(FEM)_N$의 관계식에서

절점모멘트를 다음과 같이 구할 수 있다.

$$M_{AC}=0 \tag{a}$$

$$M_{CA}=(1)\left(\frac{3}{2}\theta_C\right)+5+2.5 \tag{b}$$

$$M_{CB}=1.33(2)\theta_C-9 \tag{c}$$

$$M_{BC}=1.33(2)\theta_C+9 \tag{d}$$

절점 C에 모멘트 평형조건을 적용하면,

$$M_{CA}+M_{CB}=0 \tag{e}$$

식 (c)과 (d)를 (e)에 대입하여 θ_C에 대하여 풀면

$$\theta_C=0.36 \tag{f}$$

식 (f)에서 계산된 θ_C를 식 (b), (c), (d)에 대입하면

$$M_{CA}=8.04\,\mathrm{kN\cdot m}$$

$$M_{CB}=-8.04\,\mathrm{kN\cdot m}$$

$$M_{BC}=9.96\,\mathrm{kN\cdot m}$$

이상의 결과에 대해 정역학적 원리를 적용하면 각 절점에서의 반력은 그림 P 11-1의 그림 (a), (b)와 같다.

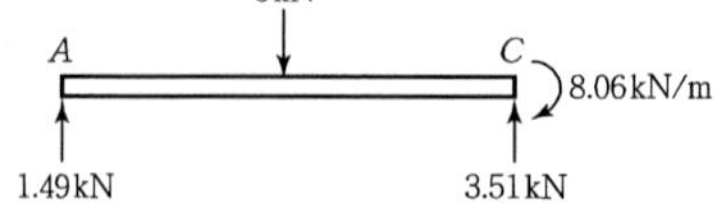

(a)

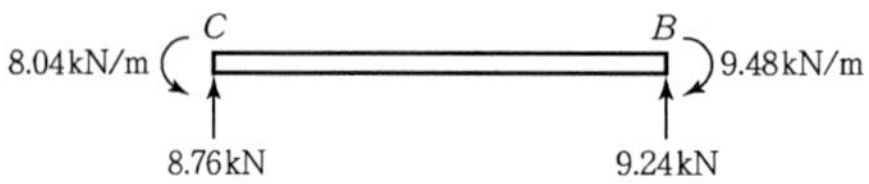

(b)

11-2

처짐각방정식에 의해서

$$M_N=\left(\frac{2EI}{L}\right)(2\theta_N+\theta_F-3\psi)+(FEM)_N \text{의 관계식에서}$$

절점모멘트를 다음과 같이 구할 수 있다.

$$M_{AB}=\frac{2EI}{8}(2\theta_A+\theta_B)-\frac{3(8)^2}{12} \qquad \text{(a)}$$

$$M_{BA}=\frac{2EI}{8}(2\theta_B+\theta_A)+\frac{3(8)^2}{12} \qquad \text{(b)}$$

$$M_{BC}=\frac{2EI}{8}(2\theta_B+\theta_C)-\frac{3(8)^2}{12} \qquad \text{(c)}$$

$$M_{CB}=\frac{2EI}{8}(2\theta_C+\theta_B)+\frac{3(8)^2}{12} \qquad \text{(d)}$$

평형방정식에 의해,

$$\sum M_A=0 : \ M_{AB}+24=0 \rightarrow \frac{2EI}{8}(2\theta_A+\theta_B)-\frac{3(8)^2}{12}+24=0$$

$$0.5\theta_A+0.25\theta_B=-\frac{8}{EI} \qquad \text{(e)}$$

$$\sum M_B=0 : \ M_{BA}+M_{BC}=0$$

$$\frac{2EI}{8}(2\theta_B+\theta_A)+\frac{3(8)^2}{12}+\frac{2EI}{8}(2\theta_B+\theta_c)-\frac{3(8)^2}{12}=0$$

$$\theta_B+0.25\theta_A+0.25\theta_C=0 \qquad \text{(f)}$$

$$\sum M_C=0 : \ M_{CB}-24=0 \rightarrow \frac{2EI}{8}(2\theta_c+\theta_B)+\frac{3(8)^2}{12}-24=0$$

$$0.5\theta_C+0.25\theta_B=\frac{8}{EI} \qquad \text{(g)}$$

식 (e), (f), (g)을 연립하면, $\theta_B = 0$, $\theta_A = -\theta_C = -\dfrac{16}{EI}$ 을 구할 수 있다.

이를 식 (a), (b), (c), (d)에 대입하여 고정단모멘트를 구한다.

$M_{AB} = -24\,\text{kN}\cdot\text{m}$ $\qquad M_{BA} = 12\,\text{kN}\cdot\text{m}$

$M_{BC} = -12\,\text{kN}\cdot\text{m}$ $\qquad M_{CB} = 24\,\text{kN}\cdot\text{m}$

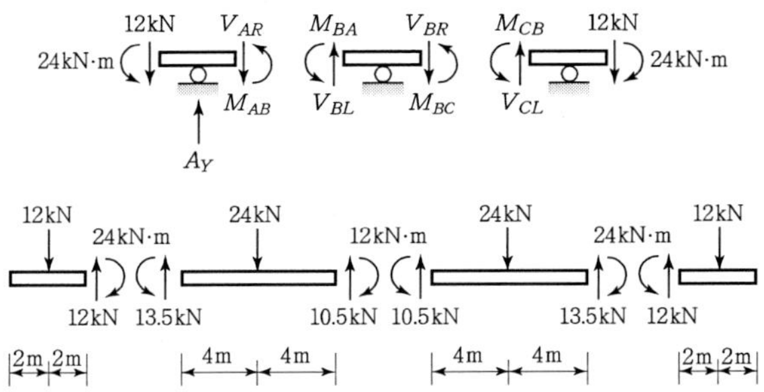

(a)

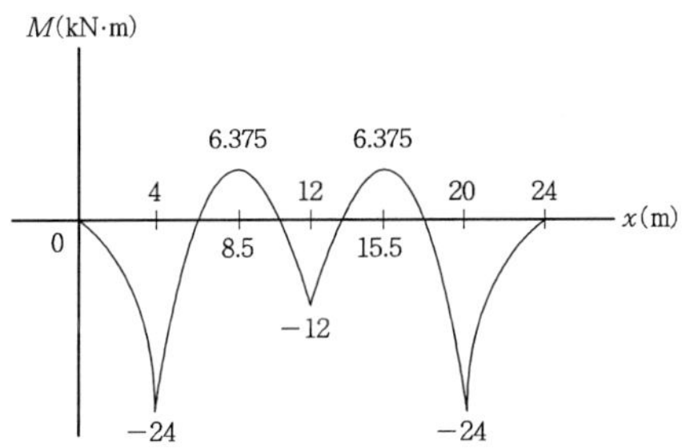

(b)

11-3 처짐각방정식에 의해서 절점모멘트를 다음과 같이 구할 수 있다.

$$M_N = 3E\left(\frac{I}{L}\right)(\theta_N - \psi) + (FEM)_N$$

$$M_{BA} = \frac{3EI}{12}(\theta_B) + \frac{(4)(12)^2}{12} \tag{a}$$

$$M_N = 2E\left(\frac{I}{L}\right)(2\theta_N + \theta_F - 3\psi) + (FEM)_N$$

$$M_{BC} = \frac{2EI}{12}(2\theta_B + \theta_C) - \frac{(4)(12)^2}{12} \tag{b}$$

$$M_{CB} = \frac{2EI}{12}(2\theta_C + \theta_B) + \frac{(4)(12)^2}{12} \tag{c}$$

$$M_N = 3E\left(\frac{I}{L}\right)(\theta_N - \psi) + (FEM)_N$$

$$M_{CD}=\frac{3EI}{12}(\theta_C)-\frac{4(12)^2}{15} \quad \text{(d)}$$

평형방정식에 의해,

$$\sum M_B=0: \ M_{BA}+M_{BC}=0$$

$$\frac{3EI}{12}(\theta_B)+\frac{(4)(12)^2}{15}+\frac{2EI}{12}(2\theta_B+\theta_c)-\frac{4(12)^2}{12}=0$$

$$0.5833\theta_B+0.1667\theta_C=\frac{9.60}{EI} \quad \text{(e)}$$

$$\sum M_C=0: \ M_{CB}+M_{CD}=0$$

$$\frac{2EI}{12}(2\theta_C+\theta_B)+\frac{4(12)^2}{12}+\frac{3EI}{12}(\theta_C)-\frac{4(12)^2}{15}=0$$

$$0.5833\theta_C+0.1667\theta_B=\frac{-9.60}{EI} \quad \text{(f)}$$

식 (e), (f)을 계산하여 $\theta_B=-\theta_C=\dfrac{23.04}{EI}$를 구한다.

이를 식 (a), (b), (c), (d)에 대입하여 고정단모멘트를 구한다.

$M_{BA}=44.2\text{kN}\cdot\text{m}$ $\quad M_{BC}=-44.2\text{kN}\cdot\text{m}$

$M_{CB}=44.2\text{kN}\cdot\text{m}$ $\quad M_{CD}=-44.2\text{kN}\cdot\text{m}$

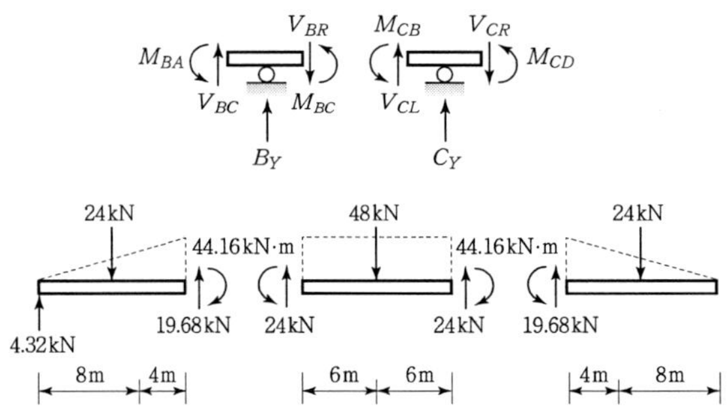

(a)

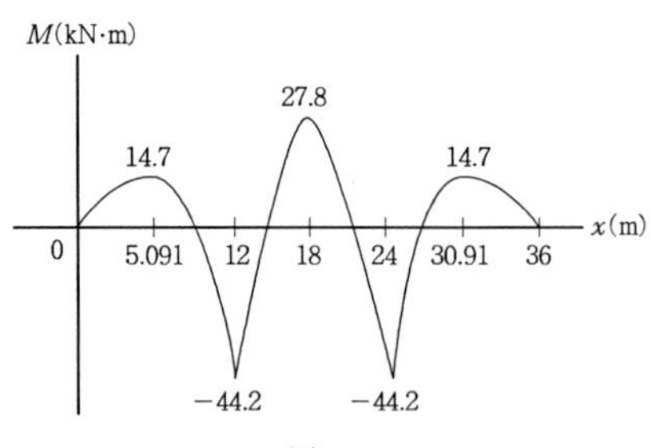

(b)

11-4 우선 고정단모멘트를 각각 구하면,

$$(FEM)_{BA}=\frac{2(15)^2}{8}=56.25\,\text{kN}\cdot\text{m}$$

$$(FEM)_{BD}=-\frac{2(12)^2}{12}=-24\,\text{kN}\cdot\text{m}$$

$$(FEM)_{DB}=24.0\,\text{kN}\cdot\text{m}$$

$$(FEM)_{BC}=(FEM)_{CB}=0$$

처짐각방정식에 의해서 절점모멘트를 다음과 같이 구할 수 있다.

$M_N=3E\left(\frac{I}{L}\right)(\theta_N-\psi)+(FEM)_N$ 을 이용하여

$$M_{BA}=3E\left(\frac{I}{15}\right)(\theta_B-0)+56.25$$

$$M_{BA}=0.2EI\theta_B+56.25 \quad \text{(a)}$$

$M_N=2E\left(\frac{I}{L}\right)(2\theta_N+\theta_F-3\psi)+(FEM)_N$을 이용하여

$$M_{BD}=2E\left(\frac{I}{12}\right)(2\theta_B+\theta_D-0)-24$$

$$M_{BD}=0.3333EI\theta_B+0.1667EI\theta_D-24 \quad \text{(b)}$$

$$M_{DB}=2E\left(\frac{I}{12}\right)(2\theta_D+\theta_B-0)+24$$

$$M_{DB}=0.3333EI\theta_D+0.1666EI\theta_B+24 \quad \text{(c)}$$

$$M_{BC}=2E\left(\frac{I}{12}\right)(2\theta_B+0-0)+0$$

$$M_{BC}=0.3333EI\theta_B \quad \text{(d)}$$

$$M_{CB}=2E\left(\frac{I}{12}\right)(2(0)+\theta_B-0)+0$$

$$M_{CB}=0.1667EI\theta_B \quad \text{(e)}$$

평형방정식에 의해,

$$\sum M_B=0: \; M_{BA}+M_{BC}+M_{BD}=0$$

$$\sum M_D=0: \; M_{DB}-64=0$$

위 식을 계산하면, $\theta_B=-\frac{66.70}{EI}$ $\theta_D=\frac{153.35}{EI}$ 을 구할 수 있다.

이를 위 식 (a)~(e)에 대입하면,

$M_{BA}=42.9\,\text{kN}\cdot\text{m}$ $M_{BD}=-20.7\,\text{kN}\cdot\text{m}$

$M_{DB}=64.0\,\text{kN}\cdot\text{m}$ $M_{BC}=-22.2\,\text{kN}\cdot\text{m}$

$M_{CB}=-11.1\,\text{kN}\cdot\text{m}$

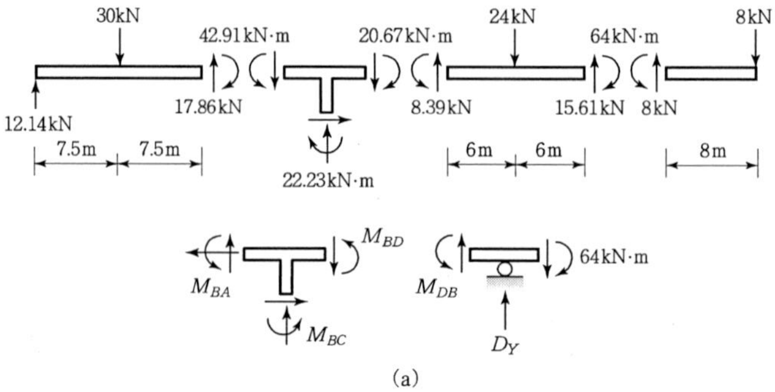

(a)

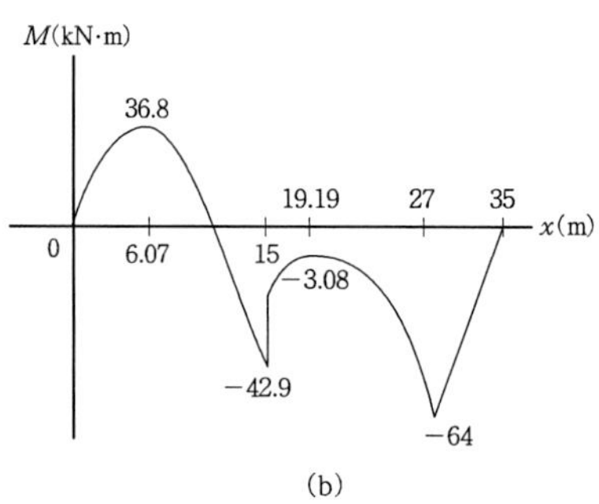

(b)

11-5 우선 고정단모멘트를 각각 구하면,

$$(FEM)_{AB} = -\frac{4(18)^2}{12} = -108\,\text{kN}\cdot\text{m}$$

$$(FEM)_{BA} = 108\,\text{kN}\cdot\text{m}$$

$$(FEM)_{BC} = (FEM)_{CB} = 0$$

처짐각방정식에 의해서 절점모멘트를 다음과 같이 구할 수 있다.

$$M_N = 2E\left(\frac{I}{L}\right)(2\theta_N + \theta_F - 3\psi) + (FEM)_N$$

$$M_{AB} = 2E\left(\frac{I}{18}\right)(2(0) + \theta_B - 0) - 108$$

$$M_{AB} = 0.1111EI\theta_B - 108 \tag{a}$$

$$M_{BA} = 2E\left(\frac{I}{18}\right)(2\,\theta_B + 0 - 0) + 108$$

$$M_{BA} = 0.2222EI\theta_B + 108 \tag{b}$$

$$M_{BC} = 2E\left(\frac{I}{9}\right)(2\theta_B + 0 - 0) + 0$$

$$M_{BC} = 0.4444EI\theta_B \tag{c}$$

$$M_{CB} = 2E\left(\frac{I}{9}\right)(2(0) + \theta_B - 0) + 0$$

$$M_{CB}=0.2222EI\theta_B \tag{d}$$

평형방정식에 의해,

$$\sum M_B=0\ :\ M_{BA}+M_{BC}=0$$

위 식을 계산하면, $\theta_B=-\dfrac{162.0}{EI}$ 을 얻는다.

이를 위 식 (a)~(d)에 대입하면,

$M_{AB}=-126\ \mathrm{kN\cdot m}$ $\quad M_{BA}=72\ \mathrm{kN\cdot m}$

$M_{BC}=-72\ \mathrm{kN\cdot m}$ $\quad M_{CB}=-36\ \mathrm{kN\cdot m}$

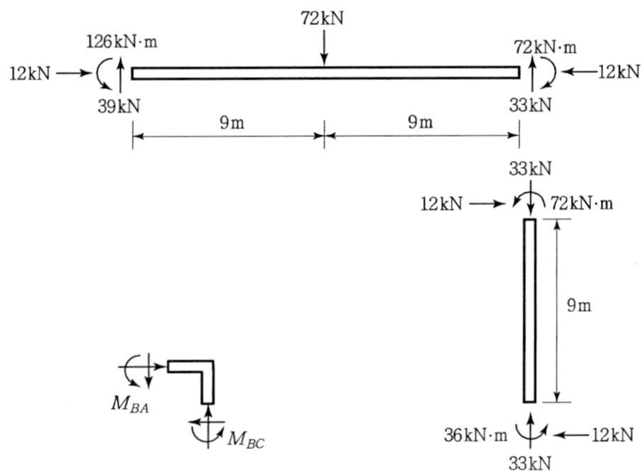

(a)

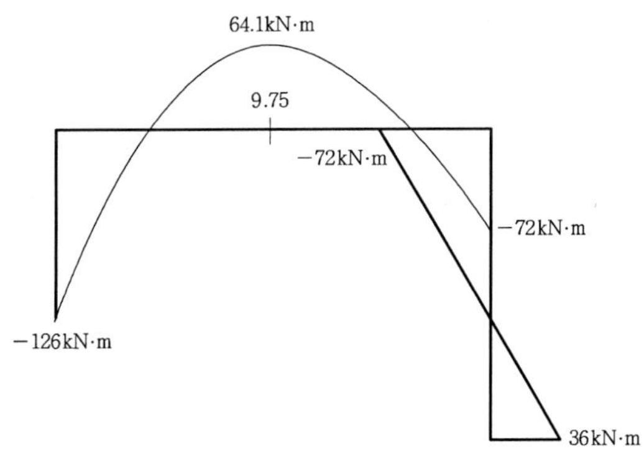

(b)

11-6 처짐각방정식에 의해서 절점모멘트를 다음과 같이 구할 수 있다.

$$M_N=2E\left(\frac{I}{L}\right)(2\theta_N+\theta_F-3\psi)+(FEM)_N$$

$$M_{AB}=\frac{2EI}{6}(2(0)+\theta_B-0)+0 \tag{a}$$

$$M_{BA}=\frac{2EI}{6}(2\theta_B)+0 \qquad \text{(b)}$$

$$M_N=3E\left(\frac{I}{L}\right)(\theta_N-\psi)+(FEM)_N$$

$$M_{BC}=\frac{3EI}{3}(\theta_B-0)-\frac{(10)(3)^2}{8} \qquad \text{(c)}$$

평형방정식에 의해,

$$\sum M_B=0 : M_{BA}+M_{BC}=0$$

$$\frac{4EI}{6}\theta_B+\frac{3EI}{3}\theta_B-11.25=0$$

위 식을 계산하면, $\theta_B=\dfrac{6.75}{EI}$ 을 구한다.

이를 위 식 (a)~(c)에 대입하면,

$$M_{AB}=2.25\,\text{kN}\cdot\text{m} \quad M_{BA}=4.50\,\text{kN}\cdot\text{m} \quad M_{BC}=-4.50\,\text{kN}\cdot\text{m}$$

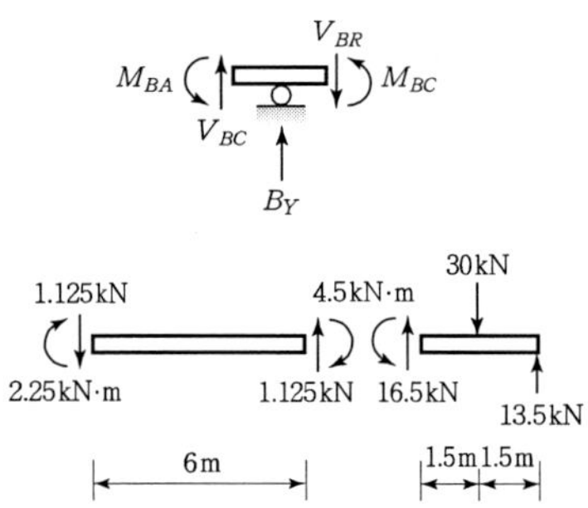

(a)

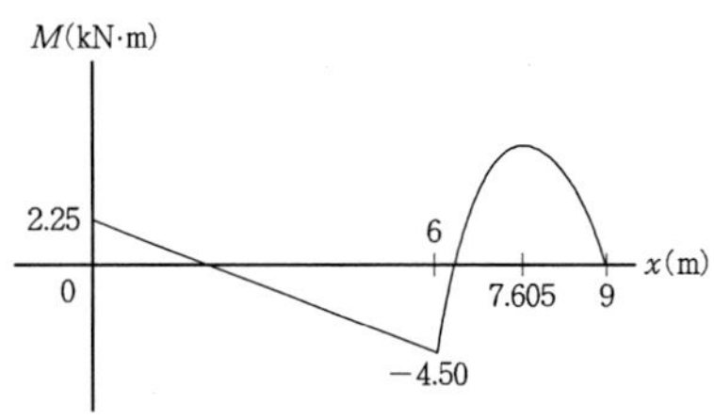

(b)

11-7 처짐각방정식에 의해서 절점모멘트를 다음과 같이 구할 수 있다.

$$M_N=2E\left(\frac{I}{L}\right)(2\theta_N+\theta_F-3\psi)+(FEM)_N$$

$$M_{AB}=\frac{2EI}{6}(0+\theta_B)-\frac{(4)(6)}{8}$$

$$M_{BA}=\frac{2EI}{6}(2\theta_B)+\frac{4(6)}{8}$$

$$M_{BC}=\frac{2EI}{6}(2\theta_B)$$

$$M_{CB}=\frac{2EI}{6}(\theta_B)$$

평형방정식에 의해,

$$\sum M_B=0\ :\ M_{BA}-M_{BC}-9=0$$

$$\frac{2EI}{6}(2\theta_B)+\frac{4(6)}{8}+\frac{2EI}{6}(2\theta_B)-9=0$$

$$\theta_B=\frac{4.5}{EI}$$

따라서,

$$M_{AB}=\frac{2EI}{6}\left(0+\frac{4.5}{EI}\right)-\frac{4(6)}{8}=-1.50\,\mathrm{kN\cdot m}$$

$$M_{CB}=\frac{2EI}{6}\left(\frac{4.5}{EI}\right)=1.50\,\mathrm{kN\cdot m}$$

$$M_{BA}=\frac{2EI}{6}\left(2\frac{4.5}{EI}\right)-\frac{4(6)}{8}=6.00\,\mathrm{kN\cdot m}$$

$$M_{BC}=\frac{2EI}{6}\left[2\left(\frac{4.5}{EI}\right)\right]=3.00\,\mathrm{kN\cdot m}$$

11-8

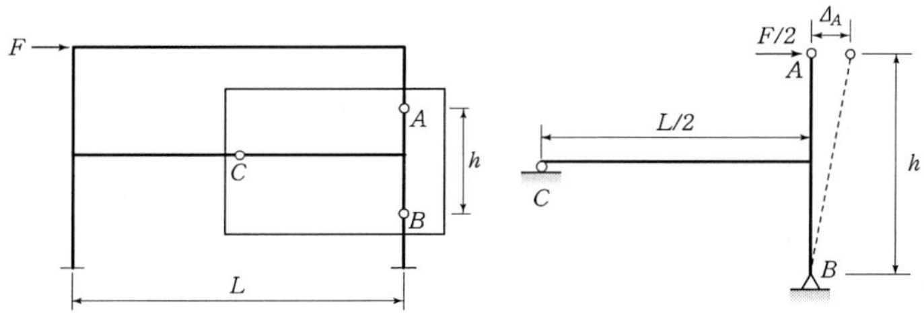

기둥이 강체이므로 기둥의 강성은 ∞임을 이용하여 처짐각법을 푼다.

(1) 반력 산정

포탈법에 의해서 기둥과 보의 길이의 중앙점에서 모멘트가 0이라 가정할 수 있고, 골조의 기둥이 2개이므로 각 기둥은 $F/2$의 횡력을 받는다고 할 수 있다. 따라서 그림(예) 11-8A(b)와 같은 부분구조물을 표현할 수 있다. 이때 부분구조물의 반력을 산정하면 다음과 같다.

$$\sum F_x=0\ :\ F/2+H_B=0$$

$$\therefore\ H_B=-F/2$$

$$\sum M_B = 0 \; : \; -(V_C \times L/2) - (H_A \times h) = 0$$

$$\therefore \; V_C = -Fh/L$$

(2) Δ_A 산정

기둥의 강성이 무한대이므로 횡력에 의한 부재들의 변형은 다음 그림과 같다. 즉, 횡력에 의해서 기둥은 휨변형이 발생하지 않고 보에서만 휨변형이 발생한다.

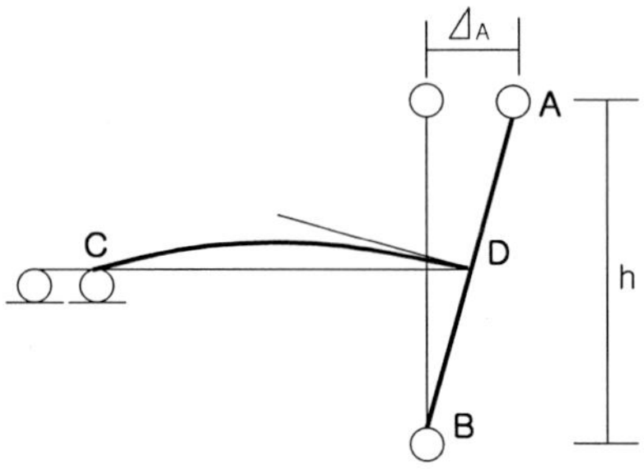

CD 구간에서 $\psi = 0$이므로 처짐각방정식으로부터 M_{CD}와 M_{DC}를 표현하면 다음과 같다.

$$M_{CD} = \frac{2EI_b}{L/2}(2\theta_{CD} + \theta_{DC})$$

$$M_{DC} = \frac{2EI_b}{L/2}(\theta_{CD} + 2\theta_{DC})$$

기둥의 중앙에서 변곡점이 생기므로, C점에서 모멘트의 값 M_{CD}는 0이다.

$$\therefore \; \theta_{CD} = -\frac{\theta_{DC}}{2}$$

또한 이 θ_{CD} 값을 M_{DC}에 대입하면 다음과 같다.

$$M_{DC} = \frac{6EI_b}{L}\theta_{DC}$$

$\theta_{DC} = \theta_{AB} = \dfrac{\Delta_A}{h}$이므로 위 식을 다시 표현하면,

$$M_{DC} = \frac{6EI_b}{L}\left(\frac{\triangle_A}{h}\right)$$

이고, M_{DC}를 평형조건에 의해서 쓰면 다음과 같다.

$$M_{DC} = \frac{Fh}{L} \times \frac{L}{2}$$

위에서 계산한 M_{DA}에 대한 두 표현식을 같다고 놓으면, 다음과 같이 Δ_A를 구할 수 있다.

$$\frac{Fh}{2} = \frac{6EI_b}{L}\left(\frac{\Delta_A}{h}\right)$$

$$\therefore \; \Delta_A = \frac{FLh^2}{12EI_b}$$

11-9 $M_N = 2E\left(\frac{I}{L}\right)(2\theta_N + \theta_F - 3\psi)(FEM)_N$을 이용하여 고정단모멘트를 구하면,

$$M_{AB} = \frac{2EI}{4}(0 + \theta_B) + 0 \tag{a}$$

$$M_{BA} = \frac{2EI}{4}(2\theta_B + 0) + 0 \tag{b}$$

$$M_{BC} = \frac{2EI}{12}(2\theta_B + \theta_C) - \frac{2(18)(12)}{9} \tag{c}$$

$$M_{CB} = \frac{2EI}{12}(2\theta_C + \theta_B) + \frac{2(18)(12)}{9} \tag{d}$$

$$M_{CD} = \frac{2EI}{4}(2\theta_C + 0) + 0 \tag{e}$$

$$M_{DC} = \frac{2EI}{4}(0 + \theta_C) + 0 \tag{f}$$

평형방정식에 의해,

$$\sum M_B = 0 : \ M_{BA} + M_{BC} = 0$$

$$\frac{2EI}{4}(2\theta_B) + \frac{2EI}{12}(2\theta_B + \theta_C) - 48 = 0$$

$$1.333\theta_B + 0.1667\theta_C = \frac{48}{EI} \tag{g}$$

$$\sum M_C = 0 : \ M_{CB} + M_{CD} = 0$$

$$\frac{2EI}{12}(2\theta_C + \theta_B) + 48 + \frac{2EI}{4}(2\theta_C) = 0$$

$$1.333\theta_C + 0.1667\theta_B = -\frac{48}{EI} \tag{h}$$

식 (g), (h)을 연립하여 계산하면, $\theta_B = -\theta_C = \frac{41.143}{EI}$ 을 구할 수 있다.

이를 위 식 (a)~(f)에 대입하면,

$M_{AB} = 20.6\,\text{kN}\cdot\text{m}$ $\quad M_{BA} = 41.1\,\text{kN}\cdot\text{m}$

$M_{BC} = -41.1\,\text{kN}\cdot\text{m}$ $\quad M_{CB} = 41.1\,\text{kN}\cdot\text{m}$

$M_{CD} = -41.1\,\text{kN}\cdot\text{m}$ $\quad M_{DC} = -20.6\,\text{kN}\cdot\text{m}$

11-10 우선 고정단모멘트를 계산하면,

$$(FEM)_{AB} = -\frac{6(18)^2}{12} = -162\,\text{kN}\cdot\text{m}$$

$$(FEM)_{BA} = 162\,\text{kN}\cdot\text{m}$$

$$(FEM)_{BC} = (FEM)_{CB} = 0$$

$$(FEM)_{CD}=(FEM)_{DC}=0$$

지점들이 침하방향변위가 없으므로 $\psi_{AB}=\psi_{DC}$이다.

$$M_N=2E\left(\frac{I}{L}\right)(2\theta_N+\theta_F-3\psi)+(FEM)_N \text{ 을 이용하여}$$

$$M_{AB}=2E\left(\frac{I}{18}\right)(2(0)+\theta_B-3\psi_{AB})-162$$

$$M_{AB}=0.1111EI\theta_B-0.3333EI\psi_{AB}-162 \qquad \text{(a)}$$

$$M_{BA}=2E\left(\frac{I}{18}\right)(2\theta_B+0-3\psi_{AB})+162$$

$$M_{BA}=0.2222EI\theta_B-0.333EI\psi_{AB}+162 \qquad \text{(b)}$$

$$M_{BC}=2E\left(\frac{I}{24}\right)(2\theta_B+\theta_C-3(0))+0$$

$$M_{BC}=0.1667EI\theta_B+0.08333EI\theta_C \qquad \text{(c)}$$

$$M_{CB}=2E\left(\frac{I}{24}\right)(2\theta_C+\theta_B-3(0))+0$$

$$M_{CB}=0.1667EI\theta_B+0.08333EI\theta_C \qquad \text{(d)}$$

$$M_{CD}=2E\left(\frac{I}{18}\right)(2\theta_C+0-3\psi_{AB})+0$$

$$M_{CD}=0.2222EI\theta_C-0.3333EI\psi_{AB} \qquad \text{(e)}$$

$$M_{DC}=2E\left(\frac{I}{18}\right)(2(0)+\theta_C-3\psi_{AB})+0$$

$$M_{DC}=0.1111EI\theta_C-0.3333EI\psi_{AB} \qquad \text{(f)}$$

평형방정식에 의해,

$$\sum M_B=0 : M_{BA}+M_{BC}=0$$

$$\sum M_B=0 : M_{CD}+M_{CB}=0$$

$$\sum Y=0 : V_A+V_D-6(18)=0$$

$$-\frac{(M_{AB}+M_{BA}-972)}{18}-\frac{(M_{CD}+M_{DC})}{18}-108=0$$

$$M_{AB}+M_{BA}+M_{CD}+M_{DC}=-972$$

위 식을 계산하면,

$$\theta_B=\frac{265.09}{EI},\ \theta_C=\frac{795.27}{EI},\ \psi_{AB}=\frac{994.09}{EI} \text{ 을 구할 수 있다.}$$

이를 위 식 (a)~(f)에 대입하면,

$M_{AB}=-464\,\text{kN}\cdot\text{m}$ $M_{BA}=-110\,\text{kN}\cdot\text{m}$

$M_{BC}=110\,\text{kN}\cdot\text{m}$ $M_{CB}=155\,\text{kN}\cdot\text{m}$

$M_{CD}=-155\,\text{kN}\cdot\text{m}$ $M_{DC}=-243\,\text{kN}\cdot\text{m}$

11-11

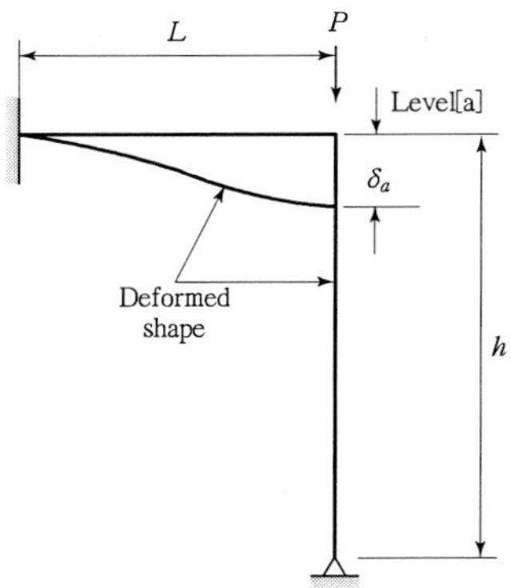

보와 기둥이 강절점으로 연결되어 있고, 휨에 의해 회전하지 않는다는 가정 하에 보를 양단 고정으로 치환할 수 있다. 이를 그림으로 나타내면 다음과 같다.

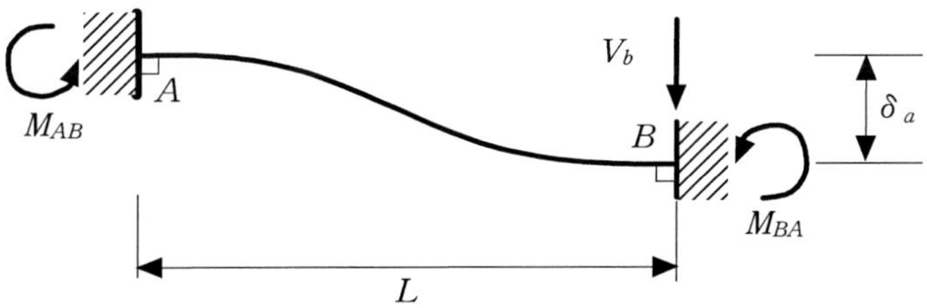

양쪽단부 A 점과 B 점에서의 회전각과 고정단모멘트는 0이므로, 처짐각법을 이용하면

$$M_{AB}=M_{BA}=\frac{2EI_b}{L}(-3\psi)$$

이 된다.

여기서, $\psi=\frac{\delta_a}{L}$ 이므로 다시 식을 정리하면, M_{AB}를 구할 수 있다.

$$M_{AB}=\frac{2EI_b}{L}(-\frac{3\delta_a}{L})=-\frac{6EI_b}{L^2}\delta_a$$

A 점에 대한 모멘트를 M이라 하면, 모멘트 평형방정식에 의해서

$$-M_{AB}-M_{BA}=-2M=V_bL$$

이므로, 이를 M에 대해서 정리하면 다음의 결과를 얻을 수 있다.

$$M=-\frac{V_bL}{2}$$

또한 $M=M_{AB}$이므로, 다음의 등식이 성립한다.

$$-\frac{V_bL}{2}=-\frac{6EI_b}{L^2}\delta_a$$

위 식을 정리하면,

$$V_bL^3=12EI_b\delta_a$$

이 식을 a점에서의 연직방향(δ_a)에 대해서 정리하면 다음의 결과를 얻게 된다.

$$\delta_a=\frac{V_bL^3}{12EI_b}$$

11-12 처짐각방정식에 의해서 절점모멘트를 다음과 같이 구할 수 있다.

$$M_{NF}=\frac{2EI}{L}(2\theta_N+\theta_F-3\psi_{NF})+FEM_{NF}$$

$$M_{AB}=\frac{2E(120)}{18(12)}\theta_B-\frac{2(18)^2(12)}{12}=1.11E\theta_B-648 \quad \text{(a)}$$

$$M_{BA}=\frac{2E(120)}{18(12)}(2\theta_B)+\frac{2(18)^2(12)}{12}=2.22E\theta_B+648 \quad \text{(b)}$$

$$M_{BD}=\frac{2E(60)}{9(12)}(2\theta_B+\theta_D)=2.22E\theta_B+1.11E\theta_D \quad \text{(c)}$$

$$M_{DB}=\frac{2E(60)}{9(12)}(2\theta_D+\theta_B)=1.11E\theta_B+2.22E\theta_D \quad \text{(d)}$$

고정단모멘트는,

$$FEM_{AB}=-\frac{wL^2}{12},\qquad FEM_{BA}=+\frac{wL^2}{12}$$

평형방정식에 의해,

D에서, $\sum M_D=M_{DB}=0$; $2.22E\theta_D+1.11E\theta_B=0$ (e)

B에서, $\sum M_B=M_{BA}+M_{BD}-24(12)=0$; $2.22E\theta_B+1.11E\theta_D-288=0$ (f)

$$\therefore \theta_D=\frac{46.33}{E},\quad \theta_B=-\frac{92.66}{E}$$

θ_D, θ_B값에 의해서,

$$M_{AB}=1.11E\left(-\frac{92.66}{E}\right)-648=-750.85$$

$$M_{BA}=2.22E\left(-\frac{92.66}{E}\right)+648=442.29$$

$$M_{BD}=2.22E\left(-\frac{92.66}{E}\right)+1.11E\left(\frac{46.33}{E}\right)=-158.28$$

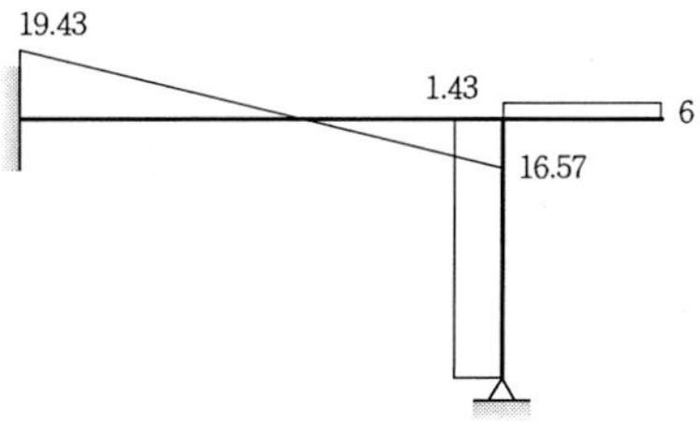

SFD

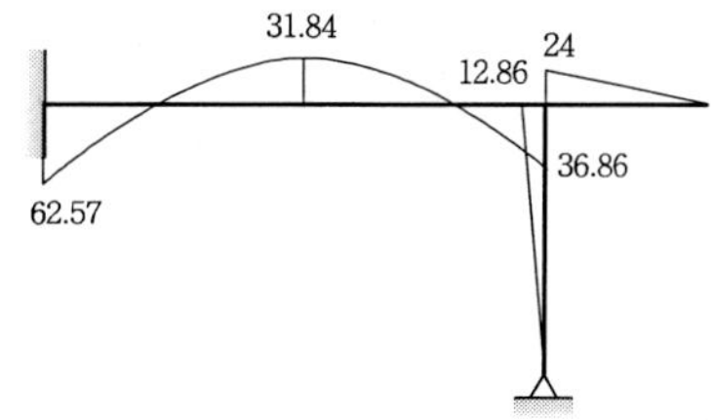

BMD

11-13 주어진 프레임구조를 살펴보면, 모든 절점의 회전각이 0임을 알 수 있다. θ_A, θ_C는 지점 A, C가 고정단이므로 0이며, 기둥 BD가 대칭의 수직축상에 놓여 있기 때문에 구조물의 처짐형상 또한 대칭이 되어야 한다. 만약에 기둥이 어떤 방향으로 휜다면 변형의 형상이 대칭이라는 필요조건에 위배되게 된다. 기둥이 수직상태로 곧게 유지된다는 사실로부터 점 B와 D가 회전하지 않는다는 사실을 유도할 수 있다. 따라서 θ_B, θ_D도 0이 된다.

이에 처짐각방정식에 의해서,

$$FEM = \pm\frac{PL}{8} = \frac{16(20)}{8} = \pm 40\,\text{kN}\cdot\text{m}$$

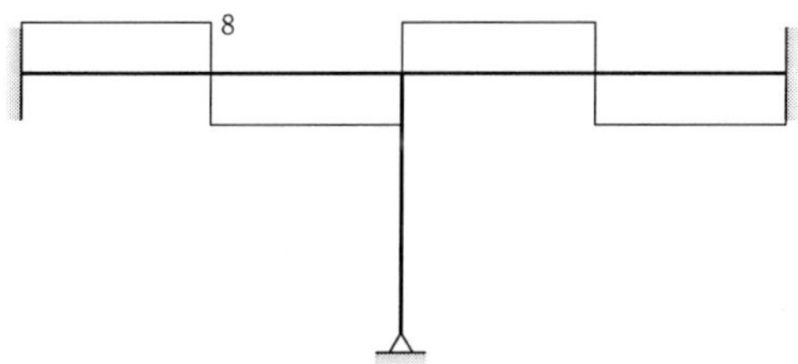

SFD

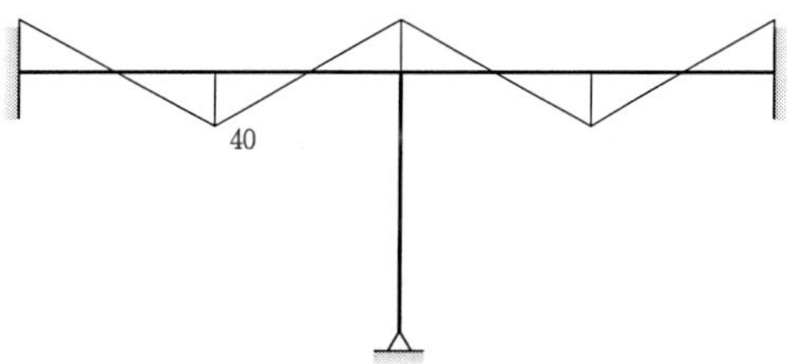

BMD

11-14 미지의 변위를 θ_B, θ_C, Δ라 하자.

$$\psi_{AB} = \frac{\Delta}{12},\quad \psi_{BC} = \frac{\Delta}{18}\text{에서,}\quad \psi_{AB} = 1.5\psi_{CD}$$

부재의 휨강성을 계산하면,

$$K_{AB} = \frac{EI}{L} = \frac{240E}{12} = 20E,\quad K_{BC} = \frac{EI}{L} = \frac{600E}{15} = 40E,\quad K_{BC} = \frac{EI}{L} = \frac{360E}{18} = 20E$$

$20E = K$라 하면, $K_{AB} = K$, $K_{BC} = 2K$, $K_{CD} = K$

처짐각방정식에 의해서 절점모멘트를 다음과 같이 구할 수 있다.

$$M_{NF} = \frac{2EI}{L}(2\theta_N + \theta_F - 3\psi_{NF}) + FEM_{NF}$$

$$M_{AB} = 2K_{AB}(\theta_B - 3\psi_{AB}) = 2K(\theta_B - 4.5\psi_{CD})$$

$$M_{BA} = 2K_{AB}(2\theta_B - 3\psi_{AB}) = 2K(2\theta_B - 4.5\psi_{CD})$$

$$M_{BC} = 2K_{BC}(2\theta_B + \theta_C) = 4K(2\theta_B + \theta_C)$$

$$M_{CB} = 2K_{BC}(2\theta_C + \theta_B) = 4K(2\theta_C + \theta_B)$$

$$M_{CD} = 2K_{CD}(2\theta_C - 3\psi_{CD})$$

$$M_{DC} = 2K_{CD}(\theta_C - 3\psi_{CD})$$

절점방정식에 의해,

B에서, $M_{BA} + M_{AB} = 0$; $12\theta_B + 4\theta_C - 9\psi_{CD} = 0$

C에서, $M_{CB} + M_{CD} = 0$; $4\theta_B + 12\theta_C - 6\psi_{CD} = 0$

층방정식에 의해,

$$\frac{M_{BA} + M_{AB}}{12} + \frac{M_{CD} + M_{DC}}{12} + 6 = 0 \ ; \ 9\theta_B + 6\theta_C - 39\psi_{CD} = -\frac{108}{K}$$

$$\therefore \ \theta_B = \frac{2.257}{K}, \ \theta_B = \frac{0.97}{K}$$

$$\psi_{CD} = \frac{3.44}{K}, \ \psi_{AB} = \frac{5.16}{K}$$

$M_{AB} = -26.45\ \text{kN}\cdot\text{m}$

$M_{BA} = -21.84\ \text{kN}\cdot\text{m}$

$M_{BC} = 21.84\ \text{kN}\cdot\text{m}$

$M_{CB} = 16.78\ \text{kN}\cdot\text{m}$

$M_{CD} = -16.76\ \text{kN}\cdot\text{m}$

$M_{DC} = -18.7\ \text{kN}\cdot\text{m}$

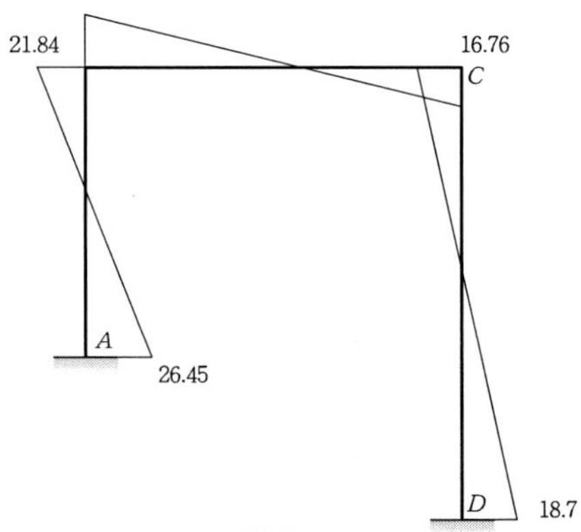

BMD

12장 모멘트분배법

12-1 절점 B에 연결된 각 부재의 강성 K를 구한다.

$$K_{AB}=\frac{I}{L_{AB}}=\frac{I}{36}$$

$$K_{BC}=\frac{I}{L_{BC}}=\frac{I}{24}$$

$$\sum K=K_{AB}+K_{BC}=\frac{5I}{72}$$

절점에서의 분배계수를 계산한다.

$$DF_{AB}=0$$

$$DF_{BA}=\frac{EI/36}{EI/36+EI/24}=0.4$$

$$DF_{BC}=0.6$$

$$DF_{CB}=0$$

각 부재의 양단에서 고정단 모멘트를 구한다.

$$FEM_{AB}=\frac{-2(36)^2}{12}=-216\,\mathrm{kN\cdot m}$$

$$FEM_{BA}=216\,\mathrm{kN\cdot m}$$

$$FEM_{BC}=\frac{-3(24)^2}{12}=-144\,\mathrm{kN\cdot m}$$

$$FEM_{CB}=144\,\mathrm{kN\cdot m}$$

Joint	A	B		C
Member	AB	BA	BC	CB
DF	0	0.4	0.6	0
FEM	−216	216	−144	144
DEM		−28.8	−43.2	
COM	−14.4			−21.6
$\sum M$	−230	187	−187	122

12-2 절점 B에 연결된 각 부재의 강성 K를 구한다.

$$K_{AB}=\frac{I}{L_{AB}}=\frac{I}{18} \qquad K_{BC}=\frac{I}{L_{BC}}=\frac{I}{20} \qquad \sum K=K_{AB}+K_{BC}=\frac{38}{360}I$$

절점에서의 분배계수를 계산한다.

$$DF_{AB}=0 \qquad DF_{BA}=\frac{EI/18}{EI/18+EI/20}=0.5263$$

$$DF_{BC}=0.4737 \qquad DF_{CB}=0$$

각 부재의 양단에서 고정단모멘트를 구한다.

$$FEM_{BA}=3.60\,\text{kN}\cdot\text{m} \quad FEM_{AB}=\frac{-2(0.9)(18)}{9}=-3.60\,\text{kN}\cdot\text{m}$$

$$FEM_{BC}=\frac{-0.4(20)}{8}=-1.00\,\text{kN}\cdot\text{m}$$

$$FEM_{CB}=1.00\,\text{kN}\cdot\text{m}$$

Joint	A	B		C
Member	AB	BA	BC	CB
DF	0	0.5263	0.4737	0
FEM	−3.60	3.60	−1.00	1.00
DEM		−1.368	−1.232	
COM	−0.684			−0.616
$\sum M$	−4.28	2.23	−2.23	0.384

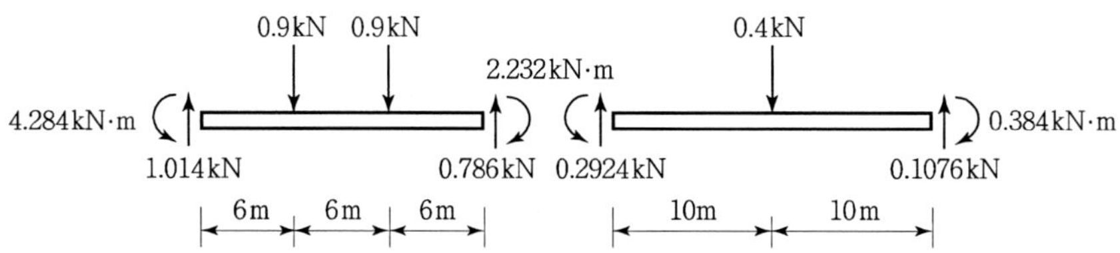

(a)

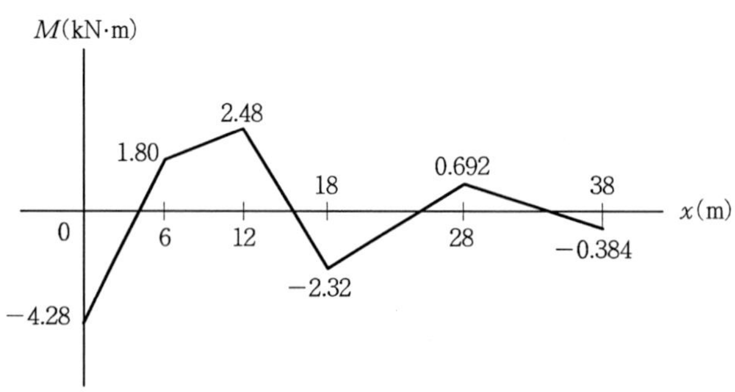

(b)

12-3 절점에서의 분배계수를 계산한다.

$$DF_{AB}=0 \qquad DF_{BA}=\frac{4EI/5}{4EI/5+3EI/2.5}=0.4$$

$$DF_{BC}=0.6 \qquad DF_{CB}=1$$

각 부재의 양단에서 고정단모멘트를 구한다.

$$FEM_{AB}=\frac{-12(5)^2}{12}=-25\,\text{kN}\cdot\text{m}$$

$$FEM_{BA}=25\,\text{kN}\cdot\text{m} \qquad FEM_{BC}=FEM_{CB}=0$$

Joint	A	B		C
Member	AB	BA	BC	CB
DF	0	0.4	0.6	1
FEM	−25	25		
DEM		−10	−15	
COM	−5			
$\sum M$	−30	15	−15	0

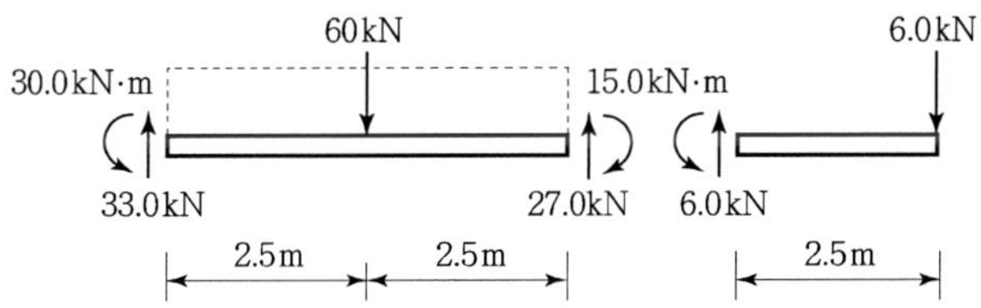

(a)

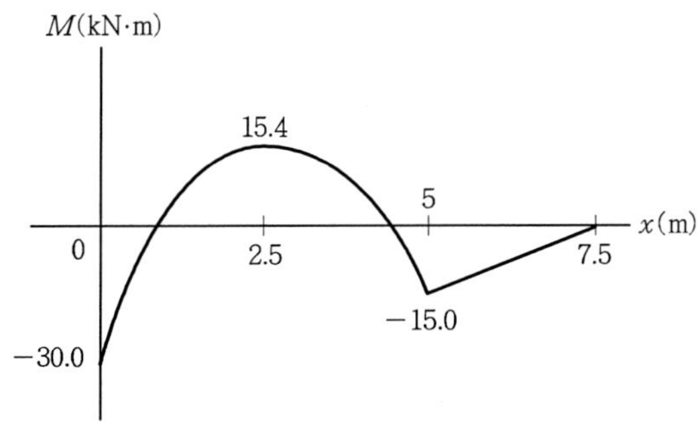

(b)

12-4 절점에서의 분배계수를 계산한다.

$$DF_{AB}=0 \qquad DF_{BA}=\frac{4EI/9}{4EI/9+3EI/6}=0.4706$$

$DF_{BC}=0.5294 \qquad DF_{CB}=1$

각 부재의 양단에서 고정단모멘트를 구한다.

$$FEM_{AB}=\frac{-20(9)^2}{30}=-54\text{ kN}\cdot\text{m}$$

$$FEM_{BA}=\frac{20(9)^2}{20}=81\text{ kN}\cdot\text{m}$$

$$FEM_{BC}=\frac{-80(6)}{8}=-60\text{ kN}\cdot\text{m}$$

$$FEM_{CB}=60\text{ kN}\cdot\text{m}$$

Joint	A	B		C
Member	AB	BA	BC	CB
DF	0	0.4706	0.5294	1
FEM	−54	81	−60	60
DEM		−9.883	−11.117	−60
COM	−4.941		−30	
DEM		14.118	15.882	
COM	7.059			
최종 모멘트	−51.9	85.2	−85.2	0

12-5 절점에서의 분배계수를 계산한다.

$$DF_{AB}=0$$

$$DF_{BA}=\frac{EI/10}{EI/10+EI/18}=0.6429$$

$$DF_{BC}=0.3571$$

$$DF_{CB}=\frac{EI/18}{EI/18+EI/15}=0.4545$$

$$DF_{CD}=0.5455$$

$$DF_{DC}=0$$

각 부재의 양단에서 고정단모멘트를 구한다.

$$FEM_{AB}=FEM_{BA}=0$$

$$FEM_{BC}=\frac{-4(18)^2}{12}=-108\text{ kN}\cdot\text{m}$$

$$FEM_{CB}=108\text{ kN}\cdot\text{m}$$

$$FEM_{CD}=FEM_{DC}=0$$

Joint	A	B		C		D
Member	AB	BA	BC	CB	CD	DC
DF	0	0.6429	0.3571	0.4545	0.5455	0
FEM			−108	108		
DEM		69.43	38.57	−49.09	−58.91	
COM	34.72		−24.54	19.28		−29.46
DEM		15.78	8.76	−8.76	−10.52	
COM	7.89		−4.38	4.38		−5.26
DEM		2.82	1.56	−1.99	−2.39	
COM	1.41		−1.00	0.78		−1.20
DEM		0.64	0.36	−0.35	−0.43	
COM	0.32		−0.18	0.18		−0.21
DEM		0.11	0.06	−0.08	−0.10	
COM	0.06		−0.04	0.03		−0.05
DEM		0.03	0.01	−0.01	−0.02	
최종모멘트	44.4	88.8	−88.8	72.4	−72.4	−36.2

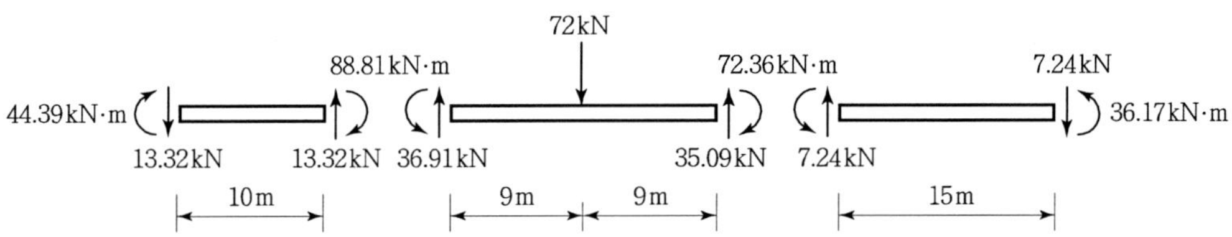

(a)

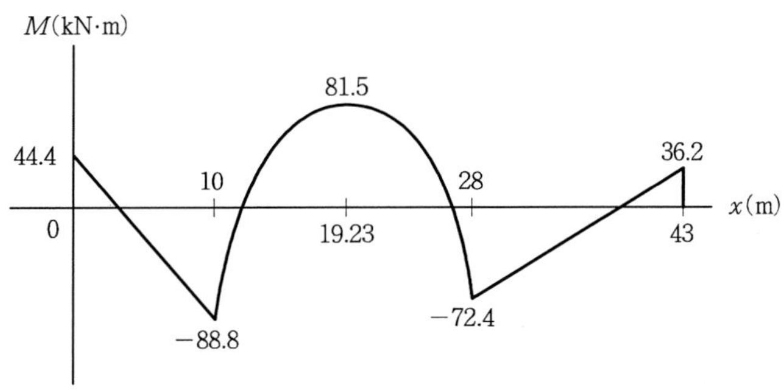

(b)

12-6 절점 C에 연결된 각 부재의 강성 K를 구한다.

$$K_{AC}=\frac{3}{4}\frac{EI}{L}=\frac{3EI}{32} \qquad K_{CB}=\frac{EI}{L}=\frac{EI}{6}$$

$$\sum K=K_{AC}+K_{CB}=(3/32+1/6)EI$$

절점에서의 분배계수를 계산한다.

$$DF_{CA}=\frac{K_{CA}}{\sum K}=\frac{3/32}{3/32+1/6}=0.36 \qquad DF_{CB}=0.64$$

각 부재의 양단에서 고정단 모멘트를 구한다.

$$FEM_{AC}=-\frac{PL}{8}=-\frac{(5)(8)}{8}=-5\,\text{kN}\cdot\text{m}$$

$$FEM_{CA}=\frac{PL}{8}=\frac{(5)(8)}{8}=5\,\text{kN}\cdot\text{m}$$

$$FEM_{CB}=\frac{-wL^2}{12}=\frac{-(3)6^2}{12}=-9\,\text{kN}\cdot\text{m}$$

$$FEM_{BC}=\frac{wL^2}{12}=\frac{(3)6^2}{12}=9\,\text{kN}\cdot\text{m}$$

Joint	A	B		C
Member	AB	BA	BC	CB
DF	1	0.36	0.64	0
FEM	−5	5	−9	9
DEM	5 ↘			
COM		2.5		
DEM		0.54	0.96 ↘	
COM				0.48
최종 모멘트	0	8.04	−8.04	9.48

12-7 절점에 연결된 각 부재의 강성 K를 구한다.

$$K_{AB}=\frac{3}{4}\frac{EI}{L}=\frac{EI}{12} \qquad K_{BC}=\frac{EI}{L}=\frac{EI}{10} \qquad K_{CD}=\frac{3}{4}\frac{EI}{L}=\frac{EI}{16}$$

절점에서의 분배계수를 계산한다.

절점 B : $\sum K=K_{AB}+K_{BC}=(1/12+1/10)EI$

$$DF_{BA}=\frac{K_{AB}}{\sum K}=\frac{1/12}{1/12+1/10}=0.45 \qquad DF_{BC}=0.55$$

절점 C : $\sum K=K_{BC}+K_{CD}=(1/10+1/16)EI$

$$DF_{BC}=\frac{K_{BC}}{\sum K}=\frac{1/10}{1/10+1/16}=0.62$$

각 부재의 양단에서 고정단모멘트를 구한다.

$$FEM_{AB} = -\frac{wL^2}{30} = \frac{-(6)(9^2)}{30} = -16.2\,\text{kN}\cdot\text{m}$$

$$FEM_{BA} = \frac{wL^2}{20} = -\frac{(6)(9^2)}{20} = 24.3\,\text{kN}\cdot\text{m}$$

$$FEM_{BC} = -\frac{Pab^2}{L^2} = -\frac{(16)(7)(3^2)}{10^2} = -10.08\,\text{kN}\cdot\text{m}$$

$$FEM_{CB} = \frac{Pa^2b}{L^2} = \frac{(16)(7^2)(3)}{10^2} = 23.52\,\text{kN}\cdot\text{m}$$

$$FEM_{CD} = \frac{-wL^2}{12} = \frac{-(2)12^2}{12} = -24\,\text{kN}\cdot\text{m}$$

Joint	A	B		C		D
Member	AB	BA	BC	CB	CD	DC
DF	1	0.45	0.55	0.62	0.38	1
FEM	−16.2	24.3	−10.08	23.52	−24	24
DEM	16.2 ↘				↙	−24
COM		8.1			−12	
DEM			↙	7.74	4.74	
COM			3.87			
DEM		−11.90	−14.3 ↘			
COM				−7.2		
DEM			↙	4.46	2.74	
COM			2.23			
DEM		−1	−1.23 ↘			
COM				−0.6		
DEM				0.4	0.2	
최종 모멘트	0	+19.61	−19.01	+28.32	−28.32	0

12-8 절점에서의 분배계수를 계산한다.

$$DF_{AB} = DF_{DB} = 1 \qquad DF_{CB} = 0$$

$$DF_{BA} = \frac{3I_{ABC}/18}{3I_{ABC}/18 + 4I_{ABC}/12 + 3I_{BD}/9} = 0.1628$$

$$DF_{BC} = 0.3256 \qquad DF_{BD} = 0.5116$$

각 부재의 양단에서 고정단모멘트를 구한다.

$$FEM_{AB} = -\frac{5(18)^2}{12} = -135\,\text{kN}\cdot\text{m}$$

$$FEM_{BA} = 135\,\text{kN}\cdot\text{m}$$

$$FEM_{BC} = \frac{-5\,12^2}{12} = -60\,\text{kN}\cdot\text{m}$$

$$FEM_{CB} = 60\,\text{kN}\cdot\text{m}$$

$$FEM_{BD} = \frac{-2(3)(9)}{9} = -6\,\text{kN}\cdot\text{m}$$

$$FEM_{DB} = 6\,\text{kN}\cdot\text{m}$$

Joint	*A*	*B*			*C*	*D*
Member	*AB*	*BA*	*BD*	*BC*	*CB*	*DB*
DF	1	0.1628	0.5116	0.3256	0	1
FEM	−135	135	−6.0	−60	60	6.0
DEM	135 ↘	−11.23	−35.30	22.47 ↘		−6.0
COM		67.5	−3.0		−11.23	
DEM		−10.5	−33.00	−21.00 ↘		
COM					−10.5	
최종 모멘트	0	181	−77.3	−103	38.3	0

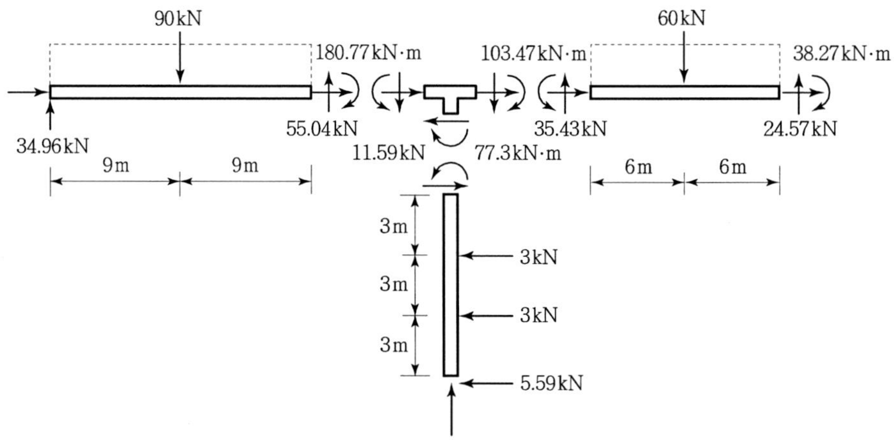

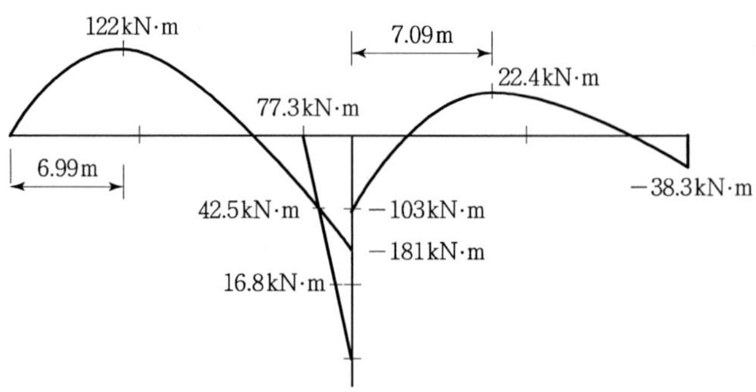

12-9 절점에 연결된 각 부재의 강성 K를 구한다.

$$K_{DA}=K_{AB}=K_{BC}=K_{CF}=\frac{4EI}{4}=EI$$

$$K_{BE}=\frac{3EI}{4}$$

절점에서의 분배계수를 계산한다.

$$DF_{DA}=0$$

$$DF_{AD}=DF_{AB}=DF_{CB}=DF_{CF}=0.5$$

$$DF_{BA}=DF_{BC}=\frac{EI}{EI+3EI/4+EI}=0.364$$

$$DF_{BE}=\frac{3EI/4}{EI+3EI/4+EI}=0.273$$

$$DF_{EB}=1$$

$$DF_{FC}=0$$

각 부재의 양단에서 고정단모멘트를 구한다.

$$FEM_{BC}=\frac{-2.5(4)^2}{12}=-3.333\,\text{kN}\cdot\text{m}$$

$$FEM_{BC}=3.333\,\text{kN}\cdot\text{m}$$

Joint	*D*	*A*		*B*			*C*		*F*	*E*
Member	*DA*	*AD*	*AB*	*BA*	*BE*	*BC*	*CB*	*CF*	*FC*	*EB*
DF	0	0.5	0.5	0.364	0.273	0.364	0.5	0.5	0	1
FEM						−3.333	−3.333			
DEM				1.213	0.910	1.213	−1.667	−1.667		
COM			0.607			−0.833	0.607		−0.833	
DEM		−0.303	−0.303	0.303	0.227	0.303	−0.303	−0.303		
COM	−0.152		0.152	−0.152		−0.152	0.152		−0.152	
DEM		−0.076	−0.076	0.111	0.083	0.111	−0.076	−0.076		
COM	−0.038		0.056	−0.038		−0.038	0.056		−0.038	
DEM		−0.028	−0.028	0.028	0.021	0.028	−0.028	−0.028		
최종모멘트	−0.19	−0.41	0.41	1.465	1.241	−2.701	−4.592	−2.074	−1.023	0

12-10 절점에 연결된 각 부재의 강성 K를 구한다.

$$K_{AB}=\frac{3EI}{15}\qquad K_{BC}=\frac{2EI}{20}$$

절점에서의 분배계수를 계산한다.

$$DF_{AB}=\frac{3EI/15}{3EI/15}=1$$

$$DF_{BA}=\frac{3EI/15}{3EI/15+2EI/20}=0.667$$

$$DF_{BC}=\frac{2EI/20}{3EI/15+2EI/20}=0.333$$

각 부재의 양단에서 고정단모멘트를 구한다.

$$FEM_{BA}=\frac{4(15)^2}{15}=60\,\text{kN}\cdot\text{m}$$

$$FEM_{BC}=\frac{-4(20)^2}{12}=-133.3\,\text{kN}\cdot\text{m}$$

Joint	*A*	*B*	
Member	*AB*	*BA*	*BC*
DF	1	0.667	0.333
FEM		60	−133.3
DEM		48.9	24.4
최종 모멘트	0	108.9	−108.9

12-11 전달계수 $n=k/j$, $j=2(1+2)=6$, $n_{AB}=1/6=0.167$, $n_{CB}=2/6=0.333$

이때 전달계수의 합은 언제나 0.5가 된다.

또 A, C 양단은 고정이므로 $k=\infty$인 부재에 접속되어 있는 것과 같으므로 중앙절점의 전달계수는 좌우 모두 $n=0$이다. 그리고 이들 수는 그림 중 ( )에 표시한다.

각 부재의 양단에서 고정단모멘트를 구한다.

$$FEM_{AB}=-\frac{Wl}{12}=-1\times(8\times6)/12=-4\,\text{t}\cdot\text{m} \qquad FEM_{BA}=+\frac{Wl}{12}=+4\,\text{t}\cdot\text{m}$$

$$FEM_{BC}=-\frac{Pl}{8}=-1\times(4\times4)/8=-2\,\text{t}\cdot\text{m} \qquad FEM_{CB}=\frac{Pl}{8}=+2\,\text{t}\cdot\text{m}$$

Joint	*A*	*B*		*C*
Member	*AB*	*BA*	*BC*	*CB*
CF	0.167	(0)	(0)	0.333
FEM	−4.00	+4.00	−2.00	+2.00
CM	−0.33	48.9	24.4	−0.67
DM		−0.67	−1.33	
$\sum M$	−4.33	+3.33	−3.33	+1.33

12-12 $k' = \frac{3k}{4} = 1.5$

절점 B에 대해 $j = 2(1.5+3) = 9$, $n_{AB} = 1.5/9 = 0.167$, $n_{CB} = 3/9 = 0.333$

절점 C에 대해 $j = 2(3+1) = 8$, $n_{BC} = 3/8 = 0.375$, $n_{DC} = 1/8 = 0.125$

$$H_{BA} = \frac{wl^2}{8} = \frac{3\times 4^2}{8} = 6\,\text{t}\cdot\text{m}$$

$$FEM_{BC} = \frac{Pab^2}{l^2} - 13.5\times 2\times 4^2/6^2 = -12\,\text{t}\cdot\text{m}$$

$$FEM_{CB} = \frac{Pa^2b}{l^2} = +13.5\times 2^2\times 4/6^2 = +6\,\text{t}\cdot\text{m}$$

Joint	*A*	*B*		*C*		*D*
Member	*AB*	*BA*	*BC*	*CB*	*CD*	*DC*
CF	0.167	0	0.375	0.333	0	0.125
FEM		+6.00	−12.00	+6.00		
*C*1	+1.00	0	−2.25	+2.00	0	+0.75
*C*2	+0.38		−0.75	+0.75		−0.25
*C*3	+0.13		−0.28	+0.25		−0.09
*C*4	+0.05		−0.09	+0.09		−0.03
CM	+1.56	0	−3.37	+3.09	0	−1.12
DM	0	+3.12	−6.18	−6.74	−2.24	0
$\sum M$	0	+9.12	−9.19	+2.35	−2.24	−1.12

12-13 다음과 같은 두 가지 구조물을 중첩시킨 것과 같다.

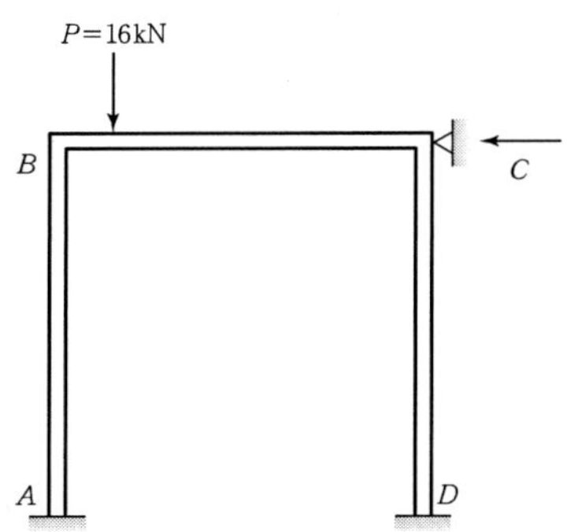

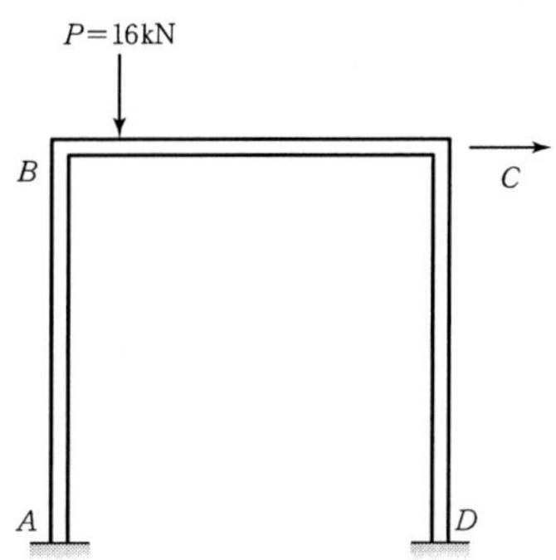

$$FEM_{BC} = -\frac{16\times 4^2\times 1}{5^2} = -10.24\,\text{kN}\cdot\text{m} \qquad FEM_{CB} = \frac{16\times 1^2\times 4}{5^2} = 2.56\,\text{kN}\cdot\text{m}$$

Joint	A	B		C		D
Member	AB	BA	BC	CB	CD	DC
DF	0	0.5	0.5	0.5	0.5	0
FEM Dist.		 5.12	−10.24 5.12	2.56 −1.28	 −1.28	
CO Dist.	2.56	 0.32	−0.64 0.32	2.56 −1.28	 −1.28	
CO Dist.	0.16	 0.32	−0.64 0.32	0.16 −0.08	 −0.08	−0.64
CO Dist.	0.16	 0.02	−0.04 0.02	0.16 −0.08	 −0.08	−0.04
$\sum M$	2.88	5.78	−5.78	2.72	−2.72	−1.32

이 결과를 이용해 A_x와 D_x를 구하기 위해서 free-body diagram을 그려보면

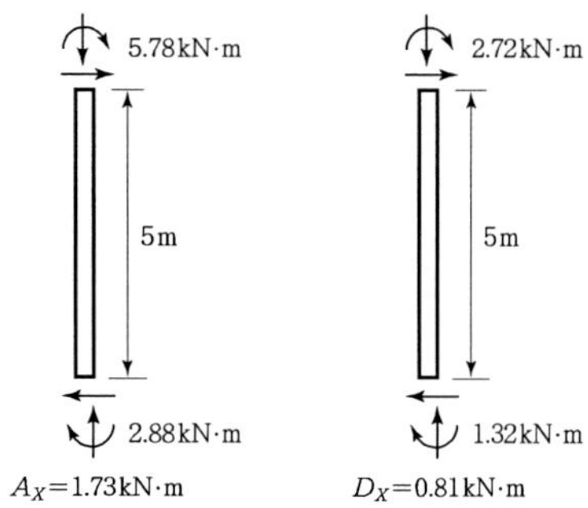

전체 구조물에서

$$\sum F_x = 0\ ;\ R = 1.73\,\text{kN} - 0.81\,\text{kN} = 0.92\,\text{kN}$$

$$FEM_{AB} = FEM_{BA} = FEM_{CD} = FEM_{DC} = -100\ \text{kN}\cdot\text{m}$$

Joint	A	B		C		D
Member	AB	BA	BC	CB	CD	DC
DF	0	0.5	0.5	0.5	0.5	0
FEM Dist.	−100	−100 50	 50	 50	−100 50	−100
CO Dist.	25	 −12.5	25 −12.5	25 −12.5	 −12.5	25
CO Dist.	−6.25	 3.125	−6.25 3.125	−6.25 3.125	 3.125	−6.25
CO Dist.	−0.39	 0.195	−0.39 0.195	−0.39 0.195	 0.195	−0.39
CO Dist.	−0.39	 0.195	−0.39 0.195	−0.39 0.195	 0.195	−0.39
$\sum M$	−80.00	−60.00	60.00	60.00	−60.00	−80.00

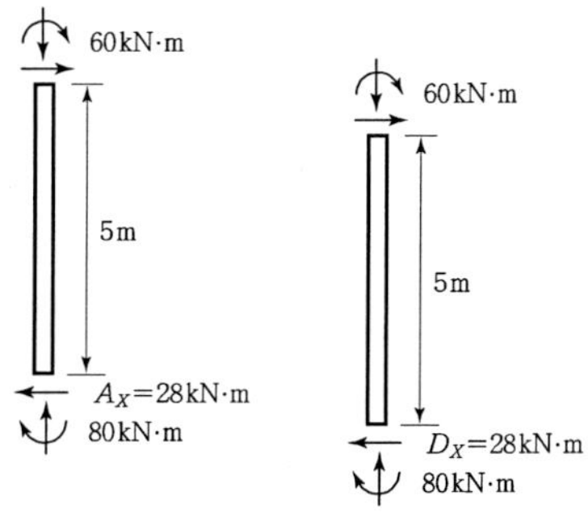

$\sum F_x = 0$; $R' = 28\,kN - 28\,kN = 56\,kN$

$M_{AB} = 2.88 + 0.92/56.0 \times (-80) = 1.57\,kN \cdot m$

$M_{BA} = 5.78 + 0.92/56.0 \times (-60) = 4.79\,kN \cdot m$

$M_{BC} = -5.78 + 0.92/56.0 \times (60) = -4.79\,kN \cdot m$

$M_{BC} = 2.72 + 0.92/56.0 \times (60) = 3.71\,kN \cdot m$

$M_{CB} = -2.72 + 0.92/56.0 \times (-60) = -3.71\,kN \cdot m$

$M_{DC} = -1.32 + 0.92/56.0 \times (-80) = -2.63\,kN \cdot m$

13장 부정정 강성골조 구조물의 근사적 해석

13-1

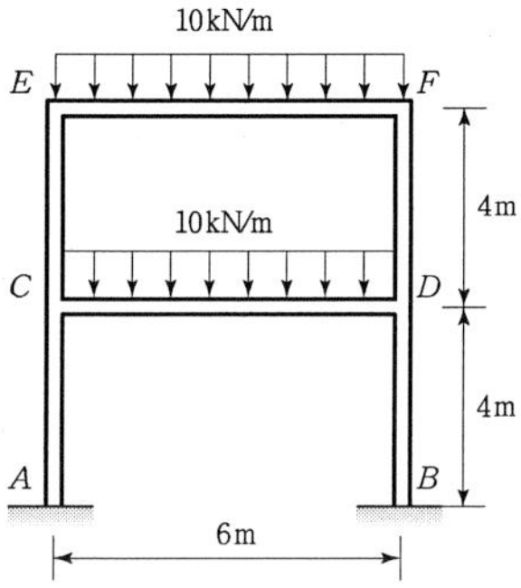

문제에서의 보 EF는 아래 그림과 같이 단순보와 캔틸레버보로 나누어 질 수 있다. 구조물은 대칭이므로 한쪽만 해석을 한다.

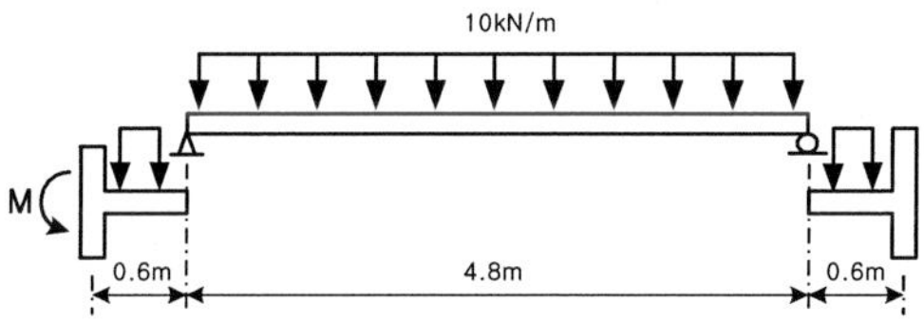

E점에서 왼쪽으로 0.6m 떨어진 점은 자유단과 힌지로 가정되었으므로, 모멘트의 합력은 0이된다. 그러므로,

$$\sum M=0\ ;M_E-(10\times 0.6\times 0.3)-10\times(4.8/2)\times 1.2=0$$

$$\therefore\ M_E=30.6\,\text{kN}\cdot\text{m}$$

13-2

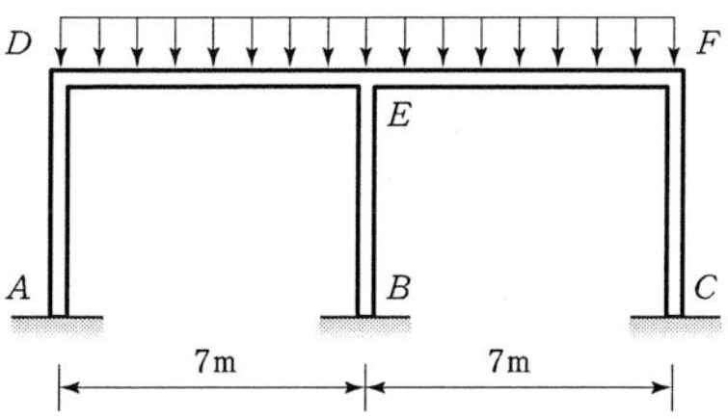

문제에서의 보 EF는 아래 그림과 같이 단순보와 캔틸레버보로 나누어 질 수 있다. 구조물

은 대칭이므로 한쪽만 해석을 한다.

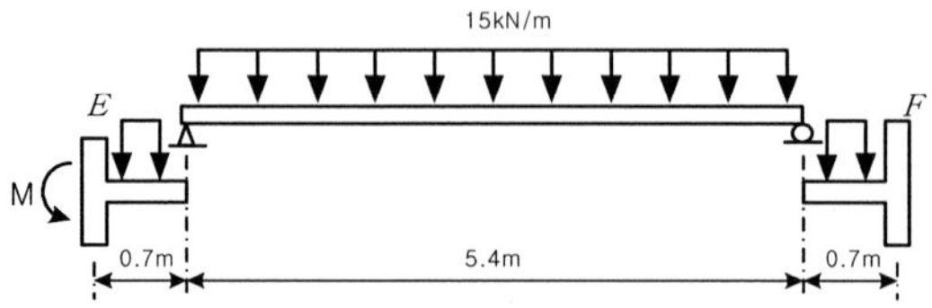

$$\sum M=0\ ;\ \ M_F-(15\times0.7\times0.35)-15\times(5.4/2)\times1.35=0$$

$$\therefore\ M_F=58.35\,\mathrm{kN\cdot m}$$

또한 전체 모멘트 다이어그램을 그려보면,

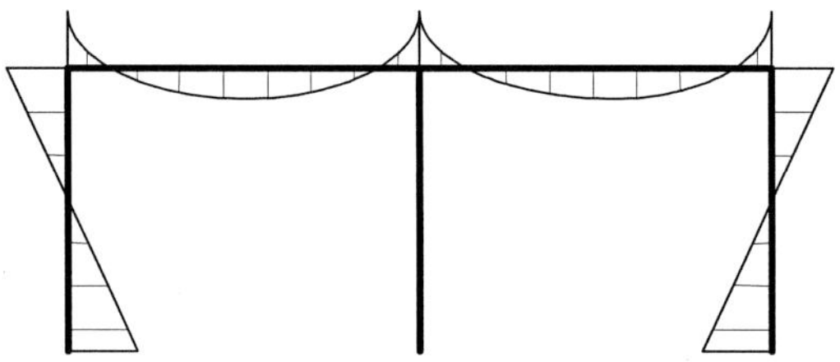

대칭인 건축물이 수직하중을 받을 때 중앙점에서 모멘트가 0임을 알 수 있으므로, $M_B=0$ kN·m 임을 쉽게 알 수 있다.

13-3 보 EF는 아래 그림과 같이 단순보와 캔틸레버보로 나누어 질 수 있다. 구조물은 대칭이므로 한쪽만 해석을 한다.

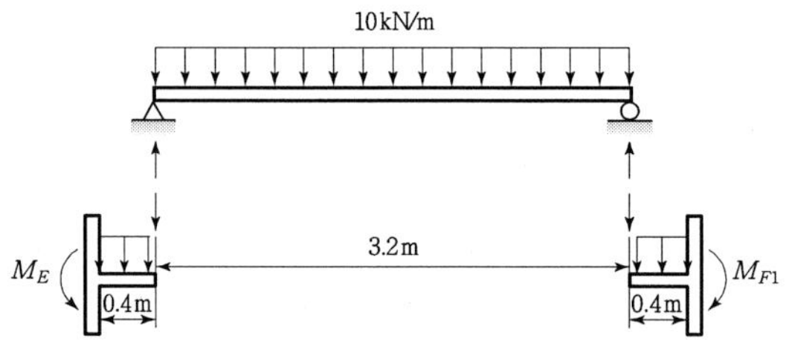

좌측 단부는 모멘트 평형을 이루어야 하므로

$$\sum M=0\,;\ M_E-(10\times0.4\times0.2)-10\times(3.2/2)\times0.4=0$$

$$\therefore\ M_E=7.2\,\mathrm{kN\cdot m},\ \ M_{F1}=7.2\,\mathrm{kN\cdot m}$$

보 FG는 아래 그림과 같이 단순보와 캔틸레버보로 나누어 질 수 있다. 구조물은 대칭이므로 한쪽만 해석을 한다.

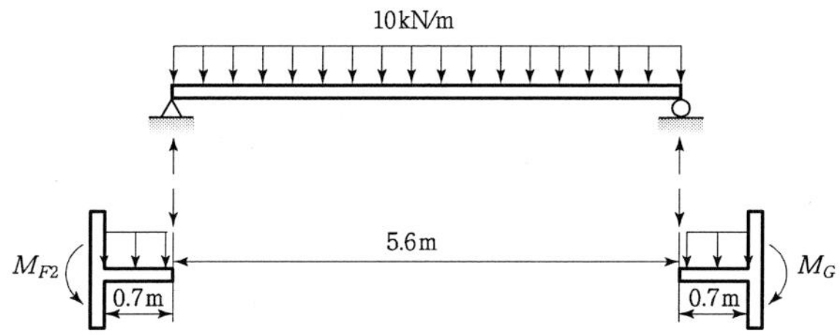

좌측 단부는 모멘트 평형을 이루어야 하므로

$\sum M=0$; $M_{F2}-(10\times0.7\times0.35)-10\times(5.6/2)\times0.7$

$\therefore M_{F2}=22.05$ kN·m

$M_F=M_{F1}+M_2=-7.2+22.5=14.85$

$\therefore M_E=7.2$ kN·m, $M_F=14.85$ kN·m

13-4 기둥단면의 도심 : $\overline{X}=\dfrac{\sum \overline{x}_i A_i}{\sum A_i}=\dfrac{0\times A+6\times A+14\times A}{3A}=6.67$, A는 기둥단면적을 나타낸다.

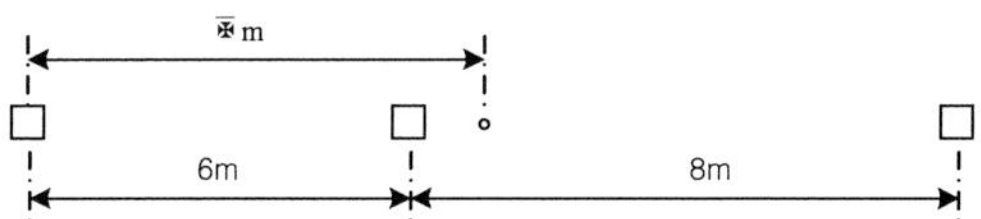

각각의 기둥에서 발생하는 축방향력은 도심에서 각 기둥까지의 거리에 비례하므로 기둥부재의 변곡점을 단면으로 하여 자유물체도를 그리면 다음과 같다.

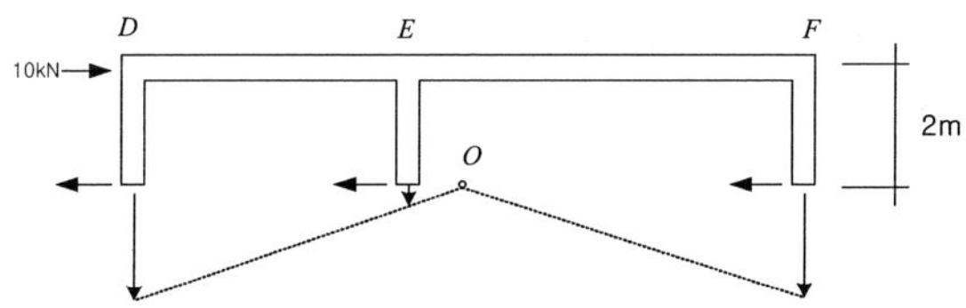

기둥단면 도심에서의 모멘트는 0이므로,

$\sum M_o=0$; $-10\times2+A_y\times6.67+E_y\times0.67+F_y\times7.33=0$

또한 각 기둥의 축력은 도심으로부터 각 기둥까지의 거리에 비례하므로,

$\dfrac{A_y}{6.67}=\dfrac{E_y}{0.67}=\dfrac{Fy}{7.33}$

$\therefore A_y=1.78$, $Ey=0.136$, $Fy=1.956$

$\overline{DA}$, $\overline{DE}$ 부재 :

$\sum M_E=0$; $A_y\times3-A_x\times2=0$, $\therefore A_x=2.67$ kN

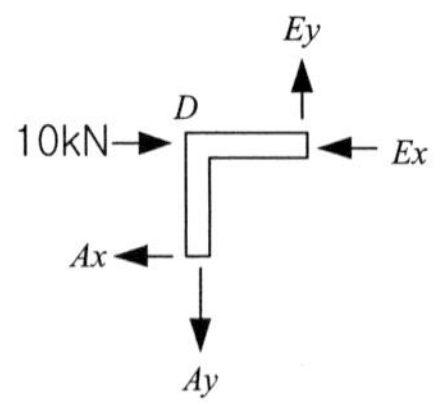

$\sum F_x = 0$; $10 - E_x - A_x = 0$, $\therefore E_x = 7.33\,\text{kN}$

$\sum F_y = 0$; $E_x - A_y = 0$, $\therefore E_y = 1.78\,\text{kN}$

∴ 축방향력 $= 1.78\,\text{kN}$, 전단력 $= 2.67\,\text{kN}$

휨모멘트 $= 5.34\,\text{kN·m}$

13-5 포탈법을 이용하여 부재 *FG*에서의 BMD를 그리시오.

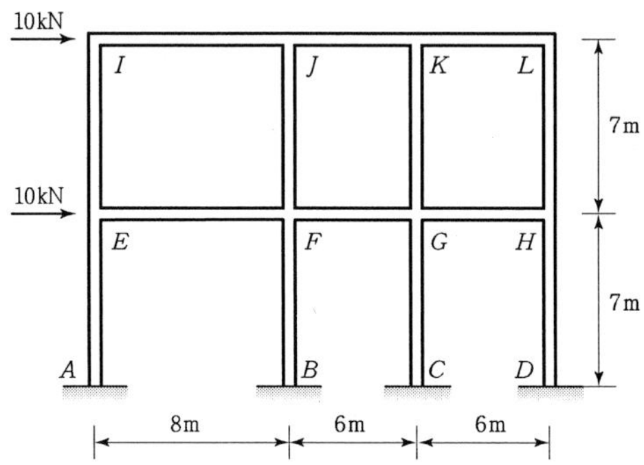

각 기둥에 작용하는 전단력을 층별로 구하면 다음과 같다.

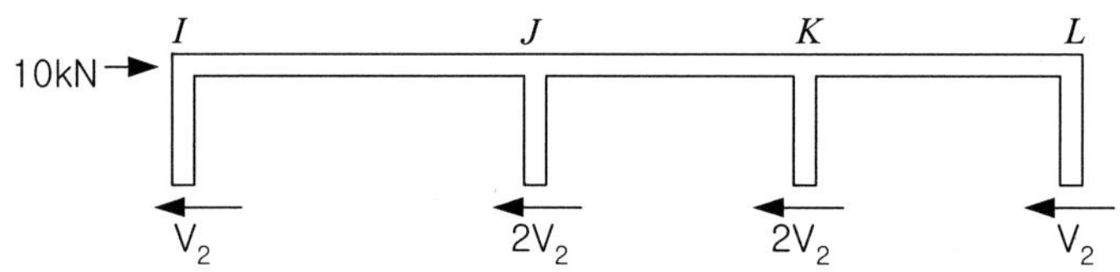

$\therefore V_2 = 1.67\,\text{kN}$

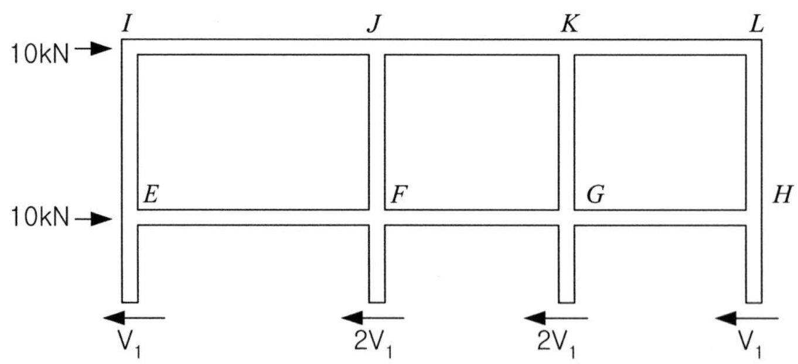

$\therefore V_1 = 3.33\,\text{kN}$

각각 기둥과 보의 중간지점에 변곡점을 가정하고, 각 기둥에 작용하는 전단력을 구하면 다음과 같다.

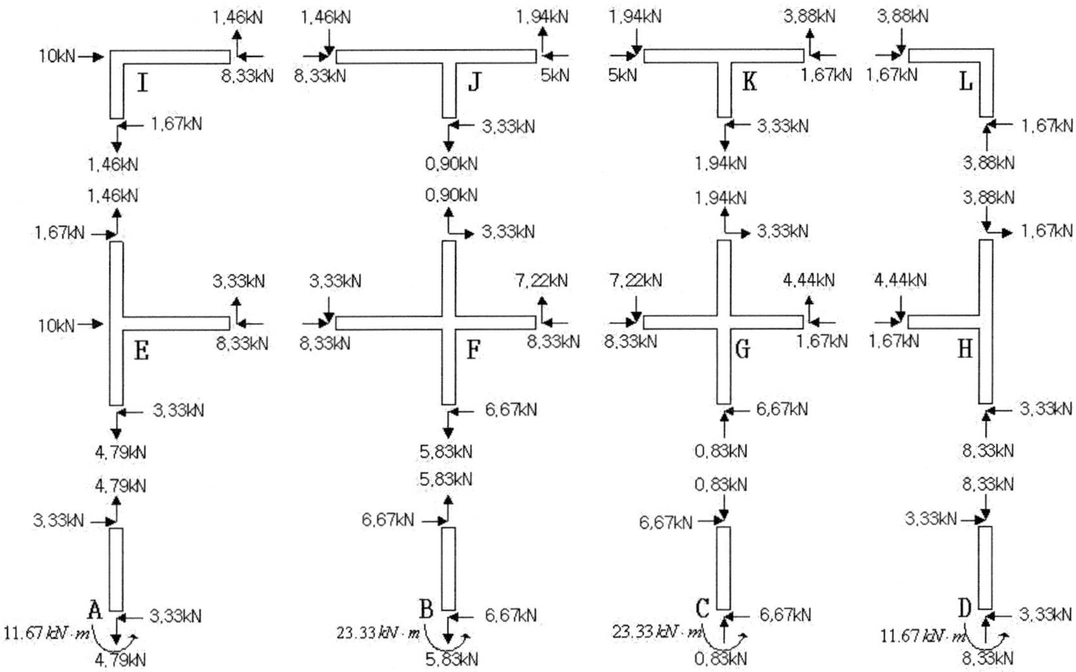

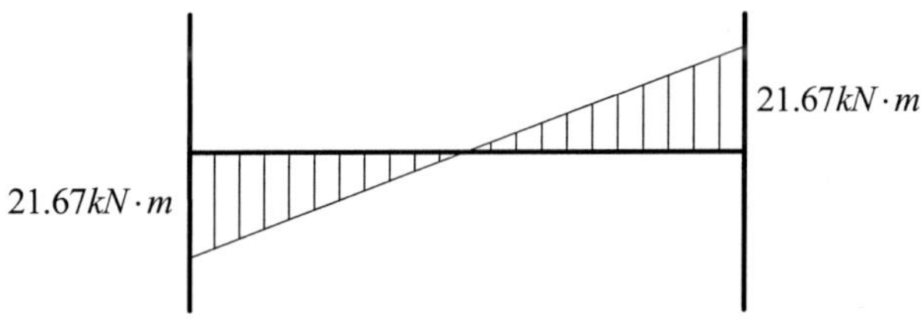

13-6

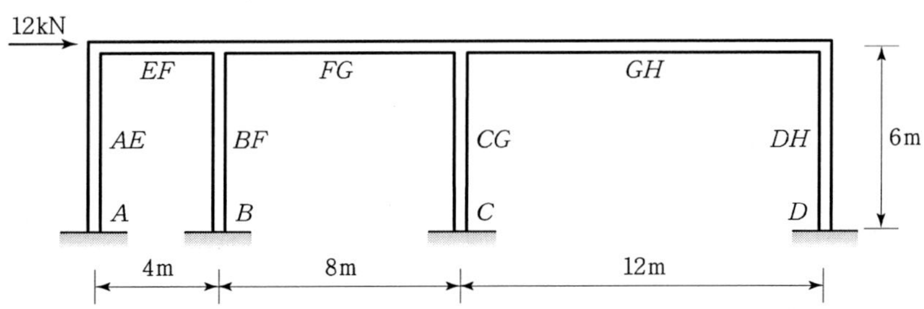

각각 기둥과 보의 중간지점에 변곡점을 가정하고, 각 층 기둥에 작용하는 전단력을 구하면 다음과 같다.

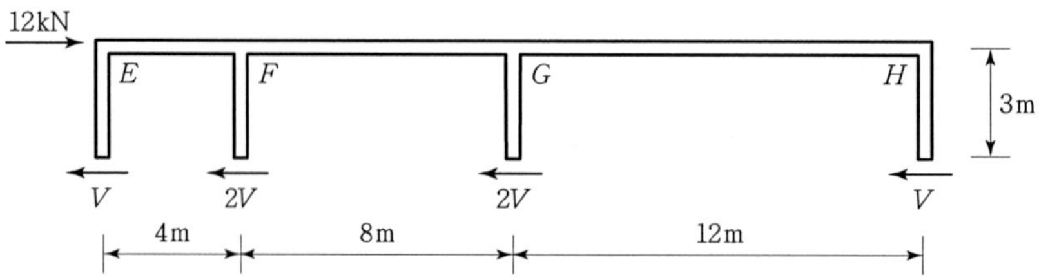

$\sum F_x = 0$; $12 - 6V = 0$

$\therefore V = 2\,\text{kN}$

앞에서 구한 기둥의 전단력과 평형조건을 이용하여 각 부재의 부재력을 구하면 다음과 같다.

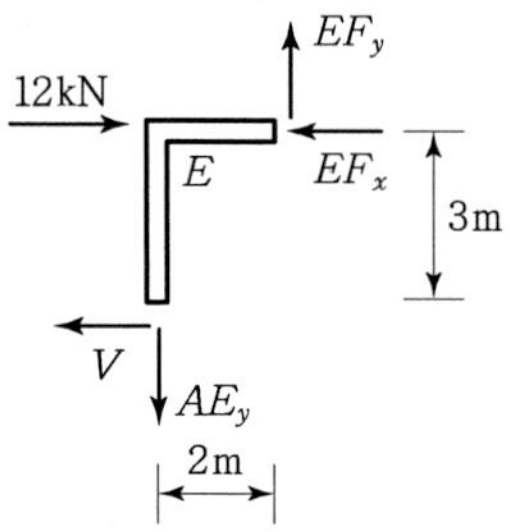

(1) AE, EF 부재

$\sum F_x = 0$; $12 - V - EF_x = 0$

$\therefore EF_x = 10\,\text{kN}$

$\sum M_{AE} = 0$; $EF_x \times 3 + EF_y \times 2 - 12 \times 3 = 0$

$\therefore EF_y = 3\,\text{kN}$

$\sum F_y = 0$; $EF_y - AE_y = 0$

$\therefore AE_y = 3\,\text{kN}$

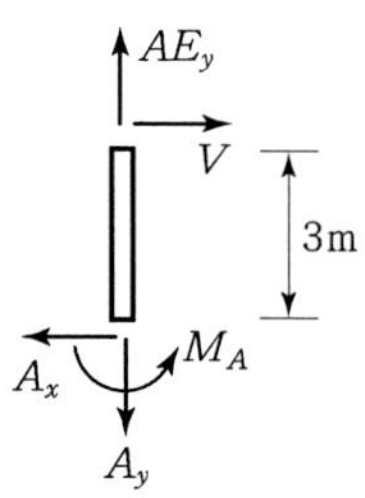

(2) A, AE 부재

$\sum F_x = 0$; $V - A_x = 0$

$\therefore A_x = 2\,\text{kN}$

$\sum M_A = 0$; $M_A - V \times 3 = 0$

$\therefore M_A = 6\,\text{kN·m}$

$\sum F_y = 0$; $AE_y - A_y = 0$

$\therefore A_y = 3\,\text{kN}$

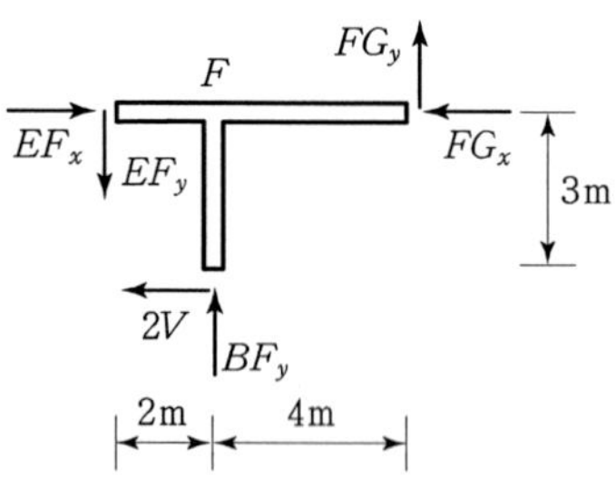

(3) EF, BF, FG 부재

$\sum F_x = 0$; $EF_x - 2V - FG_x = 0$

$\therefore FG_x = 6\,\text{kN}$

$\sum M_{FG} = 0$; $EF_y \times 6 - 2V \times 3 - BF_y \times 4 = 0$

$\therefore BF_y = 1.5\,\text{kN}$

$\sum F_y = 0$; $FG_y + BF_y - EF_y = 0$

$\therefore FG_y = 1.5\,\text{kN}$

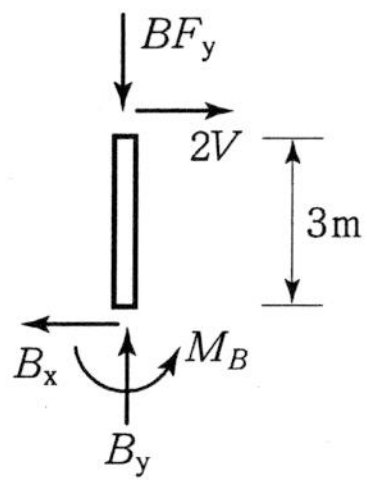

(4) B, BF 부재

$\sum F_x = 0$; $2V - B_x = 0$

$\therefore B_x = 4\text{ kN}$

$\sum M_B = 0$; $M_B - 2V \times 3 = 0$

$\therefore M_B = 12\text{ kN}\cdot\text{m}$

$\sum F_y = 0$; $B_y - BF_y = 0$

$\therefore B_y = 1.5\text{ kN}$

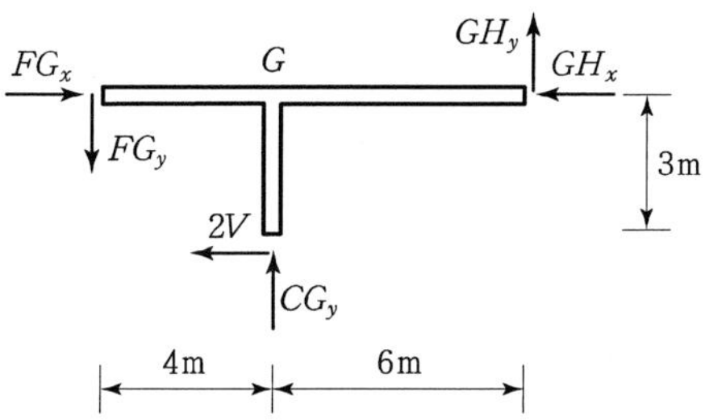

(5) FG, CG, GH 부재

$\sum F_x = 0$; $FG_x - GH_x - 4 = 0$

$\therefore GH_x = 2\text{ kN}$

$\sum M_{GH} = 0$; $FG_y \times 10 - 2V \times 3 - CG_y \times 6 = 0$

$\therefore CG_y = 0.5\text{ kN}$

$\sum F_y = 0$; $GH_y + CG_y - FG_y = 0$

$\therefore GH_y = 1\text{ kN}$

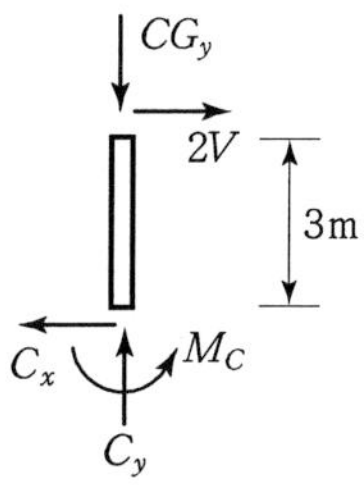

(6) C, CG 부재

$\sum F_x = 0$; $2V - C_x = 0$

$\therefore C_x = 4\text{ kN}$

$\sum M_C = 0$; $M_C - 2V \times 3 = 0$

$\therefore M_C = 12\text{ kN}\cdot\text{m}$

$\sum F_y = 0$; $C_y - CG_y = 0$

$\therefore C_y = 0.5\text{ kN}$

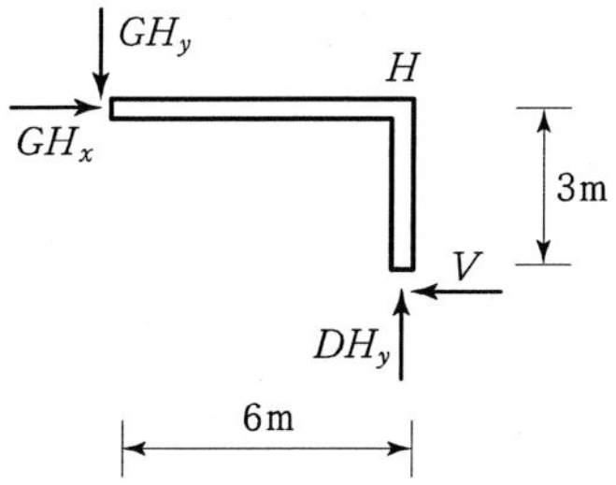

(7) GH, DH 부재

$\sum F_x = 0$; $GH_x - V = 0$

$\therefore GH_x = 2\text{ kN}$

$\sum F_y = 0$; $DH_y - GH_y = 0$

$\therefore DH_y = 1\text{ kN}$

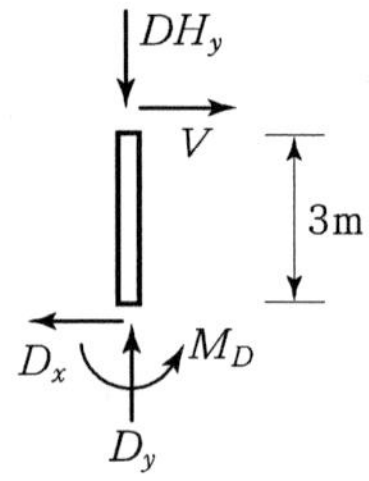

(8) D, DH 부재

$\sum F_x = 0$; $V - D_x = 0$

$\therefore\ D_x = 2\,\text{kN}$

$\sum M_D = 0$; $M_D - V \times 3 = 0$

$\therefore\ M_D = 6\,\text{kN}\cdot\text{m}$

$\sum F_y = 0$; $D_y - DH_y = 0$

$\therefore\ D_y = 1\,\text{kN}$

∴보 $EFGH$의 BMD

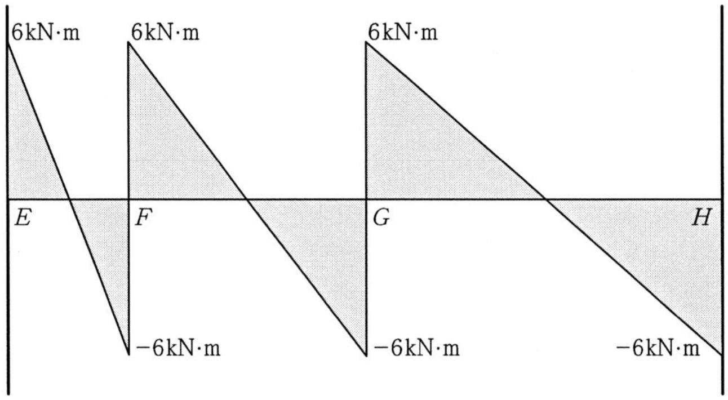

13-7

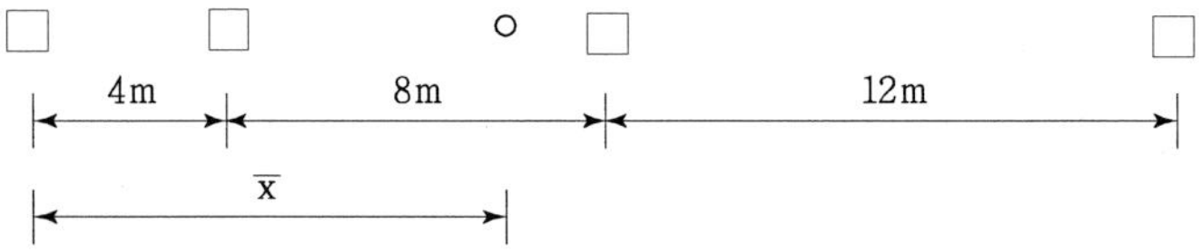

각각의 기둥과 보의 중간지점을 힌지로 가정하고 기둥단면의 도심을 구하면 다음과 같다.

$$\bar{x} = \frac{\sum \bar{x}_i A_i}{\sum A_i} = \frac{0 \times A + 4 \times A + 12 \times A + 24 \times A}{4A} = 10\,\text{m}$$

기둥단면 도심에서 모멘트는 0이므로

$$\sum M = 0;\ -12 \times 3 + AE_y \times 10 + BF_y \times 6 + CG_y \times 2 + DH_y \times 14 = 0$$

또한 각 기둥의 축력은 도심으로부터 각 기둥에서의 거리에 비례하므로

$$\frac{AE_y}{10} = \frac{BF_y}{6} = \frac{CG_y}{2}\ \frac{DH_y}{14}$$

$\therefore\ AE_y = 1.07\,\text{kN},\ \ BF_y = 0.642\,\text{kN},\ \ CG_y = 0.214\,\text{kN},\ \ DH_y = 1.498\,\text{kN}$

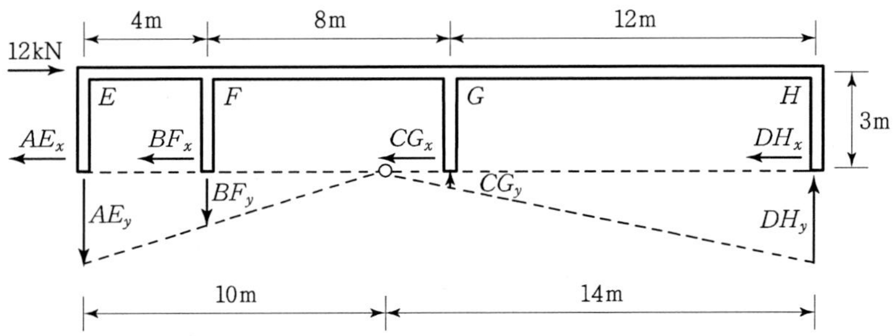

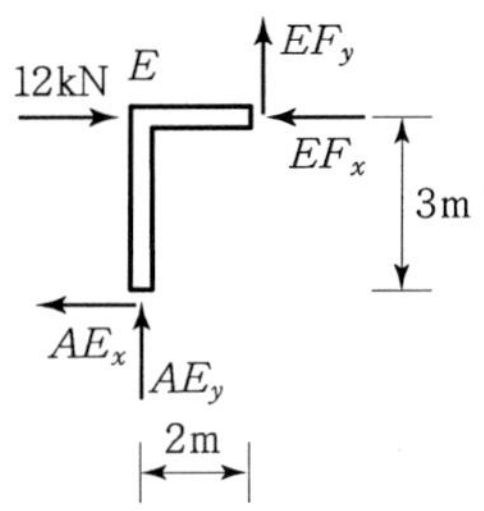

(1) AE, EF 부재

$\sum M_{EF}=0\ ;\ AE_y\times 2-AE_x\times 3=0$

$\therefore\ AE_x=0.713\ \text{kN}$

$\sum F_x=0\ ;\ 12-EF_x=AE_x=0$

$\therefore\ EF_x=11.287\ \text{kN}$

$\sum F_y=0\ ;\ EF_y-AE_y=0$

$\therefore\ EF_y=1.07\ \text{kN}$

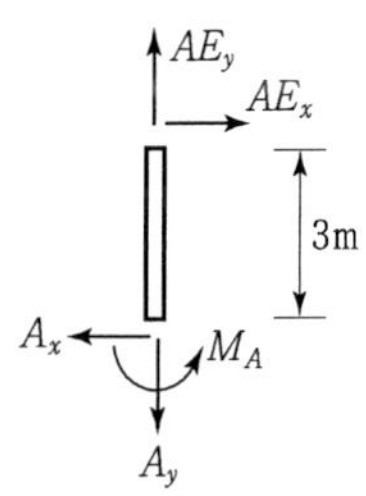

(2) A, AE 부재

$\sum F_x=0\ ;\ AE_x-A_x=0$

$\therefore\ A_x=0.713\ \text{kN}$

$\sum F_y=0\ ;\ AE_y-A_y=0$

$\therefore\ A_y=1.07\ \text{kN}$

$\sum M_{AE}=0\ ;\ M_A-A_x\times 3=0$

$\therefore\ M_A=2.139\ \text{kN}\cdot\text{m}$

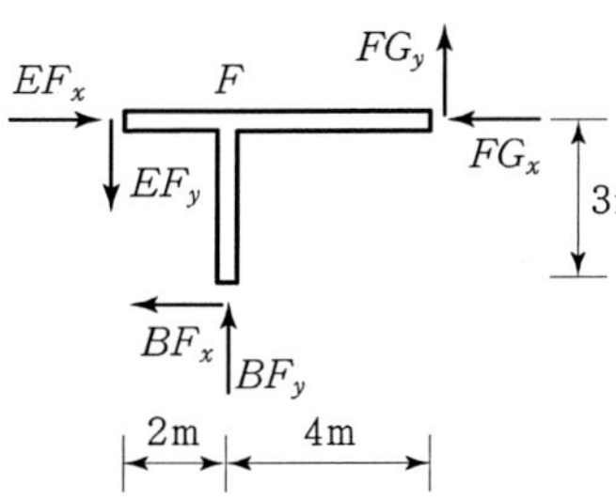

(3) EF, BF, FG 부재

$\sum M_{FG}=0\ ;\ EF_y\times 6-BF_x\times 3-BF_y\times 4=0$

$\therefore\ BF_x=1.284\ \text{kN}$

$\sum F_x=0\ ;\ EF_x-FG_x-BF_x=0$

$\therefore\ FG_x=10.003\ \text{kN}$

$\sum F_y=0\ ;\ FG_y+BF_y-EF_y=0$

$\therefore\ FG_y=0.428\ \text{kN}$

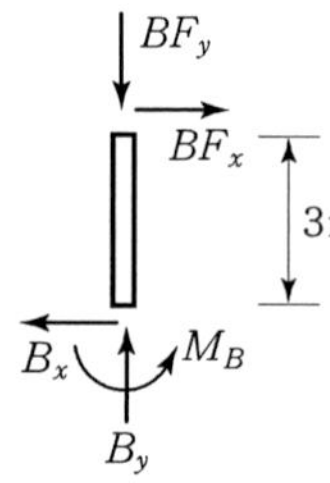

(4) B, BF 부재

$\sum F_x = 0$; $BF_x - B_x = 0$

$\therefore B_x = 1.284$ kN

$\sum F_y = 0$; $B_y - BF_y = 0$

$\therefore B_y = 0.428$ kN

$\sum M_{BF} = 0$; $M_B - B_x \times 3 = 0$

$\therefore M_B = 3.852$ kN·m

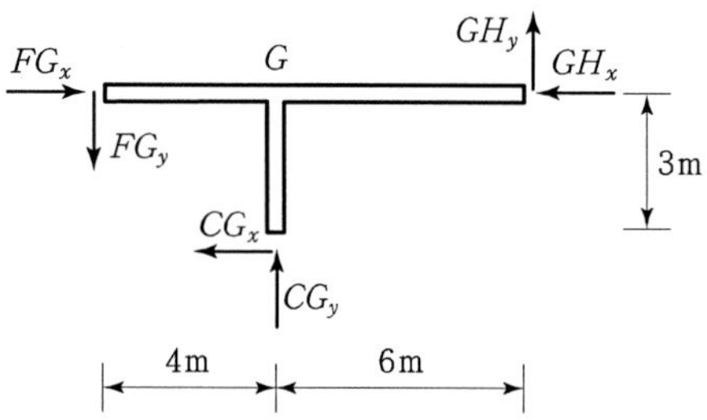

(5) FG, CG, GH 부재

$\sum M_{GH} = 0$; $FG_y \times 10 - CG_x \times 3 - CG_y \times 6 = 0$

$\therefore CG_x = 0.999$ kN

$\sum F_x = 0$; $FG_x - CG_x - GH_x = 0$

$\therefore GH_x = 9.004$ kN

$\sum F_y = GH_y + CG_y - FG_y = 0$

$\therefore GH_y = 0.214$ kN

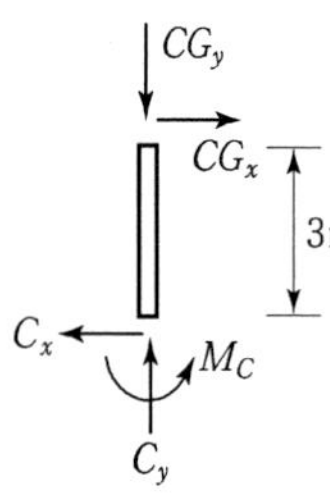

(6) C, CG 부재

$\sum F_x = 0$; $CG_x - C_x = 0$

$\therefore C_x = 0.999$ kN

$\sum F_y = 0$; $C_y - CG_y = 0$

$\therefore C_y = 0.214$ kN

$\sum M_{CG} = 0$; $M_C - C_x \times 3 = 0$

$\therefore M_C = 2.997$ kN·m

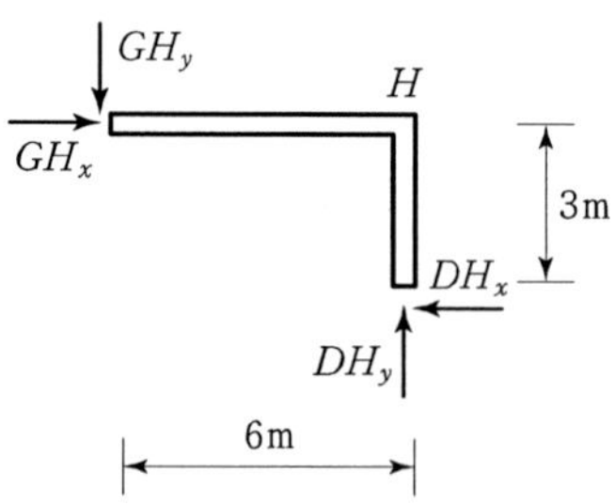

(7) GH, DH 부재

$\sum F_x = 0$; $GH_x - DH_x = 0$

$\therefore DH_x = 9.004$ kN

$\sum F_y =$; $DH_y - GH_y = 0$

$\therefore DH_y = 0.214$ kN

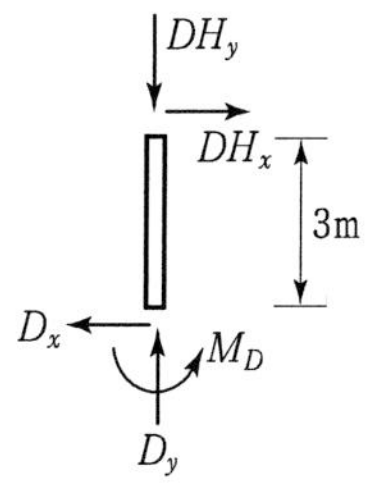

(8) D, DH 부재

$\sum F_x = 0$; $DH_x - D_x = 0$

$\therefore D_x = 9.004$ kN

$\sum F_y = 0$; $D_y - DH_y = 0$

$\therefore D_y = 0.214$ kN

$\sum M_{DH} = 0$; $M_D - D_x \times 3 = 0$

$\therefore M_D = 27.012$ kN·m

∴ 보 $EFGH$의 BMD

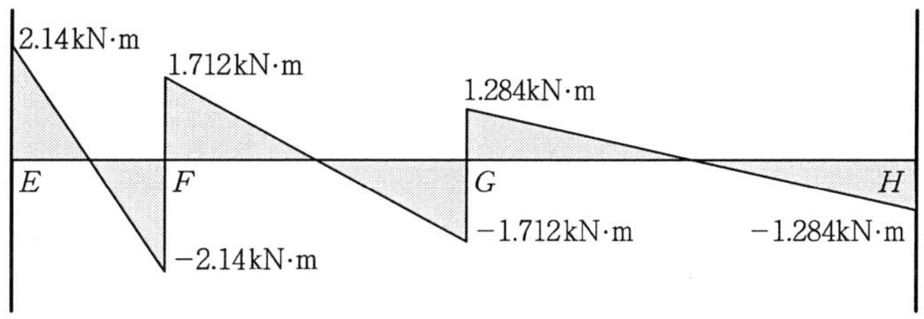

13-8

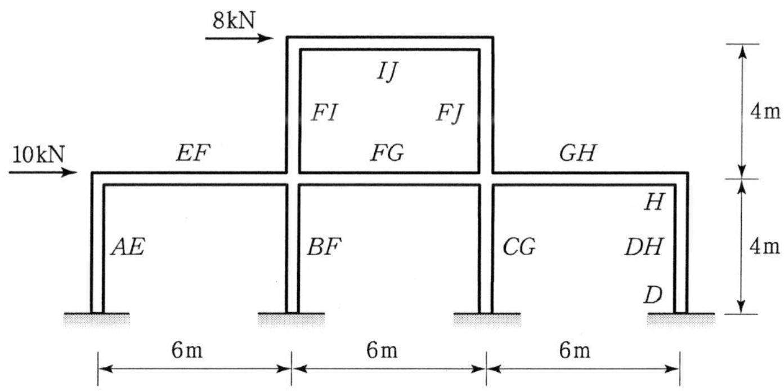

각각 기둥과 보의 중간지점에 변곡점을 가정하고, 각 층 기둥에 작용하는 전단력을 구하면 다음과 같다.

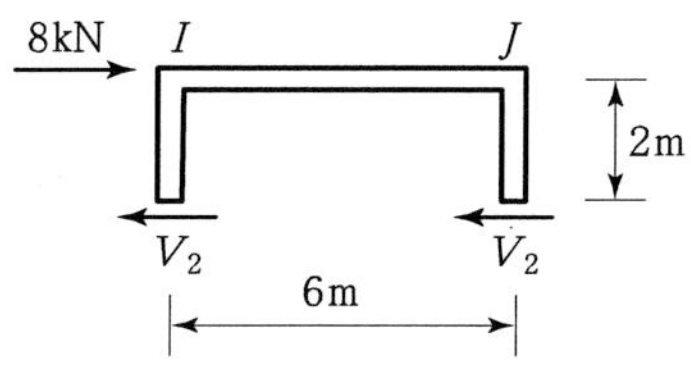

2층에 대하여

$\sum F_x = 0$; $8 - 2V_2 = 0$

$V_2 = 4$ kN

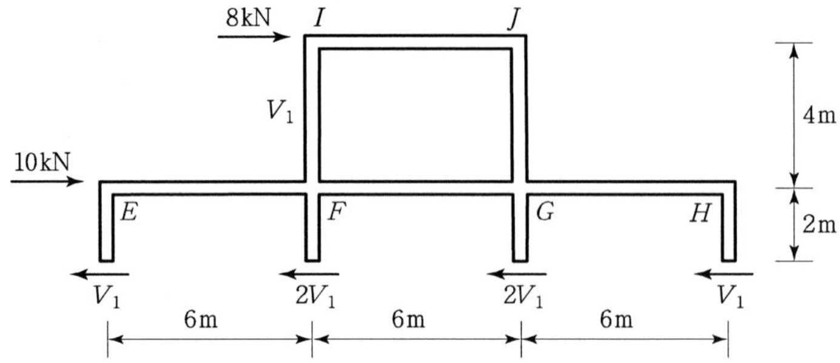

1층에 대하여

$\sum F_x = 0\ ;\ 10 + 8 - 6V_1 = 0$

$\therefore\ V_1 = 3\ \text{kN}$

앞에서 구한 기둥의 전단력과 평형조건을 이용하여 각 부재의 부재력을 구하면 다음과 같다.

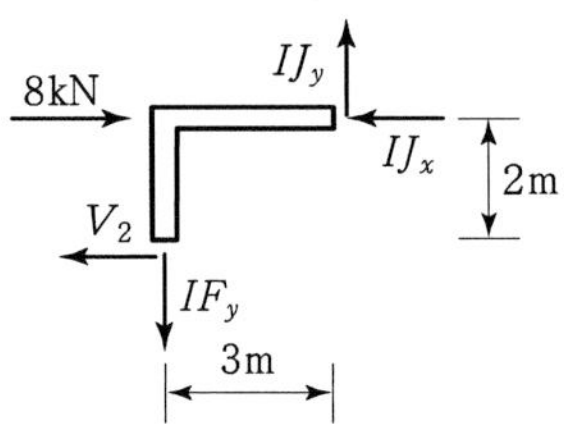

(1) IF, IJ 부재

$\sum F_x = 0\ ;\ 8 - V_2 - IJ_x = 0$

$\therefore\ IJ_x = 4\ \text{kN}$

$\sum M_{IF} = 0\ ;\ IJ_x \times 2 + IJ_y \times 3 - 8 \times 2 = 0$

$\therefore\ IJ_y = 2.67\ \text{kN}$

$\sum F_y = 0\ ;\ IJ_y - IF_y = 0$

$\therefore\ F_y = 2.67\ \text{kN}$

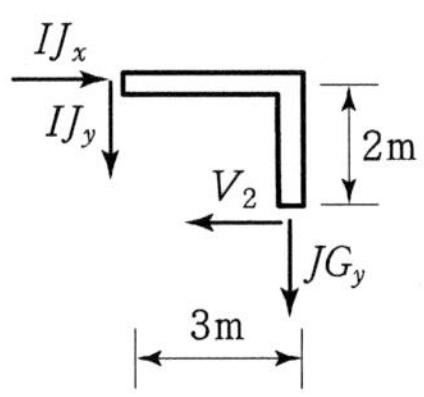

(2) IJ, JG 부재

$\sum F_y = 0\ ;\ JG_y - IJ_y = 0$

$\therefore\ JG_y = 2.67\ \text{kN}$

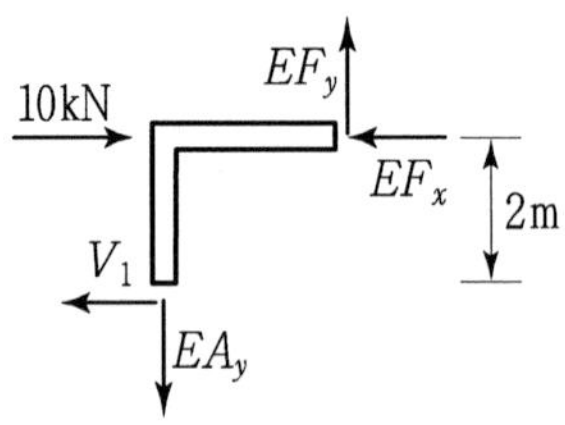

(3) EA, EF 부재

$\sum F_x = 0\ ;\ 10 - V_1 - EF_x = 0$

$\therefore\ EF_x = 7\ \text{kN}$

$\sum M_{EA} = 0\ ;\ EF_x \times 2 + EF_y \times 3 - 10 \times 2 = 0$

$\therefore\ EF_y = 2\ \text{kN}$

$\sum F_y = 0\ ;\ EF_y - EA_y = 0$

$\therefore\ EA_y = 2\ \text{kN}$

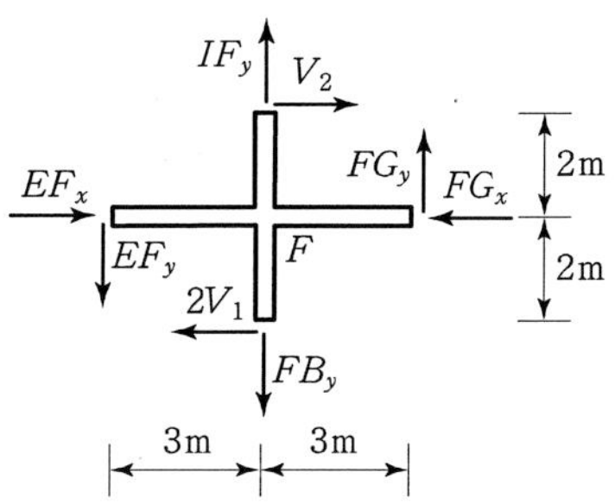

(4) EF, IF, FB, FG 부재

$\sum F_x = 0$; $EF_x + V_2 - FG_x - 2V_1 = 0$

$\therefore FG_x = 5\,\text{kN}$

$\sum M_{FG} = 0$; $EF_y \times 6 + FB_y \times 3 - 2V_1 \times 2$
$- IF_y \times 3 - V_2 \times 2 = 0$

$\therefore FB_y = 5.34\,\text{kN}$

$\sum F_y = 0$; $IF_y + FG_y - EF_y - FB_y = 0$

$\therefore FG_y = 4.67\,\text{kN}$

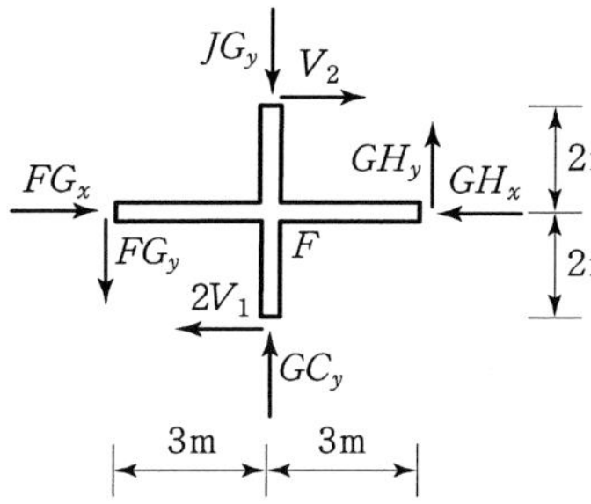

(5) FG, JG, GC, GH 부재

$\sum F_x = 0$; $FG_x + V_2 - GH_x - 2V_1 = 0$

$\therefore GH_x = 3\,\text{kN}$

$\sum M_{GH} = 0$; $FG_y \times 6 + JG_y \times 3 - 2V_1 \times 2$
$- V_2 \times 2 - GC_y \times 3 = 0$

$\therefore GC_y = 5.34\,\text{kN}$

$\sum F_y = 0$; $GH_y + GC_y - JG_y - FG_y = 0$

$\therefore GH_y = 2\,\text{kN}$

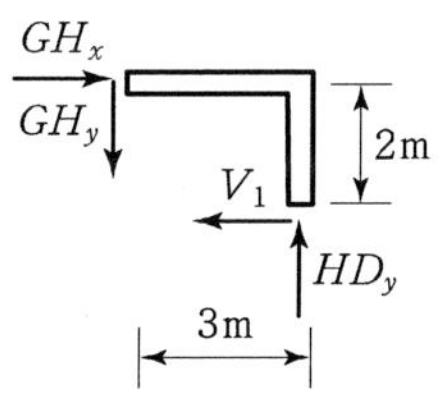

(6) GH, HD 부재

$\sum F_y = 0$; $HD_y - GH_y = 0$

$\therefore HD_y = 2\,\text{kN}$

∴ 보 $EFGH$의 BMD

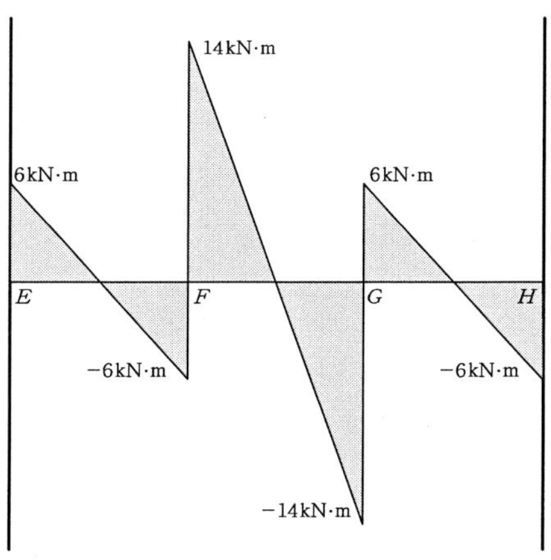

13-9

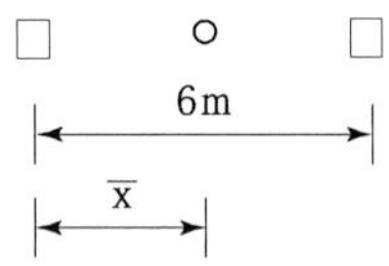

2층의 각각의 기둥과 보의 중간지점을 힌지로 가정하고 기둥단면의 도심을 구하면 다음과 같다.

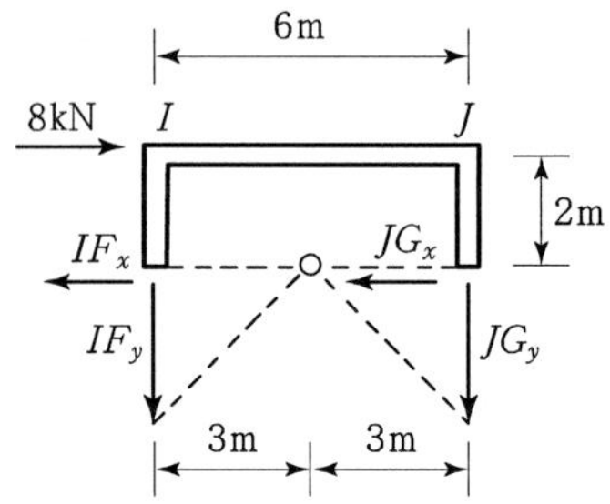

$$\bar{x}=\frac{\sum \bar{x}_i A_i}{\sum A_i}=\frac{0\times A+6\times A}{2A}=3\text{ m}$$

기둥단면 도심에서의 모멘트는 0이므로

$$\sum M=0\;;\;-8\times 2+IF_y\times 3+JG_y\times 3=0$$

각 기둥의 축력은 도심으로부터 각 기둥까지의 거리에 비례하므로

$$\frac{IF_y}{3}=\frac{JG_y}{3}$$

$$\therefore\ IF_y=2.67\text{ kN},\quad JG_y=2.67\text{ kN}$$

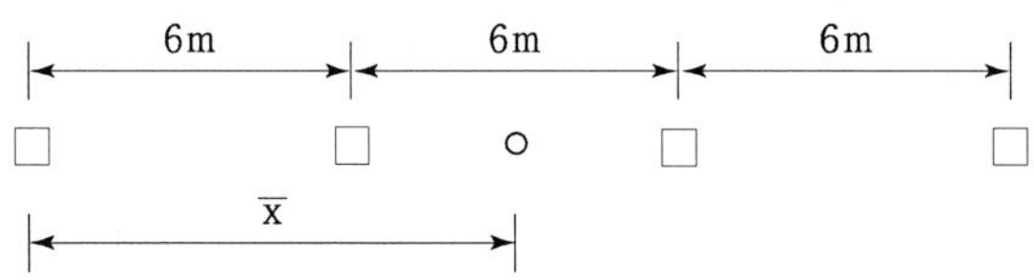

1층의 각각의 기둥과 보의 중간지점을 힌지로 가정하고 기둥단면의 도심을 구하면 다음과 같다.

$$\bar{x}=\frac{\sum \bar{x}_i A_i}{\sum A_i}=\frac{0\times A+6\times A+12\times A+18\times A}{4A}=9\text{ m}$$

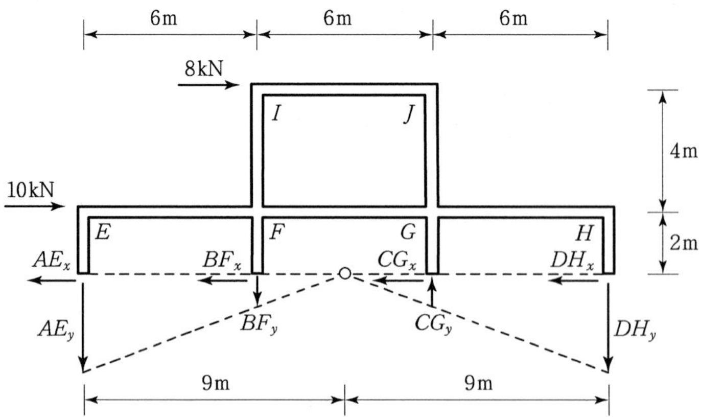

기둥단면 도심에서의 모멘트는 0이므로

$$\sum M=0\ ;\ -8\times 6=10\times 2+AE_y\times 9+BF_y\times 3+CG_y\times 3+DH_y\times 9=0$$

각 기둥의 축력은 도심으로부터 각 기둥까지의 거리에 비례하므로

$$\frac{AE_y}{9}=\frac{BF_y}{3}=\frac{CG_y}{3}=\frac{DH_y}{9}$$

$$\therefore\ AE_y=3.4\ \text{kN},\ BF_y=1.13\ \text{kN},\ CG_y=1.13\ \text{kN},\ DH_y=3.4\ \text{kN}$$

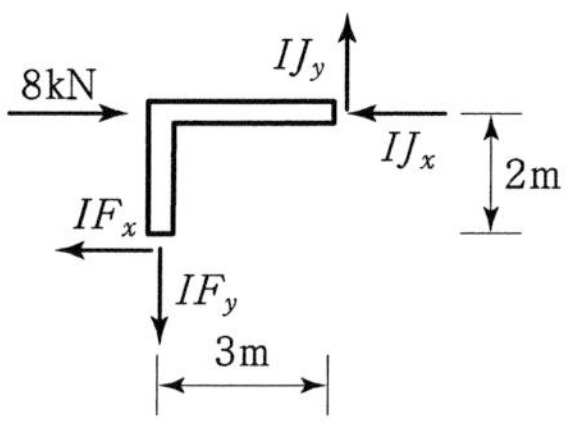

(1) IF, IJ 부재

$$\sum M_{IJ}=0\ ;\ IF_y\times 3-IF_x\times 2=0$$

$$\therefore\ IF_x=4.005\ \text{kN}$$

$$\sum F_x=0\ ;\ 8-IJ_x-IF_x=0$$

$$\therefore\ IJ_x=3.995\ \text{kN}$$

$$\sum F_y=0\ ;\ IJ_y-IF_y=0$$

$$\therefore\ IF_y=2.67\ \text{kN}$$

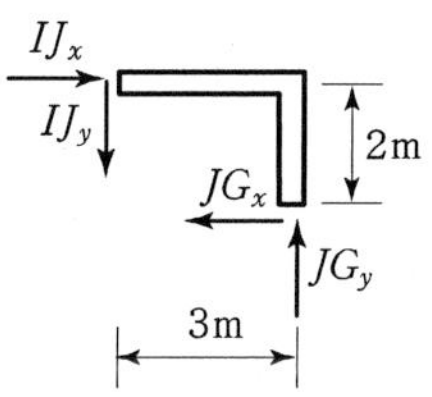

(2) IJ, JG 부재

$$\sum F_x=0\ ;\ IJ_x-JG_x=0$$

$$\therefore\ JG_x=3.995\ \text{kN}$$

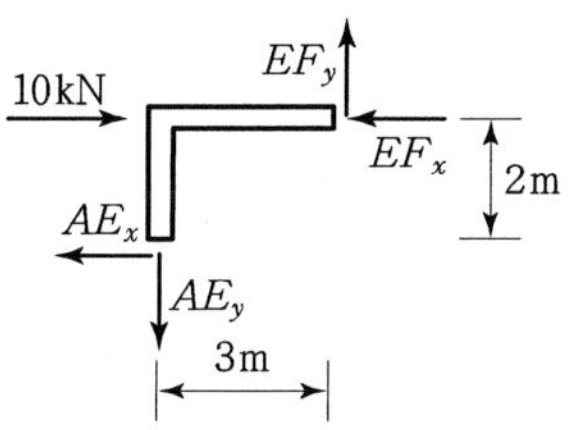

(3) AE, EF 부재

$$\sum M_{EF}=0\ ;\ AE_y\times 3-AE_x\times 2=0$$

$$\therefore\ AE_x=5.1\ \text{kN}$$

$$\sum F_x=0\ ;\ 10-AE_x-EF_x=0$$

$$\therefore\ EF_x=4.9\ \text{kN}$$

$$\sum F_y=0\ ;\ EF_y-EA_y=0$$

$$\therefore\ EF_y=3.4\ \text{kN}$$

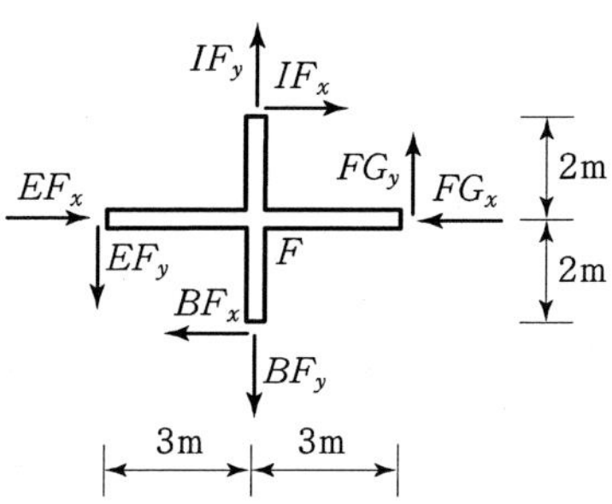

(4) EF, IF, BF, FG 부재

$$\sum M_{FG}=0\ ;\ EF_y\times 6+FB_y\times 3-IF_y\times 3$$

$$-IF_x\times 2-FB_x\times 2=0$$

$$\therefore\ FB_x=3.885\ \text{kN}$$

$$\sum F_x=0\ ;\ EF_x+IF_x-FB_x-FG_x=0$$

$$\therefore\ FG_x=5.02\ \text{kN}$$

$$\sum F_y=0\ ;\ IF_y+FG_y-EF_yFB_y=0$$

$$\therefore\ FG_y=1.86\ \text{kN}$$

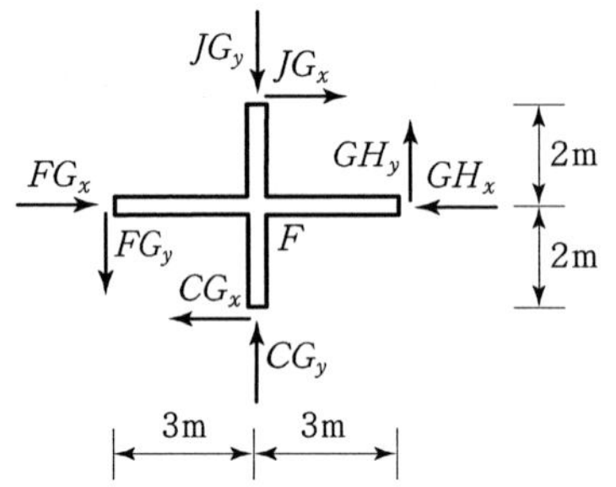

(5) FG, JG, CG, GH 부재

$$\sum M_{GH}=0 \;;\; FG_y\times 6+JG_y\times 3-CG_x\times 2 - CG_y\times 3-JG_x\times 2=0$$

$\therefore\ CG_x=3.895\text{ kN}$

$$\sum F_x=0 \;;\; FG_x+JG_x-GH_x-CG_x=0$$

$\therefore\ GH_x=5.12\text{ kN}$

$$\sum F_y=0 \;;\; CG_y+GH_y-JG_y-FG_y=0$$

$\therefore\ GH_y=3.4\text{ kN}$

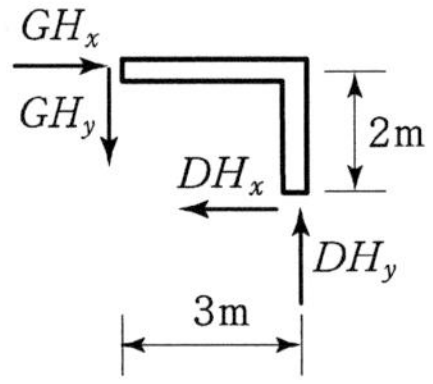

(6) GH, DH 부재

$$\sum F_x=0 \;;\; GH_x-DH_x=0$$

$\therefore\ DH_x=5.12\text{ kN}$

$$\sum F_y=0 \;;\; DH_y-GH_y=0$$

$\therefore\ DH_y=3.4\text{ kN}$

∴ 보 $EFGH$의 BMD

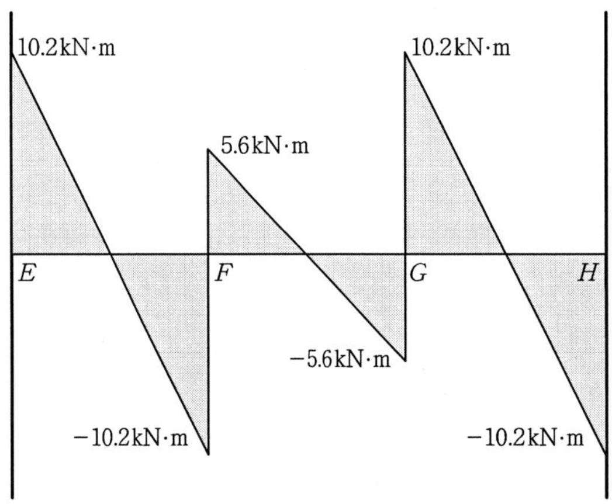

14장 강성행렬법을 이용한 구조해석

14-1

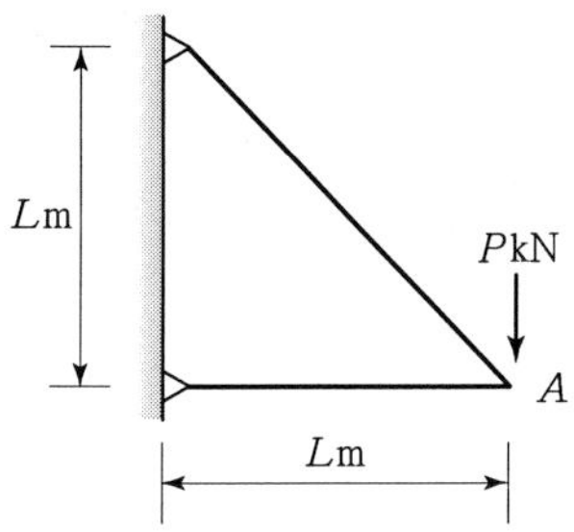

[기본방향]

(1) 부재의 강성행렬
(2) 변위와 힘의 변환행렬
(3) 전체좌표계에서의 부재의 강성행렬
(4) 전구조물의 강성행렬
(5) 변위 및 부재력 산정

(1) 부재의 강성행렬 산정

① 부재의 지점반력을 그림 (a)와 같이, 구조물의 변위를 그림 (b)와 같이 나타낼 수 있다.

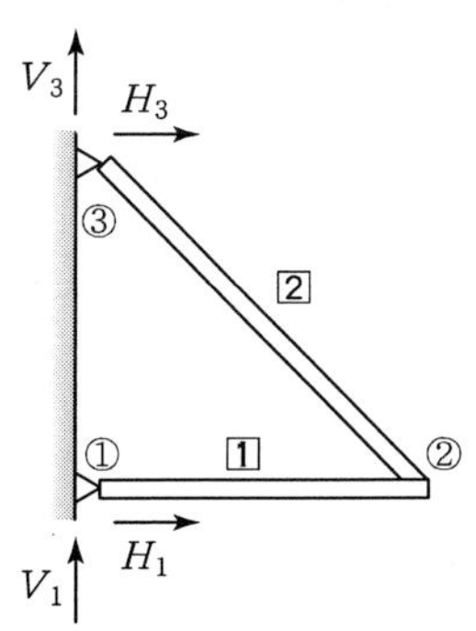

(a)

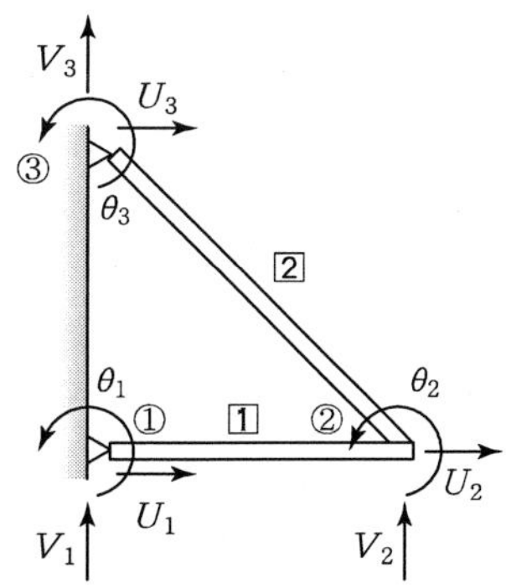

(b)

② 일단 1 부재의 길이는 Lm이다.

1 부재(①→②)는 전체좌표계와 지역좌표계가 일치하므로 $\cos\theta = 1$, $\sin\theta = 0$이고, 2 부재 (②→③)는 지역좌표계에 대하여 전체좌표계가 135°만큼 회전해 있으므로 $\cos\theta = -\frac{1}{\sqrt{2}}$, $\sin\theta = \frac{1}{\sqrt{2}}$ 이다.

③ 각 부재의 변환행렬과 강성행렬을 구한다.

1 부재에는 지역좌표계와 전체좌표계가 일치하므로 좌표변환을 위한 변환행렬은 다음

과 같다.

$$\mathbf{T}=\begin{bmatrix} C & S & 0 & 0 \\ 0 & 0 & C & S \end{bmatrix}=\begin{bmatrix} 1 & 0 & 0 & 0 \\ 0 & 0 & 1 & 0 \end{bmatrix}$$

지역좌표계에 대한 [1] 부재의 강성행렬을 구하면

$$\overline{\mathbf{k}_1}=\frac{AE}{L}\begin{bmatrix} 1 & -1 \\ -1 & 1 \end{bmatrix}$$

[1] 부재에 변환행렬을 적용하여 전체좌표계에 대한 강성행렬 $\mathbf{k}_1$을 구한다.

$$\mathbf{k}_1= \mathbf{T}^{\mathrm{T}} \cdot \overline{\mathbf{k}_1} \cdot \mathbf{T}=\frac{AE}{L}\begin{bmatrix} 1 & 0 & -1 & 0 \\ 0 & 0 & 0 & 0 \\ -1 & 0 & 1 & 0 \\ 0 & 0 & 0 & 0 \end{bmatrix}\begin{matrix} u_1 \\ v_1 \\ u_2 \\ v_2 \end{matrix}$$

[2] 부재는 지역좌표계가 전체좌표계에 135° 회전해 있으므로 좌표변환을 위한 변환행렬은 다음과 같다.

$$\mathbf{T}=\begin{bmatrix} C & S & 0 & 0 \\ 0 & 0 & C & S \end{bmatrix}=\begin{bmatrix} -\frac{1}{\sqrt{2}} & \frac{1}{\sqrt{2}} & 0 & 0 \\ 0 & 0 & -\frac{1}{\sqrt{2}} & \frac{1}{\sqrt{2}} \end{bmatrix}$$

지역좌표계에 대한 [2] 부재의 강성행렬을 구하면

$$\overline{\mathbf{k}_2}=\frac{AE}{\sqrt{2}L}\begin{bmatrix} 1 & -1 \\ -1 & 1 \end{bmatrix}$$

[2] 부재에 변환행렬을 적용하여 전체좌표계에 대한 강성행렬 $\mathbf{k}_2$을 구한다.

$$\mathbf{k}_2= \mathbf{T}^{\mathrm{T}} \cdot \overline{\mathbf{k}_2} \cdot \mathbf{T}=\frac{AE}{2\sqrt{2}L}\begin{bmatrix} 1 & -1 & -1 & 1 \\ -1 & 1 & 1 & -1 \\ -1 & 1 & 1 & -1 \\ 1 & -1 & -1 & 1 \end{bmatrix}\begin{matrix} u_2 \\ v_2 \\ u_3 \\ v_3 \end{matrix}$$

(2) 전구조물 강성행렬 산정

① [1] 부재와 [2] 부재의 강성행렬 $\mathbf{k}_1$, $\mathbf{k}_2$를 조합하여 전구조물 강성행렬을 만들면

$$\mathbf{k}=\frac{AE}{L}\begin{bmatrix} 1 & 0 & -1 & 0 & 0 & 0 \\ 0 & 0 & 0 & 0 & 0 & 0 \\ -1 & 0 & 1+\frac{1}{2\sqrt{2}} & -\frac{1}{2\sqrt{2}} & -\frac{1}{2\sqrt{2}} & \frac{1}{2\sqrt{2}} \\ 0 & 0 & -\frac{1}{2\sqrt{2}} & \frac{1}{2\sqrt{2}} & \frac{1}{2\sqrt{2}} & -\frac{1}{2\sqrt{2}} \\ 0 & 0 & -\frac{1}{2\sqrt{2}} & \frac{1}{2\sqrt{2}} & \frac{1}{2\sqrt{2}} & -\frac{1}{2\sqrt{2}} \\ 0 & 0 & \frac{1}{2\sqrt{2}} & -\frac{1}{2\sqrt{2}} & -\frac{1}{2\sqrt{2}} & \frac{1}{2\sqrt{2}} \end{bmatrix}$$

(3) 변위 및 부재력 산정

① 위에서 구한 전구조물의 강성행렬을 이용하여 전구조물의 힘과 변위와의 관계식을 구하면

$$\begin{Bmatrix} H_1 \\ V_1 \\ 0 \\ -P \\ H_3 \\ V_3 \end{Bmatrix} = \frac{AE}{L}\begin{bmatrix} 1 & 0 & -1 & 0 & 0 & 0 \\ 0 & 0 & 0 & 0 & 0 & 0 \\ -1 & 0 & 1+\frac{1}{2\sqrt{2}} & -\frac{1}{2\sqrt{2}} & -\frac{1}{2\sqrt{2}} & \frac{1}{2\sqrt{2}} \\ 0 & 0 & -\frac{1}{2\sqrt{2}} & \frac{1}{2\sqrt{2}} & \frac{1}{2\sqrt{2}} & -\frac{1}{2\sqrt{2}} \\ 0 & 0 & -\frac{1}{2\sqrt{2}} & \frac{1}{2\sqrt{2}} & \frac{1}{2\sqrt{2}} & -\frac{1}{2\sqrt{2}} \\ 0 & 0 & \frac{1}{2\sqrt{2}} & -\frac{1}{2\sqrt{2}} & -\frac{1}{2\sqrt{2}} & \frac{1}{2\sqrt{2}} \end{bmatrix}\begin{Bmatrix} 0 \\ 0 \\ u_2 \\ v_2 \\ 0 \\ 0 \end{Bmatrix}$$

② 미지의 변위에 대하여 풀면

$$\begin{Bmatrix} u_2 \\ v_2 \end{Bmatrix} = \frac{L}{AE}\begin{bmatrix} 1+\frac{1}{2\sqrt{2}} & -\frac{1}{2\sqrt{2}} \\ -\frac{1}{2\sqrt{2}} & \frac{1}{2\sqrt{2}} \end{bmatrix}\begin{Bmatrix} 0 \\ -P \end{Bmatrix} = \frac{LP}{AE}\begin{Bmatrix} -1 \\ -1-2\sqrt{2} \end{Bmatrix}$$

위 식을 통해 절점 A에서의 변위를 구하면

$$u_2 = -\frac{LP}{AE}\ \text{(m)}$$

$$v_2 = -\frac{(1+2\sqrt{2})LP}{AE}\ \text{(m)}$$

③ 구해진 미지의 변위를 힘-변위 관계식에 다시 대입하여 미지의 지점반력에 관하여 풀면

$$\begin{Bmatrix} H_1 \\ V_1 \\ 0 \\ -P \\ H_3 \\ V_3 \end{Bmatrix} = \frac{AE}{L}\begin{bmatrix} 1 & 0 & -1 & 0 & 0 & 0 \\ 0 & 0 & 0 & 0 & 0 & 0 \\ -1 & 0 & 1+\frac{1}{2\sqrt{2}} & -\frac{1}{2\sqrt{2}} & -\frac{1}{2\sqrt{2}} & \frac{1}{2\sqrt{2}} \\ 0 & 0 & -\frac{1}{2\sqrt{2}} & \frac{1}{2\sqrt{2}} & \frac{1}{2\sqrt{2}} & -\frac{1}{2\sqrt{2}} \\ 0 & 0 & -\frac{1}{2\sqrt{2}} & \frac{1}{2\sqrt{2}} & \frac{1}{2\sqrt{2}} & -\frac{1}{2\sqrt{2}} \\ 0 & 0 & \frac{1}{2\sqrt{2}} & -\frac{1}{2\sqrt{2}} & -\frac{1}{2\sqrt{2}} & \frac{1}{2\sqrt{2}} \end{bmatrix}\begin{Bmatrix} 0 \\ 0 \\ -\frac{LP}{AE} \\ -\frac{(1+2\sqrt{2})LP}{AE} \\ 0 \\ 0 \end{Bmatrix} = \begin{Bmatrix} -P \\ 0 \\ 0 \\ -P \\ -P \\ P \end{Bmatrix}$$

위 식을 통해 각 지점의 반력을 구하면

$$H_1 = -P\text{kN},\ \ V_1 = 0,\ \ H_3 = -P\text{kN},\ \ V_3 = P\text{kN}$$

④ $\overline{\mathbf{Q}} = \overline{\mathbf{k}} \cdot \mathbf{T} \cdot \mathbf{u}$를 이용하여 부재력을 구해보면

[1] 부재에 대하여

$$\mathbf{T} \cdot \mathbf{u} = \begin{bmatrix} 1 & 0 & 0 & 0 \\ 0 & 0 & 1 & 0 \end{bmatrix}\begin{Bmatrix} 0 \\ 0 \\ -\frac{PL}{AE} \\ -\frac{(1+2\sqrt{2})PL}{AE} \end{Bmatrix} = \begin{Bmatrix} 0 \\ -\frac{PL}{AE} \end{Bmatrix}$$

$$\overline{\mathbf{Q}_1} = \overline{\mathbf{k}_1} \cdot \mathbf{T}_1 \cdot \mathbf{u} = \frac{\mathrm{AE}}{\mathrm{L}}\begin{bmatrix} 1 & -1 \\ -1 & 1 \end{bmatrix}\begin{Bmatrix} 0 \\ -\frac{\mathrm{PL}}{\mathrm{AE}} \end{Bmatrix} = \mathrm{P}\begin{Bmatrix} 1 \\ -1 \end{Bmatrix}$$

2 부재에 대하여

$$\mathbf{T}=\begin{bmatrix} -\frac{1}{\sqrt{2}} & \frac{1}{\sqrt{2}} & 0 & 0 \\ 0 & 0 & -\frac{1}{\sqrt{2}} & \frac{1}{\sqrt{2}} \end{bmatrix}\begin{Bmatrix} -\frac{PL}{AE} \\ -\frac{(1+2\sqrt{2})PL}{AE} \\ 0 \\ 0 \end{Bmatrix}=\begin{Bmatrix} -\frac{2\sqrt{2}PL}{AE} \\ 0 \end{Bmatrix}$$

$$\overline{\mathbf{Q}_2}=\overline{\mathbf{k}_2}\cdot\mathbf{T}_2\cdot\mathbf{u}=\frac{AE}{\sqrt{2}L}\begin{bmatrix} 1 & -1 \\ -1 & 1 \end{bmatrix}\begin{Bmatrix} -\frac{2\sqrt{2}PL}{AE} \\ 0 \end{Bmatrix}=-2P\begin{Bmatrix} -1 \\ 1 \end{Bmatrix}$$

14-2

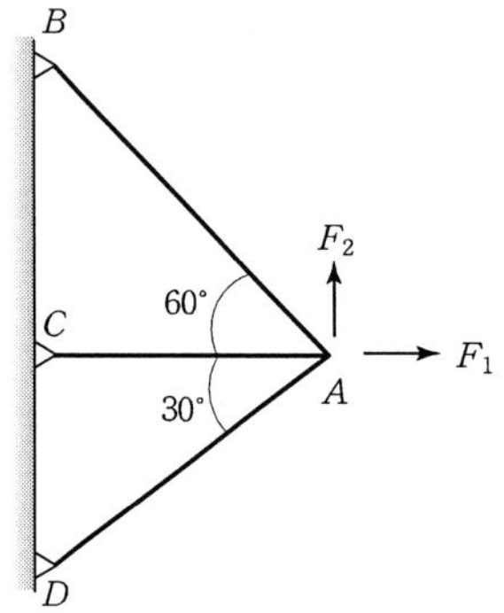

트러스 구조물의 지점반력을 그림 (a), 변위를 그림 (b)와 같이 나타낼 수 있다.

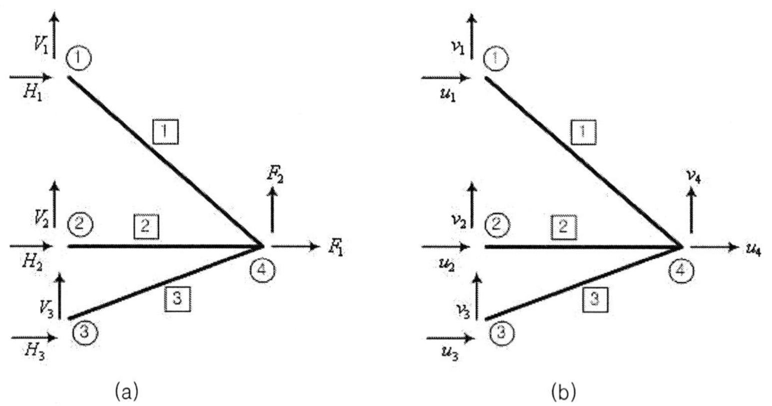

(a) (b)

2 부재 길이를 L로 가정하면, 1 부재 길이는 $2L$, 3 부재 길이는 $\frac{2}{\sqrt{3}}L$이 된다.

1 부재(① → ④)는 $\cos\theta=\frac{1}{2}$, $\sin\theta=-\frac{\sqrt{3}}{2}$이고,

2 부재(② → ④)는 $\cos\theta=1$, $\sin\theta=0$이고,

3 부재(③ → ④)는 $\cos\theta=\frac{\sqrt{3}}{2}$, $\sin\theta=\frac{1}{2}$이다.

위 사항을 적용하여 [1] 부재에 대한 부재 강성행렬을 구하면

$$\mathbf{k}_1 = \frac{AE}{2L}\begin{bmatrix} C^2 & CS & -C^2 & -CS \\ SC & S^2 & -SC & -S^2 \\ -C^2 & -CS & C^2 & CS \\ -SC & -S^2 & SC & S^2 \end{bmatrix}$$

$$\begin{matrix} \bar{u}_1 & \bar{v}_1 & \bar{u}_4 & \bar{v}_4 \end{matrix}$$

$$= \frac{AE}{L}\begin{bmatrix} 0.125 & -0.2165 & -0.125 & 0.2165 \\ -0.2165 & 0.375 & 0.2165 & -0.375 \\ -0.125 & 0.2165 & 0.125 & -0.2165 \\ 0.2165 & -0.375 & -0.2165 & 0.375 \end{bmatrix}\begin{matrix} \bar{u}_1 \\ \bar{v}_1 \\ \bar{u}_4 \\ \bar{v}_4 \end{matrix}$$

[2] 부재의 부재 강성행렬은

$$\begin{matrix} \bar{u}_2 & \bar{v}_2 & \bar{u}_4 & \bar{v}_4 \end{matrix}$$

$$\mathbf{k}_2 = \frac{AE}{L}\begin{bmatrix} C^2 & CS & -C^2 & -CS \\ SC & S^2 & -SC & -S^2 \\ -C^2 & -CS & C^2 & CS \\ -SC & -S^2 & SC & S^2 \end{bmatrix} = \frac{AE}{L}\begin{bmatrix} 1 & 0 & -1 & 0 \\ 0 & 0 & 0 & 0 \\ -1 & 0 & 1 & 0 \\ 0 & 0 & 0 & 0 \end{bmatrix}\begin{matrix} \bar{u}_2 \\ \bar{v}_2 \\ \bar{u}_4 \\ \bar{v}_4 \end{matrix}$$

[3] 부재의 부재 강성행렬은

$$\mathbf{k}_3 = \frac{\sqrt{3}AE}{2L}\begin{bmatrix} C^2 & CS & -C^2 & -CS \\ SC & S^2 & -SC & -S^2 \\ -C^2 & -CS & C^2 & CS \\ -SC & -S^2 & SC & S^2 \end{bmatrix}$$

$$\begin{matrix} \bar{u}_3 & \bar{v}_3 & \bar{u}_4 & \bar{v}_4 \end{matrix}$$

$$= \frac{AE}{L}\begin{bmatrix} 0.6495 & 0.375 & -0.6495 & -0.375 \\ 0.375 & 0.2165 & -0.375 & -0.2165 \\ -0.6495 & -0.375 & 0.6495 & 0.375 \\ -0.375 & -0.2165 & 0.375 & 0.2165 \end{bmatrix}\begin{matrix} \bar{u}_3 \\ \bar{v}_3 \\ \bar{u}_4 \\ \bar{v}_4 \end{matrix}$$

[1]~[3] 부재들의 강성행렬 $\mathbf{k}_1$, $\mathbf{k}_2$, $\mathbf{k}_3$ 를 조합하여 전구조물 강성행렬을 만들고 이를 이용하여 구조물에 작용하는 힘-변위 관계식을 구하면

$$\begin{Bmatrix} H_1 \\ V_1 \\ H_2 \\ V_2 \\ H_3 \\ V_3 \\ F_1 \\ F_2 \end{Bmatrix} = \frac{AE}{L}\begin{bmatrix} 0.125 & -0.2165 & 0 & 0 & 0 & 0 & -0.125 & 0.2165 \\ -0.2165 & 0.375 & 0 & 0 & 0 & 0 & 0.2165 & -0.375 \\ 0 & 0 & 1 & 0 & 0 & 0 & -1 & 0 \\ 0 & 0 & 0 & 0 & 0 & 0 & 0 & 0 \\ 0 & 0 & 0 & 0 & 0.6495 & 0.375 & -0.6495 & -0.375 \\ 0 & 0 & 0 & 0 & 0.375 & 0.2165 & -0.375 & -0.2165 \\ -0.125 & 0.2165 & -1 & 0 & -0.6495 & -0.375 & 1.7745 & 0.1585 \\ 0.2165 & -0.375 & 0 & 0 & -0.375 & -0.2165 & 0.1585 & 0.5915 \end{bmatrix}\begin{Bmatrix} 0 \\ 0 \\ 0 \\ 0 \\ 0 \\ 0 \\ u_4 \\ v_4 \end{Bmatrix}$$

미지의 변위에 대하여 풀면

$$\begin{Bmatrix} u_4 \\ v_4 \end{Bmatrix} = \frac{L}{AE}\begin{bmatrix} 1.7745 & 0.1585 \\ 0.1585 & 0.5915 \end{bmatrix}^{-1}\begin{Bmatrix} F_1 \\ F_2 \end{Bmatrix} = \frac{L}{AE}\begin{bmatrix} 0.577 & -0.155 \\ -0.155 & 1.732 \end{bmatrix}\begin{Bmatrix} F_1 \\ F_2 \end{Bmatrix}$$

위 식을 통해 절점 A에서의 변위를 구하면

$$u_4 = \frac{L}{AE}(0.577F_1 - 0.155F_2)$$

$$v_4 = \frac{L}{AE}(-0.155F_1 + 1.732F_2)$$

$\overline{\mathbf{Q}} = \overline{\mathbf{k}} \cdot \mathbf{T} \cdot \mathbf{u}$ 를 이용하여 각 부재의 부재력을 구한다.

[1] 부재에 대하여

$$\mathbf{T}_1.\ \mathbf{u} = \frac{L}{AE}\begin{bmatrix} \frac{1}{2} & -\frac{\sqrt{3}}{2} & 0 & 0 \\ \frac{\sqrt{3}}{2} & \frac{1}{2} & 0 & 0 \\ 0 & 0 & \frac{1}{2} & -\frac{\sqrt{3}}{2} \\ 0 & 0 & \frac{\sqrt{3}}{2} & \frac{1}{2} \end{bmatrix}\begin{Bmatrix} 0 \\ 0 \\ 0.577F_1 - 0.155F_2 \\ -0.155F_1 + 1.732F_2 \end{Bmatrix}$$

$$= \frac{L}{AE}\begin{Bmatrix} 0 \\ 0 \\ 0.423F_1 - 1.577F_2 \\ 0.422F_1 + 0.732F_2 \end{Bmatrix}$$

$$\overline{\mathbf{Q}}_1 = \overline{\mathbf{k}}_1 \cdot \mathbf{T}_1.\mathbf{u} = \frac{AE}{2L}\begin{bmatrix} 1 & 0 & -1 & 0 \\ 0 & 0 & 0 & 0 \\ -1 & 0 & 1 & 0 \\ 0 & 0 & 0 & 0 \end{bmatrix}\frac{L}{AE}\begin{Bmatrix} 0 \\ 0 \\ 0.423F_1 - 1.577F_2 \\ 0.422F_1 + 0.732F_2 \end{Bmatrix}$$

$$= \begin{Bmatrix} -0.2115F_1 + 0.7885F_2 \\ 0 \\ 0.2115F_1 - 0.7885F_2 \\ 0 \end{Bmatrix}$$

[2] 부재에 대하여

$$\mathbf{T}_2.\ \mathbf{u} = \frac{L}{AE}\begin{bmatrix} 1 & 0 & 0 & 0 \\ 0 & 1 & 0 & 0 \\ 0 & 0 & 1 & 0 \\ 0 & 0 & 0 & 1 \end{bmatrix}\begin{Bmatrix} 0 \\ 0 \\ 0.577F_1 - 0.155F_2 \\ -0.155F_1 + 1.732F_2 \end{Bmatrix} = \frac{L}{AE}\begin{Bmatrix} 0 \\ 0 \\ 0.577F_1 - 0.155F_2 \\ -0.155F_1 + 1.732F_2 \end{Bmatrix}$$

$$\overline{\mathbf{Q}}_2 = \overline{\mathbf{k}}_2 \cdot \mathbf{T}_1.\mathbf{u} = \frac{AE}{L}\begin{bmatrix} 1 & 0 & -1 & 0 \\ 0 & 0 & 0 & 0 \\ -1 & 0 & 1 & 0 \\ 0 & 0 & 0 & 0 \end{bmatrix}\frac{L}{AE}\begin{Bmatrix} 0 \\ 0 \\ 0.577F_1 - 0.155F_2 \\ -0.155F_1 + 1.732F_2 \end{Bmatrix}$$

$$= \begin{Bmatrix} -0.577F_1 + 0.155F_2 \\ 0 \\ 0.577F_1 - 0.155F_2 \\ 0 \end{Bmatrix}$$

[3] 부재에 대하여

$$\mathbf{T}_3.\ \mathbf{u} = \frac{L}{AE}\begin{bmatrix} \frac{\sqrt{3}}{2} & \frac{1}{2} & 0 & 0 \\ -\frac{1}{2} & \frac{\sqrt{3}}{2} & 0 & 0 \\ 0 & 0 & \frac{\sqrt{3}}{2} & \frac{1}{2} \\ 0 & 0 & -\frac{1}{2} & \frac{\sqrt{3}}{2} \end{bmatrix}\begin{Bmatrix} 0 \\ 0 \\ 0.577F_1 - 0.155F_2 \\ -0.155F_1 + 1.732F_2 \end{Bmatrix}$$

$$= \frac{L}{AE}\begin{Bmatrix} 0 \\ 0 \\ 0.422F_1 + 0.732F_2 \\ -0.423F_1 + 1.577F_2 \end{Bmatrix}$$

$$\overline{\mathbf{Q}}_2 = \overline{\mathbf{k}}_2 \cdot \mathbf{T}_1 . \mathbf{u} = \frac{\sqrt{3}\mathrm{AE}}{2\mathrm{L}}\begin{bmatrix} 1 & 0 & -1 & 0 \\ 0 & 0 & 0 & 0 \\ -1 & 0 & 1 & 0 \\ 0 & 0 & 0 & 0 \end{bmatrix}$$

$$\frac{L}{AE}\begin{Bmatrix} 0 \\ 0 \\ 0.422F_1 + 0.732F_2 \\ -0.423F_1 + 1.577F_2 \end{Bmatrix} = \begin{Bmatrix} -0.365F_1 - 0.634F_2 \\ 0 \\ 0.365F_1 + 0.634F_2 \\ 0 \end{Bmatrix}$$

그러므로, 절점 A에서의 변위와 각 부재의 부재력을 정리하면 다음과 같다.

$$u_A = \frac{L}{AE}(0.577F_1 - 0.155F_2), \qquad v_A = \frac{L}{AE}(-0.155F_1 + 1.732F_2)$$

$$\overline{Q}_{AB} = 0.2115F_1 - 0.7885F_2,\ \overline{Q}_{AC} = 0.577F_1 - 0.155F_2,\ \overline{Q}_{AD} = 0.365F_1 + 0.634F_2$$

여기서, 위의 값이 음수이면 부재가 압축력을 받는 것이며 양수이면 부재가 인장력을 받는 것이다.

14-3

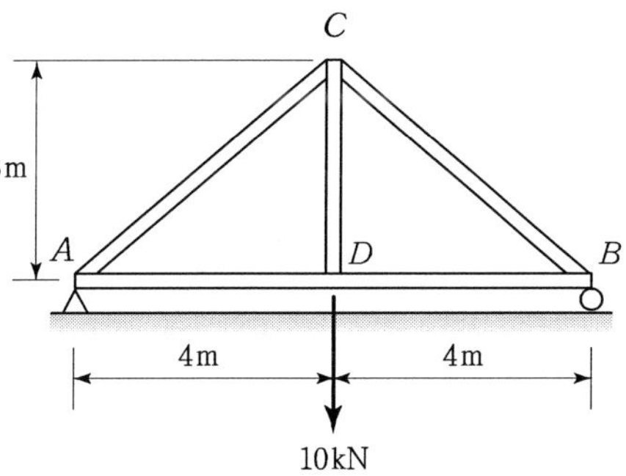

트러스 구조물의 지점반력을 그림 (a), 변위를 그림 (b)와 같이 나타낼 수 있다.

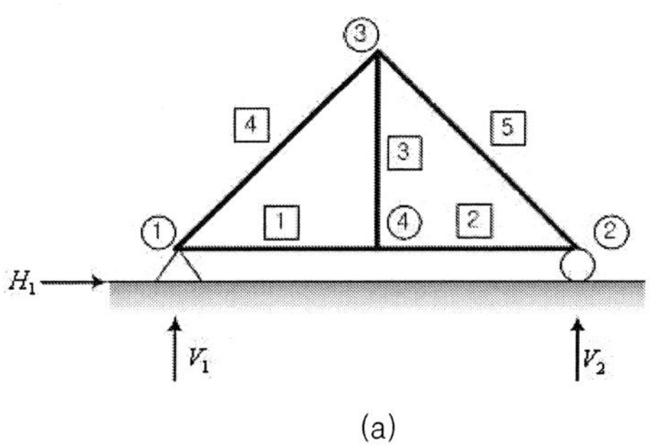

(a)

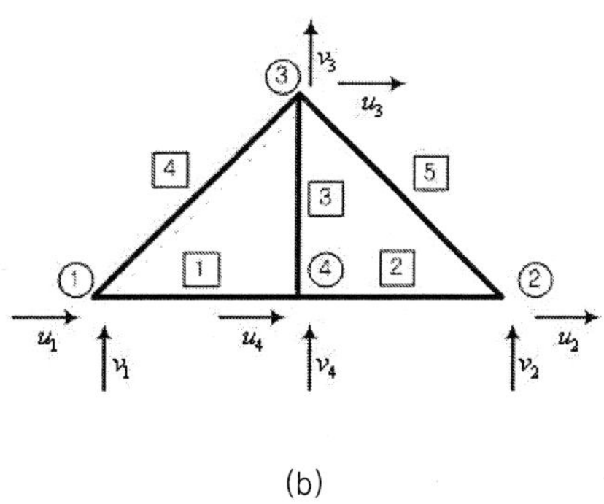

(b)

$\boxed{1}$ 부재(① → ④), $\boxed{2}$ 부재(④ → ②)는 $\cos\theta=1,\ \ \sin\theta=0$

$\boxed{3}$ 부재(④ → ③)는 $\cos\theta=0,\ \ \sin\theta=1$

$\boxed{4}$ 부재(① → ③)는 $\cos\theta=0.8,\ \ \sin\theta=0.6$

$\boxed{5}$ 부재(② → ③)는 $\cos\theta=-0.8,\ \ \sin\theta=0.6$

$\boxed{1}$, $\boxed{2}$ 부재에 대하여 부재 강성행렬을 구하면

$$\mathbf{k}_1=\frac{AE}{L}\begin{bmatrix} C^2 & CS & -C^2 & -CS \\ SC & S^2 & -SC & -S^2 \\ -C^2 & -CS & C^2 & CS \\ -SC & -S^2 & SC & S^2 \end{bmatrix}=\frac{EA}{4}\begin{bmatrix} 1 & 0 & -1 & 0 \\ 0 & 0 & 0 & 0 \\ -1 & 0 & 1 & 0 \\ 0 & 0 & 0 & 0 \end{bmatrix}\begin{matrix}\bar{u}_1\\ \bar{v}_1\\ \bar{u}_4\\ \bar{v}_4\end{matrix}\quad(\text{columns: }\bar{u}_1,\ \bar{v}_1,\ \bar{u}_4,\ \bar{v}_4)$$

$$\mathbf{k}_2=\frac{EA}{4}\begin{bmatrix} 1 & 0 & -1 & 0 \\ 0 & 0 & 0 & 0 \\ -1 & 0 & 1 & 0 \\ 0 & 0 & 0 & 0 \end{bmatrix}\begin{matrix}\bar{u}_4\\ \bar{v}_4\\ \bar{u}_2\\ \bar{v}_2\end{matrix}$$

$\boxed{3}$ 부재에 대하여 부재 강성행렬을 구하면

$$\mathbf{k}_3=\frac{EA}{3}\begin{bmatrix} 0 & 0 & 0 & 0 \\ 0 & 1 & 0 & -1 \\ 0 & 0 & 0 & 0 \\ 0 & -1 & 0 & 1 \end{bmatrix}\begin{matrix}\bar{u}_4\\ \bar{v}_4\\ \bar{u}_3\\ \bar{v}_3\end{matrix}\quad(\text{columns: }\bar{u}_4,\ \bar{v}_4,\ \bar{u}_3,\ \bar{v}_3)$$

$\boxed{4}$ 부재에 대하여 부재 강성행렬을 구하면

$$\mathbf{k}_4=\frac{EA}{5}\begin{bmatrix} 0.64 & 0.48 & -0.64 & -0.48 \\ 0.48 & 0.36 & -0.48 & -0.36 \\ -0.64 & -0.48 & 0.64 & 0.48 \\ -0.48 & -0.36 & 0.48 & 0.36 \end{bmatrix}\begin{matrix}\bar{u}_1\\ \bar{v}_1\\ \bar{u}_3\\ \bar{v}_3\end{matrix}\quad(\text{columns: }\bar{u}_1,\ \bar{v}_1,\ \bar{u}_3,\ \bar{v}_3)$$

$\boxed{5}$ 부재에 대하여 부재 강성행렬을 구하면

$$\mathbf{k}_5=\frac{EA}{5}\begin{bmatrix} 0.64 & -0.48 & -0.64 & 0.48 \\ -0.48 & 0.36 & 0.48 & -0.36 \\ -0.64 & 0.48 & 0.64 & -0.48 \\ 0.48 & -0.36 & -0.48 & 0.36 \end{bmatrix}\begin{matrix}\bar{u}_3\\ \bar{v}_3\\ \bar{u}_2\\ \bar{v}_2\end{matrix}\quad(\text{columns: }\bar{u}_3,\ \bar{v}_3,\ \bar{u}_2,\ \bar{v}_2)$$

$\boxed{1}$~$\boxed{5}$ 부재들의 강성행렬 $\mathbf{k}_1$, $\mathbf{k}_2$, $\mathbf{k}_3$, $\mathbf{k}_4$, $\mathbf{k}_5$를 조합하여 전구조물 강성행렬을 만들고 이를 이용하여 구조물에 작용하는 힘-변위 관계식을 구하면

$$\begin{Bmatrix} H_1 \\ V_1 \\ 0 \\ V_2 \\ 0 \\ 0 \\ 0 \\ -10 \end{Bmatrix}=EA\begin{bmatrix} 0.378 & 0.096 & 0 & 0 & -0.128 & -0.096 & -0.250 & 0 \\ 0.096 & 0.072 & 0 & 0 & -0.096 & -0.072 & 0 & 0 \\ 0 & 0 & 0.378 & -0.096 & -0.128 & 0.096 & -0.250 & 0 \\ 0 & 0 & -0.096 & 0.072 & 0.096 & -0.072 & 0 & 0 \\ -0.128 & -0.096 & -0.128 & 0.096 & 0.256 & 0 & 0 & 0 \\ -0.096 & -0.072 & 0.096 & -0.072 & 0 & 0.477 & 0 & -0.333 \\ -0.250 & 0 & -0.250 & 0 & 0 & 0 & 0.500 & 0 \\ 0 & 0 & 0 & 0 & 0 & -0.333 & 0 & 0.333 \end{bmatrix}\begin{Bmatrix} 0 \\ 0 \\ u_2 \\ 0 \\ u_3 \\ v_3 \\ u_4 \\ v_4 \end{Bmatrix}$$

미지의 변위에 대하여 풀면

$$\begin{Bmatrix} u_2 \\ u_3 \\ v_3 \\ u_4 \\ v_4 \end{Bmatrix} = \frac{1}{EA}\begin{bmatrix} 0.378 & -0.128 & 0.096 & -0.25 & 0 \\ -0.128 & 0.256 & 0 & 0 & 0 \\ 0.096 & 0 & 0.477 & 0 & -0.333 \\ -0.250 & 0 & 0 & 0.500 & 0 \\ 0 & 0 & -0.333 & 0 & 0.333 \end{bmatrix}^{-1}\begin{Bmatrix} 0 \\ 0 \\ 0 \\ 0 \\ -10 \end{Bmatrix} = \frac{1}{EA}\begin{Bmatrix} 53.33 \\ 26.67 \\ -105 \\ 26.67 \\ -135 \end{Bmatrix}$$

$\overline{\mathbf{Q}} = \overline{\mathbf{k}} \cdot \mathbf{T} \cdot \mathbf{u}$를 이용하여 부재력을 구해보면

[3] 부재에 대하여

$$\mathbf{T}_3 \cdot \mathbf{u} = \frac{1}{EA}\begin{bmatrix} 0 & 1 & 0 & 0 \\ -1 & 0 & 0 & 0 \\ 0 & 0 & 0 & 1 \\ 0 & 0 & -1 & 0 \end{bmatrix}\begin{Bmatrix} 26.67 \\ -135 \\ 26.67 \\ -105 \end{Bmatrix} = \frac{1}{EA}\begin{Bmatrix} -135 \\ -26.67 \\ -105 \\ -26.67 \end{Bmatrix}$$

$$\overline{\mathbf{Q}}_3 = \overline{\mathbf{k}}_3 \cdot \mathrm{T}_3 \cdot \mathrm{u} = \frac{EA}{3}\begin{bmatrix} 1 & 0 & -1 & 0 \\ 0 & 0 & 0 & 0 \\ -1 & 0 & 1 & 0 \\ 0 & 0 & 0 & 0 \end{bmatrix}\frac{1}{EA}\begin{Bmatrix} -135 \\ -26.67 \\ -105 \\ -26.67 \end{Bmatrix} = \begin{Bmatrix} -10 \\ 0 \\ 10 \\ 0 \end{Bmatrix}$$

그러므로 그림 (a), (b)에서 보는 바와 같이 D점에서의 수직변위, 부재 CD의 부재력을 정리하면 다음과 같다.

$$\overline{\mathbf{Q}}_{CD} = 10\ \mathrm{kN}(\text{인장})$$

$$v_D = v_4 = -\frac{1}{EA} \times 135 = 4.5 \times 10^{-3}\ \mathrm{m}(\text{아래로})$$

14-4

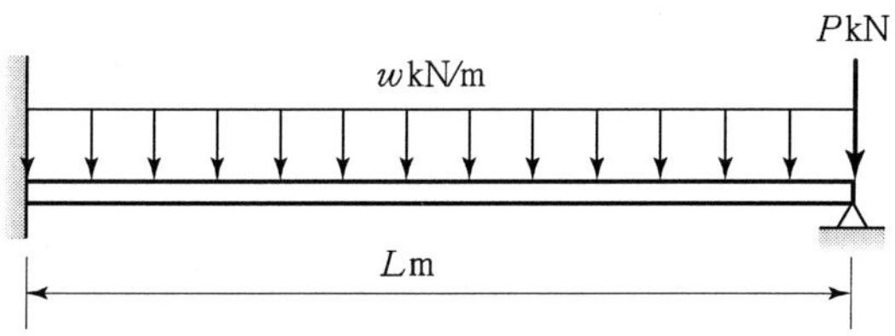

(1) 부재 강성행렬 산정

① 부재의 지점반력을 그림 (a)와 같이, 구조물의 변위를 그림 (b)와 같이 나타낼 수 있다.

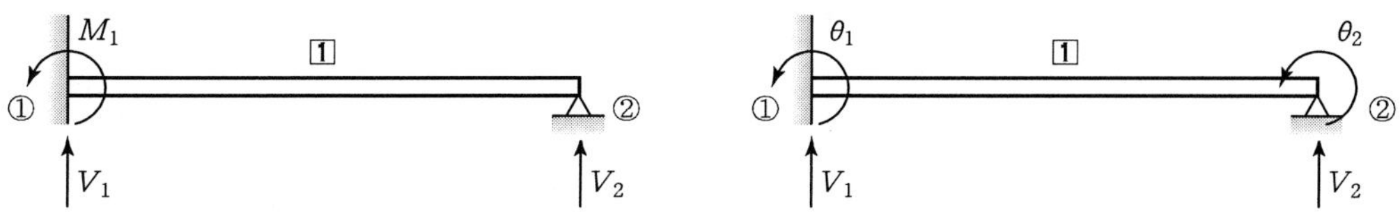

(a) (b)

② 일단 부재의 길이는 L m이다.

부재(①→②)는 전체좌표계와 지역좌표계가 일치하므로 $\cos\theta = 1$, $\sin\theta = 0$이다.

③ 부재의 변환행렬과 강성행렬을 구한다.

[1] 부재에는 지역좌표계와 전체좌표계가 일치하므로 좌표변환을 위한 변환행렬은 다음과 같다.

$$\mathbf{T}=\begin{bmatrix} C & S & 0 & 0 \\ -S & C & 0 & 0 \\ 0 & 0 & C & S \\ 0 & 0 & -S & C \end{bmatrix}=\begin{bmatrix} 1 & 0 & 0 & 0 \\ 0 & 1 & 0 & 0 \\ 0 & 0 & 1 & 0 \\ 0 & 0 & 0 & 1 \end{bmatrix}$$

지역좌표계에 대한 [1] 부재의 강성행렬을 구하면

$$\overline{\mathbf{k}}=\frac{EI}{L}\begin{bmatrix} 12 & 6L & -12 & 6L \\ 6L & 4L^2 & -6L & 2L^2 \\ -12 & -6L & 12 & -6L \\ 6L & 2L^2 & -6L & 4L^2 \end{bmatrix}$$

[1] 부재에 변환행렬을 적용하여 전체좌표계에 대한 강성행렬 $\mathbf{k}_1$을 구한다.

$$\mathbf{k}=\mathbf{T}^{\mathrm{T}}\cdot\overline{\mathbf{k}}\cdot\mathbf{T}=\frac{EI}{L}\begin{bmatrix} 12 & 6L & -12 & 6L \\ 6L & 4L^2 & -6L & 2L^2 \\ -12 & -6L & 12 & -6L \\ 6L & 2L^2 & -6L & 4L^2 \end{bmatrix}$$

(2) 변위 및 부재력 산정

① 위에서 구한 전구조물의 강성행렬을 이용하여 전구조물의 힘과 변위와의 관계식을 구하면

$$\begin{Bmatrix} V_1-\dfrac{wL}{2} \\ M_1-\dfrac{wL^2}{12} \\ V_2-\dfrac{wL}{2}-P \\ \dfrac{wL}{12} \end{Bmatrix}=\frac{EI}{L^3}\begin{bmatrix} 12 & 6L & -12 & 6L \\ 6L & 4L^2 & -6L & 2L^2 \\ -12 & -6L & 12 & -6L \\ 6L & 2L^2 & -6L & 4L^2 \end{bmatrix}\begin{Bmatrix} 0 \\ 0 \\ 0 \\ \theta_2 \end{Bmatrix}$$

② 미지의 변위에 대하여 풀면

$$\{\theta_2\}=\left[\frac{L}{4EI}\right]\left\{\frac{wL}{12}\right\}\left\{\frac{wL^2}{48EI}\right\}$$

위 식을 통해 미지의 변위를 구하면

$$\theta_2=\frac{wL^2}{48EI}\ (\mathrm{m})$$

③ 구해진 미지의 변위를 힘-변위 관계식에 다시 대입하여 미지의 지점반력에 관하여 풀면

$$\begin{Bmatrix} V_1-\dfrac{wL}{2} \\ M_1-\dfrac{wL^2}{12} \\ V_2-\dfrac{wL}{2}-P \\ \dfrac{wL^2}{12} \end{Bmatrix}=\frac{EI}{L^3}\begin{bmatrix} 12 & 6L & -12 & 6L \\ 6L & 4L^2 & -6L & 2L^2 \\ -12 & -6L & 12 & -6L \\ 6L & 2L^2 & -6L & 4L^2 \end{bmatrix}\begin{Bmatrix} 0 \\ 0 \\ 0 \\ \dfrac{wL^2}{48EI} \end{Bmatrix}=\begin{Bmatrix} \dfrac{wL}{8} \\ \dfrac{wL^2}{24} \\ -\dfrac{wL}{8} \\ \dfrac{wL^2}{12} \end{Bmatrix}$$

위 식을 통해 각 지점의 반력을 구하면

$$V_1 = \frac{5wL}{8}\,\text{kN},\quad M_1 = \frac{wL^2}{24}\,\text{kN/m},\quad V_2 = \left(\frac{3wL}{8} + P\right)\text{kN},\quad M_2 = 0\,\text{kN}$$

14-5

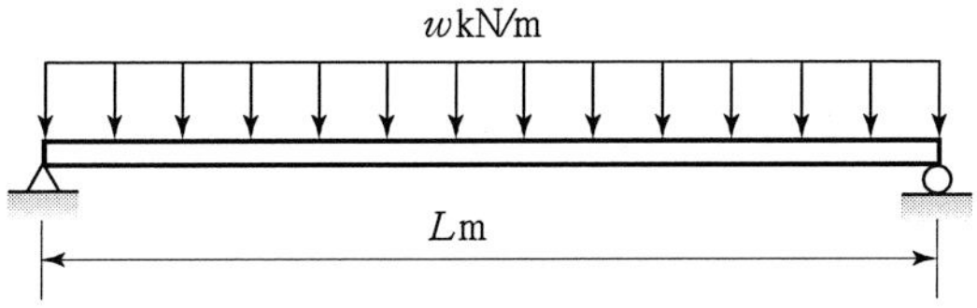

위 구조물의 지점반력을 그림 (a), 변위를 그림 (b)와 같이 나타낼 수 있다.

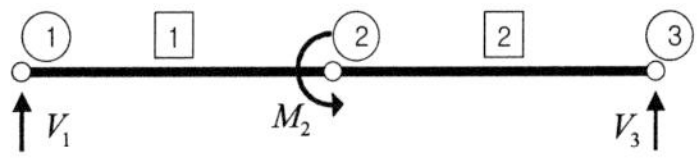

(a)

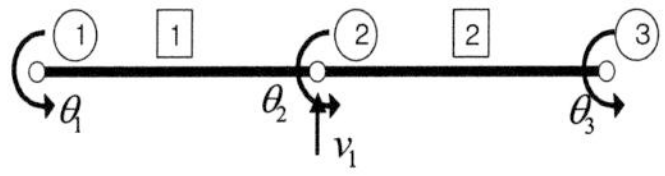

(b)

[1] 부재에 대하여 부재 강성행렬을 구하면 부재의 길이가 $L/2$ 이므로,

$$\mathbf{k}_1 = \frac{8EI}{L^3}\begin{bmatrix} 12 & 3L & -12 & 3L \\ 3L & L^2 & -3L & 0.5L^2 \\ -12 & -3L & 12 & -3L \\ 3L & 0.5L^2 & -3L & L^2 \end{bmatrix}$$

(열: $\overline{v_1}$, $\overline{\theta_1}$, $\overline{v_2}$, $\overline{\theta_2}$ / 행: $\overline{v_1}$, $\overline{\theta_1}$, $\overline{v_2}$, $\overline{\theta_2}$)

[2] 부재의 부재 강성행렬도 [1] 부재의 부재 강성행렬과 같다.

$$\mathbf{k}_2 = \frac{8EI}{L^3}\begin{bmatrix} 12 & 3L & -12 & 3L \\ 3L & L^2 & -3L & 0.5L^2 \\ -12 & -3L & 12 & -3L \\ 3L & 0.5L^2 & -3L & L^2 \end{bmatrix}$$

(열: $\overline{v_2}$, $\overline{\theta_2}$, $\overline{v_3}$, $\overline{\theta_3}$ / 행: $\overline{v_2}$, $\overline{\theta_2}$, $\overline{v_3}$, $\overline{\theta_3}$)

[1] 부재와 [2] 부재의 부재 강성행렬 $\mathbf{k}_1$, $\mathbf{k}_2$ 를 조합하여 전구조물 강성행렬 $\boldsymbol{K}$ 를 만들면

$$\boldsymbol{K} = \frac{8EI}{L^3}\begin{bmatrix} 12 & 3L & -12 & 3L & 0 & 0 \\ 3L & L^2 & -3L & 0.5L^2 & 0 & 0 \\ -12 & -3L & 24 & 0 & -12 & 3L \\ 3L & 0.5L^2 & 0 & 2L^2 & -3L & 0.5L^2 \\ 0 & 0 & -12 & -3L & 12 & -3L \\ 0 & 0 & 3L & 0.5L^2 & -3L & L^2 \end{bmatrix}$$

(열: $\overline{v_1}$, $\overline{\theta_1}$, $\overline{v_2}$, $\overline{\theta_2}$, $\overline{v_3}$, $\overline{\theta_3}$ / 행: $\overline{v_1}$, $\overline{\theta_1}$, $\overline{v_2}$, $\overline{\theta_2}$, $\overline{v_3}$, $\overline{\theta_3}$)

부재 [1]과 [2]에 작용하는 비 절점력을 절점력으로 치환하면

$$\overline{Q}_1 = \begin{Bmatrix} -\dfrac{wL}{4} \\ -\dfrac{wL^2}{48} \\ -\dfrac{wL}{4} \\ \dfrac{wL^2}{48} \end{Bmatrix}, \quad \overline{Q}_2 = \begin{Bmatrix} -\dfrac{wL}{4} \\ -\dfrac{wL^2}{48} \\ -\dfrac{wL}{4} \\ \dfrac{wL^2}{48} \end{Bmatrix}$$

부재 [1], [2]의 치환된 절점력을 조합한 $\boldsymbol{Q}_0$와 전구조물 강성행렬 $\boldsymbol{K}$를 이용하여 구조물에 작용하는 힘-변위 관계식을 구하면,

$$\begin{Bmatrix} V_1 - \dfrac{wL}{4} \\ -\dfrac{wL^2}{48} \\ -\dfrac{wL}{2} \\ 0 \\ V_3 - \dfrac{wL}{4} \\ \dfrac{wL^2}{48} \end{Bmatrix} = \frac{8EI}{L^3} \begin{bmatrix} 12 & 3L & -12 & 3L & 0 & 0 \\ 3L & L^2 & -3L & 0.5L^2 & 0 & 0 \\ -12 & -3L & 24 & 0 & -12 & 3L \\ 3L & 0.5L^2 & 0 & 2L^2 & -3L & 0.5L^2 \\ 0 & 0 & -12 & -3L & 12 & -3L \\ 0 & 0 & 3L & 0.5L^2 & -3L & L^2 \end{bmatrix} \begin{Bmatrix} 0 \\ \theta_1 \\ v_2 \\ \theta_2 \\ 0 \\ \theta_3 \end{Bmatrix}$$

미지의 변위에 대하여 풀면, (문제로부터 θ_2는 0 임을 명백히 알 수 있다)

$$\begin{Bmatrix} \theta_1 \\ v_1 \\ \theta_3 \end{Bmatrix} = \frac{L^3}{8EI} \begin{bmatrix} L^2 & -3L & 0 \\ -3L & 24 & 3L \\ 0 & 3L & L^2 \end{bmatrix}^{-1} \begin{Bmatrix} -\dfrac{wL^2}{48} \\ -\dfrac{wL}{2} \\ \dfrac{wL^2}{48} \end{Bmatrix}$$

$$= \frac{1}{48EI} \begin{bmatrix} 15L & 3L^2 & -9L \\ 3L^2 & L^3 & -3L^2 \\ -9L & -3L^2 & 15L \end{bmatrix} \begin{Bmatrix} -\dfrac{wL^2}{48} \\ -\dfrac{wL}{2} \\ \dfrac{wL^2}{48} \end{Bmatrix} = \begin{Bmatrix} -\dfrac{wL^3}{24EI} \\ -\dfrac{5wL^4}{384EI} \\ \dfrac{wL^3}{24EI} \end{Bmatrix}$$

그러므로 힌지지점의 최대처짐각과 보 중각지점의 최대처짐을 정리하면

$$\theta_A = -\frac{wL^3}{24EI}, \quad v_B = -\frac{5wL^4}{384EI}, \quad \theta_C = \frac{wL^3}{24EI}$$

14-6

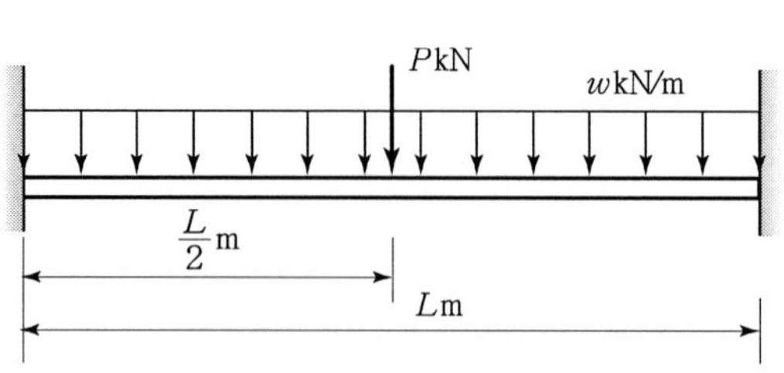

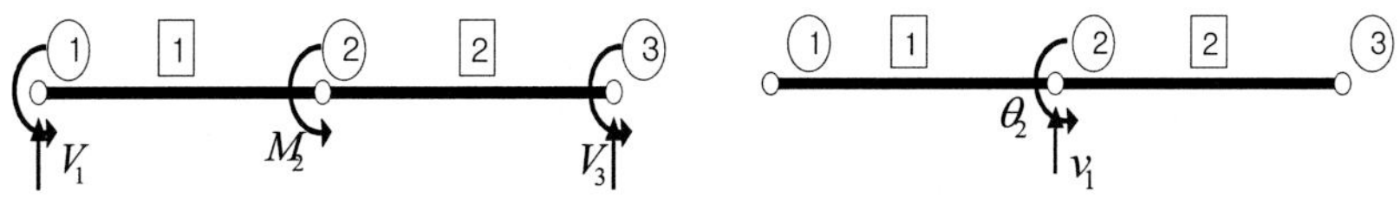

(a) (b)

$\boxed{1}$ 부재에 대하여 부재 강성행렬을 구하면 부재의 길이가 $L/2$ 이므로,

$$\mathbf{k}_1 = \frac{8EI}{L^3}\begin{bmatrix} 12 & 3L & -12 & 3L \\ 3L & L^2 & -3L & 0.5L^2 \\ -12 & -3L & 12 & -3L \\ 3L & 0.5L^2 & -3L & L^2 \end{bmatrix} \begin{matrix} \overline{v_1} \\ \overline{\theta_1} \\ \overline{v_2} \\ \overline{\theta_2} \end{matrix} \quad (\text{columns: } \overline{v_1}\ \overline{\theta_1}\ \overline{v_2}\ \overline{\theta_2})$$

$\boxed{2}$ 부재의 부재 강성행렬도 $\boxed{1}$ 부재의 부재 강성행렬과 같다.

$$\mathbf{k}_2 = \frac{8EI}{L^3}\begin{bmatrix} 12 & 3L & -12 & 3L \\ 3L & L^2 & -3L & 0.5L^2 \\ -12 & -3L & 12 & -3L \\ 3L & 0.5L^2 & -3L & L^2 \end{bmatrix} \begin{matrix} \overline{v_2} \\ \overline{\theta_2} \\ \overline{v_3} \\ \overline{\theta_3} \end{matrix} \quad (\text{columns: } \overline{v_2}\ \overline{\theta_2}\ \overline{v_3}\ \overline{\theta_3})$$

$\boxed{1}$ 부재와 $\boxed{2}$ 부재의 부재 강성행렬 $\mathbf{k}_1$, $\mathbf{k}_2$ 를 조합하여 전구조물 강성행렬 $\boldsymbol{K}$ 를 만들면

$$\boldsymbol{K} = \frac{8EI}{L^3}\begin{bmatrix} 12 & 3L & -12 & 3L & 0 & 0 \\ 3L & L^2 & -3L & 0.5L^2 & 0 & 0 \\ -12 & -3L & 24 & 0 & -12 & 3L \\ 3L & 0.5L^2 & 0 & 2L^2 & -3L & 0.5L^2 \\ 0 & 0 & -12 & -3L & 12 & -3L \\ 0 & 0 & 3L & 0.5L^2 & -3L & L^2 \end{bmatrix} \begin{matrix} \overline{v_1} \\ \overline{\theta_1} \\ \overline{v_2} \\ \overline{\theta_2} \\ \overline{v_3} \\ \overline{\theta_3} \end{matrix} \quad (\text{columns: } \overline{v_1}\ \overline{\theta_1}\ \overline{v_2}\ \overline{\theta_2}\ \overline{v_3}\ \overline{\theta_3})$$

부재 $\boxed{1}$과 $\boxed{2}$에 작용하는 비 절점력을 절점력으로 치환하면

$$\overline{\boldsymbol{Q}_1} = \begin{Bmatrix} -\dfrac{wL}{4} \\ -\dfrac{wL^2}{48} \\ -\dfrac{wL}{4} \\ \dfrac{wL^2}{48} \end{Bmatrix}, \quad \overline{\boldsymbol{Q}_2} = \begin{Bmatrix} -\dfrac{wL}{4} \\ -\dfrac{wL^2}{48} \\ -\dfrac{wL}{4} \\ \dfrac{wL^2}{48} \end{Bmatrix}$$

부재 $\boxed{1}$, $\boxed{2}$의 치환된 절점력을 조합한 $\boldsymbol{Q}_0$ 와 전구조물 강성행렬 $\boldsymbol{K}$ 를 이용하여 구조물에 작용하는 힘-변위 관계식을 구하면,

$$\begin{Bmatrix} V_1-\frac{wL}{4} \\ M_1-\frac{wL^2}{48} \\ -P-\frac{wL}{2} \\ 0 \\ V_3-\frac{wL}{4} \\ M_3+\frac{wL^2}{48} \end{Bmatrix} = \frac{8EI}{L^3}\begin{bmatrix} 12 & 3L & -12 & 3L & 0 & 0 \\ 3L & L^2 & -3L & 0.5L^2 & 0 & 0 \\ -12 & -3L & 24 & 0 & -12 & 3L \\ 3L & 0.5L^2 & 0 & 2L^2 & -3L & 0.5L^2 \\ 0 & 0 & -12 & -3L & 12 & -3L \\ 0 & 0 & 3L & 0.5L^2 & -3L & L^2 \end{bmatrix}\begin{Bmatrix} 0 \\ 0 \\ v_2 \\ \theta_2 \\ 0 \\ 0 \end{Bmatrix}$$

미지의 변위에 대하여 풀면, (문제로부터 구조물의 지점조건 · 기하형상 및 하중조건이 대칭이므로 $\theta_2=0$임을 명백히 알 수 있다)

$$v_2=\frac{L^3}{192EI}\left(-P-\frac{wL}{2}\right)=-\frac{PL^3}{192EI}-\frac{wL^4}{384EI}$$

v_2값을 대입하여 미지의 반력에 대해서 풀면,

$$\begin{Bmatrix} V_1-\frac{wL}{4} \\ M_1-\frac{wL^2}{48} \\ V_3-\frac{wL}{4} \\ M_3+\frac{wL^2}{48} \end{Bmatrix} = \frac{8EI}{L^3}\begin{Bmatrix} \frac{PL^3}{16EI}+\frac{wL^4}{32EI} \\ \frac{PL^4}{64EI}+\frac{wL^5}{128EI} \\ \frac{PL^3}{16EI}+\frac{wL^4}{32EI} \\ -\frac{PL^4}{64EI}-\frac{wL^5}{128EI} \end{Bmatrix} = \begin{Bmatrix} \frac{P}{2}+\frac{wL}{4} \\ \frac{PL}{8}+\frac{wL^2}{16} \\ \frac{P}{2}+\frac{wL}{4} \\ -\frac{PL}{8}-\frac{wL^2}{16} \end{Bmatrix}$$

그러므로, 보 중간지점의 최대처짐과 지점반력을 정리하면,

$$v_B=-\frac{PL^3}{192EI}-\frac{wL^4}{384EI},\quad V_A=V_C=\frac{P}{2}+\frac{wL}{2}$$

$$M_A=\frac{PL}{8}+\frac{wL^2}{12},\quad M_C=-\frac{PL}{8}-\frac{wL^2}{12}$$

14-7

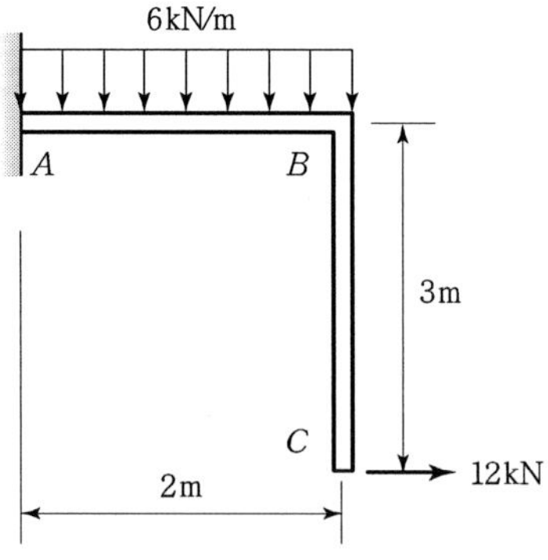

구조물의 지점반력을 그림 (a)와 같이, 변위를 그림 (b)와 같이 나타낼 수 있다.

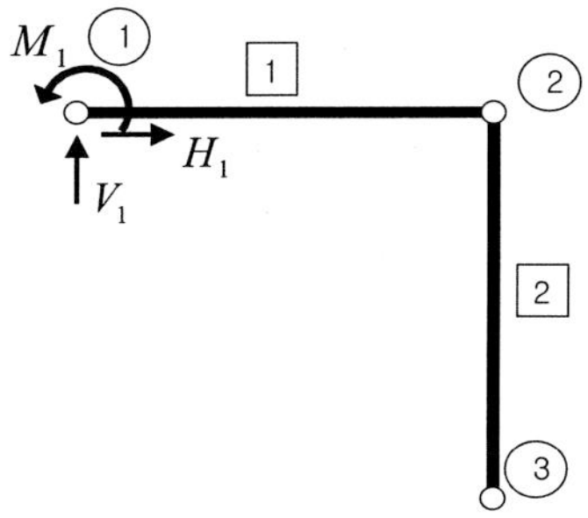

(a)

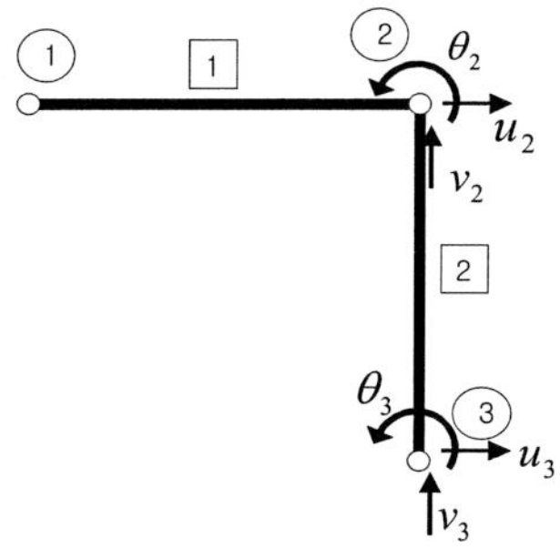

(b)

[1] 부재(① → ②)는 전체좌표계와 지역좌표계가 일치하므로, $\cos\theta = 1$, $\sin\theta = 0$이고, [2] 부재(② → ③)는 지역좌표계가 전체좌표계에 대하여 $-90°$ 회전해 있으므로 $\cos\theta = 0$, $\sin\theta = -1$이다. 특성값을 kN과 m단위로 바꾸면 $E = 200,000,000\,\mathrm{kN/m^2}$, $A = 0.013\,\mathrm{m^2}$, $I = 0.000762\,\mathrm{m^4}$이다.

[1] 부재에 대하여 전체좌표계와 지역좌표계가 일치하므로

$$\mathbf{k}_1 = \overline{\mathbf{k}}_1 = \begin{bmatrix} \frac{AE}{L} & 0 & 0 & -\frac{AE}{L} & 0 & 0 \\ 0 & \frac{12EI}{L^3} & \frac{6EI}{L^2} & 0 & -\frac{12EI}{L^3} & \frac{6EI}{L^2} \\ 0 & \frac{6EI}{L^2} & \frac{4EI}{L} & 0 & -\frac{6EI}{L^2} & \frac{2EI}{L} \\ -\frac{AE}{L} & 0 & 0 & \frac{AE}{L} & 0 & 0 \\ 0 & -\frac{12EI}{L^3} & -\frac{6EI}{L^2} & 0 & \frac{12EI}{L^3} & -\frac{6EI}{L^2} \\ 0 & \frac{6EI}{L^2} & \frac{2EI}{L} & 0 & -\frac{6EI}{L^2} & \frac{4EI}{L} \end{bmatrix}$$

$$= \begin{bmatrix} 1300000 & 0 & 0 & -1300000 & 0 & 0 \\ 0 & 228600 & 228600 & 0 & -228600 & 228600 \\ 0 & 228600 & 304800 & 0 & -228600 & 152400 \\ -1300000 & 0 & 0 & 1300000 & 0 & 0 \\ 0 & -228600 & -228600 & 0 & 228600 & -228600 \\ 0 & 228600 & 152400 & 0 & -228600 & 304800 \end{bmatrix}$$

[2] 부재에는 지역좌표계가 전체좌표계에 대해 $-90°$ 회전해 있으므로 좌표변환을 위한 변환행렬은 다음과 같다.

$$\mathrm{T} = \begin{bmatrix} 0 & -1 & 0 & 0 & 0 & 0 \\ 1 & 0 & 0 & 0 & 0 & 0 \\ 0 & 0 & 1 & 0 & 0 & 0 \\ 0 & 0 & 0 & 0 & -1 & 0 \\ 0 & 0 & 0 & 1 & 0 & 0 \\ 0 & 0 & 0 & 0 & 0 & 1 \end{bmatrix}$$

지역좌표계에 대한 [2] 부재의 강성행렬을 구하면

$$\overline{\mathbf{k}}_2=\begin{bmatrix} 866666.67 & 0 & 0 & -866666.67 & 0 & 0 \\ 0 & 67733.33 & 101600 & 0 & -67733.33 & 101600 \\ 0 & 101600 & 203200 & 0 & -101600 & 101600 \\ -866666.67 & 0 & 0 & 866666.67 & 0 & 0 \\ 0 & -67733.33 & -101600 & 0 & 67733.33 & -101600 \\ 0 & 101600 & 101600 & 0 & -101600 & 203200 \end{bmatrix}$$

[2] 부재에 변환행렬을 적용하여 전체좌표계에 대한 강성행렬 k_2를 구하면

$$\mathbf{k}_2=T^T\cdot\ \overline{\mathbf{k}}_2\cdot T$$

$$=\begin{bmatrix} 67733.33 & 0 & 101600 & -67733.33 & 0 & 101600 \\ 0 & 866666.67 & 0 & 0 & -866666.67 & 0 \\ 101600 & 0 & 203200 & -101600 & 0 & 101600 \\ -67733.33 & 0 & -101600 & 67733.33 & 0 & -101600 \\ 0 & -866666.67 & 0 & 0 & 866666.67 & 0 \\ 101600 & 0 & 101600 & -101600 & 0 & 203200 \end{bmatrix}$$

각 부재의 부재 강성행렬을 조합하여 전구조물 강성행렬 $\boldsymbol{K}$를 만들면,

$$\boldsymbol{K}=\begin{bmatrix} 1300000 & 0 & 0 & -1300000 & 0 & 0 & 0 & 0 & 0 \\ 0 & 228600 & 228600 & 0 & -228600 & 228600 & 0 & 0 & 0 \\ 0 & 228600 & 304800 & 0 & -228600 & 152400 & 0 & 0 & 0 \\ -1300000 & 0 & 0 & 1367733.33 & 0 & 101600 & -67733.33 & 0 & 101600 \\ 0 & -228600 & -228600 & 0 & 1095266.67 & -228600 & 0 & -866666.67 & 0 \\ 0 & 228600 & 152400 & 101600 & -228600 & 508000 & -101600 & 0 & 101600 \\ 0 & 0 & 0 & -67733.33 & 0 & -101600 & 67733.33 & 0 & -101600 \\ 0 & 0 & 0 & 0 & -866666.67 & 0 & 0 & 866666.67 & 0 \\ 0 & 0 & 0 & 101600 & 0 & 101600 & -101600 & 0 & 203200 \end{bmatrix}$$

부재 [1]에 작용하는 비절점력을 절점력으로 치환하면

$$\overline{\boldsymbol{Q}}_1=\begin{Bmatrix} 0 \\ -\dfrac{wL}{2} \\ -\dfrac{wL^2}{12} \\ 0 \\ -\dfrac{wL}{2} \\ \dfrac{wL^2}{12} \end{Bmatrix}=\begin{Bmatrix} 0 \\ -6 \\ -2 \\ 0 \\ -6 \\ 2 \end{Bmatrix}$$

부재 [1]의 치환된 절점력을 조합한 $\overline{\boldsymbol{Q}}_0$와 전구조물 강성행렬 $\boldsymbol{K}$를 이용하여 구조물에 작용하는 힘-변위 관계식을 구하면,

$$\begin{Bmatrix} H_1 \\ V_1-6 \\ M_1-2 \\ 0 \\ -6 \\ 2 \\ 12 \\ 0 \\ 0 \end{Bmatrix}=\begin{bmatrix} 1300000 & 0 & 0 & -1300000 & 0 & 0 & 0 & 0 & 0 \\ 0 & 228600 & 228600 & 0 & -228600 & 228600 & 0 & 0 & 0 \\ 0 & 228600 & 304800 & 0 & -228600 & 152400 & 0 & 0 & 0 \\ -1300000 & 0 & 0 & 1367733.33 & 0 & 101600 & -67733.33 & 0 & 101600 \\ 0 & -228600 & -228600 & 0 & 1095266.67 & -228600 & 0 & -866666.67 & 0 \\ 0 & 228600 & 152400 & 101600 & -228600 & 508000 & -101600 & 0 & 101600 \\ 0 & 0 & 0 & -67733.33 & 0 & -101600 & 67733.33 & 0 & -101600 \\ 0 & 0 & 0 & 0 & -866666.67 & 0 & 0 & 866666.67 & 0 \\ 0 & 0 & 0 & 101600 & 0 & 101600 & -101600 & 0 & 203200 \end{bmatrix}\begin{Bmatrix} 0 \\ 0 \\ 0 \\ u_2 \\ v_2 \\ \theta_2 \\ u_3 \\ v_3 \\ \theta_3 \end{Bmatrix}$$

미지의 변위에 대하여 풀면,

$$\begin{Bmatrix} u_2 \\ v_2 \\ \theta_2 \\ u_3 \\ v_3 \\ \theta_3 \end{Bmatrix} = \begin{bmatrix} 1367733.33 & 0 & 101600 & -67733.33 & 0 & 101600 \\ 0 & 1095266.67 & -228600 & 0 & -866666.67 & 0 \\ 101600 & -228600 & 508000 & -101600 & 0 & 101600 \\ -67733.33 & 0 & -101600 & 67733.33 & 0 & -101600 \\ 0 & -866666.67 & 0 & 0 & 866666.67 & 0 \\ 101600 & 0 & 101600 & -101600 & 0 & 203200 \end{bmatrix}^{-1} \begin{Bmatrix} 0 \\ -6 \\ 2 \\ 12 \\ 0 \\ 0 \end{Bmatrix}$$

$$= \begin{Bmatrix} 0.009 \ \text{mm} \\ 0.394 \ \text{mm} \\ 0.000420 \ \text{rad} \\ 1.978 \ \text{mm} \\ 0.394 \ \text{mm} \\ 0.000774 \ \text{rad} \end{Bmatrix}$$

미지의 변위를 대입하여 미지의 반력에 대하여 다시 풀면

$$\begin{Bmatrix} H_1 \\ V_1 \\ M_1 \end{Bmatrix} = \begin{bmatrix} -1300000 & 0 & 0 & 0 & 0 & 0 \\ 0 & -228600 & 228600 & 0 & 0 & 0 \\ 0 & -228600 & 152400 & 0 & 0 & 0 \end{bmatrix} \begin{Bmatrix} 0.000009 \\ 0.000394 \\ 0.000420 \\ 0.001978 \\ 0.000394 \\ 0.000774 \end{Bmatrix} + \begin{Bmatrix} 0 \\ 6 \\ 2 \end{Bmatrix} = \begin{Bmatrix} -12 \ \text{kN} \\ 12 \ \text{kN} \\ -24 \ \text{kN} \cdot \text{m} \end{Bmatrix}$$

그러므로 지점반력과 C점의 수평변위를 적으면,

$$H_A = -12\,\text{kN}, \quad V_A = 12\,\text{kN}, \quad M_A = -24\,\text{kN} \cdot \text{m}, \quad u_C = 1.978\,\text{mm}$$

14-8

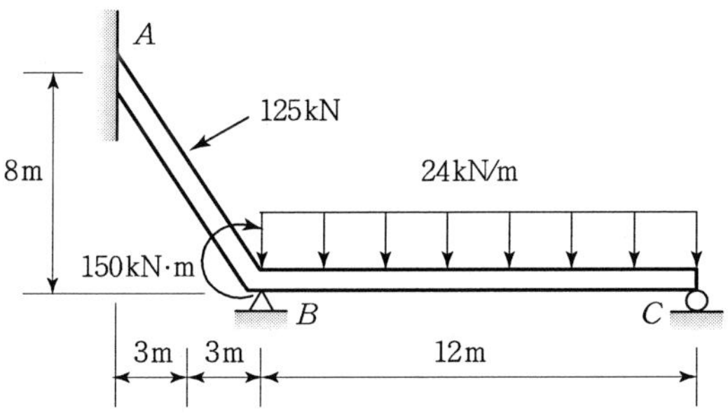

구조물의 지점반력을 그림 (a)와 같이, 변위를 그림 (b)와 같이 나타낼 수 있다.

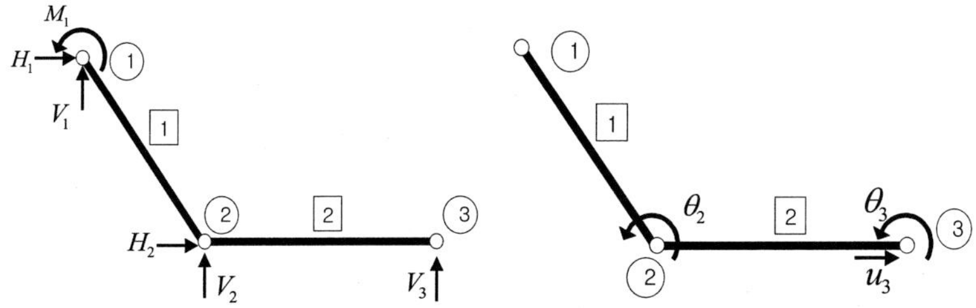

(a) (b)

[1] 부재(① → ②)는 지역좌표계가 전체좌표계와 다르며 이때 $\cos\theta = 0.6$, $\sin\theta = -0.8$이고, [2] 부재(② → ③)는 전체좌표계와 지역좌표계가 일치하므로, $\cos\theta = 1$, $\sin\theta = 0$이다.

특성값을 kN과 m단위로 바꾸면 $E = 200,000,000\,\text{kN/m}^2$, $A = 0.013\,\text{m}^2$, $I = 0.000762\,\text{m}^4$이다.

[1] 부재에 대하여 지역좌표계에서의 부재 강성행렬을 구하면,

$$\bar{\mathbf{k}}_1 = \begin{bmatrix} \frac{AE}{L} & 0 & 0 & -\frac{AE}{L} & 0 & 0 \\ 0 & \frac{12EI}{L^3} & \frac{6EI}{L^2} & 0 & -\frac{12EI}{L^3} & \frac{6EI}{L^2} \\ 0 & \frac{6EI}{L^2} & \frac{4EI}{L} & 0 & -\frac{6EI}{L^2} & \frac{2EI}{L} \\ -\frac{AE}{L} & 0 & 0 & \frac{AE}{L} & 0 & 0 \\ 0 & -\frac{12EI}{L^3} & -\frac{6EI}{L^2} & 0 & \frac{12EI}{L^3} & -\frac{6EI}{L^2} \\ 0 & \frac{6EI}{L^2} & \frac{2EI}{L} & 0 & -\frac{6EI}{L^2} & \frac{4EI}{L} \end{bmatrix}$$

$$= \begin{bmatrix} 260000 & 0 & 0 & -260000 & 0 & 0 \\ 0 & 1828.8 & 9144 & 0 & -1828.8 & 9144 \\ 0 & 9144 & 60960 & 0 & -9144 & 30480 \\ -260000 & 0 & 0 & 260000 & 0 & 0 \\ 0 & -1828.8 & -9144 & 0 & 1828.8 & -9144 \\ 0 & 9144 & 30480 & 0 & -9144 & 60960 \end{bmatrix}$$

[1] 부재는 지역좌표계가 전체좌표계에 대해 회전해 있으므로 좌표변환을 위한 변환행렬은 다음과 같다.

$$\mathrm{T} = \begin{bmatrix} 0.6 & -0.8 & 0 & 0 & 0 & 0 \\ 0.8 & 0.6 & 0 & 0 & 0 & 0 \\ 0 & 0 & 1 & 0 & 0 & 0 \\ 0 & 0 & 0 & 0.6 & -0.8 & 0 \\ 0 & 0 & 0 & 0.8 & 0.6 & 0 \\ 0 & 0 & 0 & 0 & 0 & 1 \end{bmatrix}$$

[1] 부재에 변환행렬을 적용하여 전체좌표계에 대한 강성행렬 $\mathbf{k}_1$을 구하면

$$\mathbf{k}_1 = T^T \cdot \ \bar{\mathbf{k}}_1 \cdot T$$

$$= \begin{bmatrix} 94770.432 & -123922.176 & 7315.2 & -94770.432 & 123922.176 & 7315.2 \\ -123922.176 & 167058.368 & 5486.4 & 123922.176 & -167058.368 & 5486.4 \\ 7315.2 & 5486.4 & 60960 & -7315.2 & -5486.4 & 30480 \\ -94770.432 & 123922.176 & -7315.2 & 94770.432 & -123922.176 & -7315.2 \\ 123922.176 & -167058.368 & -5486.4 & -123922.176 & 167058.368 & -5486.4 \\ 7315.2 & 5486.4 & 30480 & -7315.2 & -5486.4 & 60960 \end{bmatrix}$$

[2] 부재는 지역좌표계가 전체좌표계와 일치하므로 부재 강성행렬을 구하면,

$$\mathbf{k}_2 = \bar{\mathbf{k}}_2 = \begin{bmatrix} 216666.67 & 0 & 0 & -216666.67 & 0 & 0 \\ 0 & 1058.33 & 6350 & 0 & -1058.33 & 6350 \\ 0 & 6350 & 50800 & 0 & -6350 & 25400 \\ -216666.67 & 0 & 0 & 216666.67 & 0 & 0 \\ 0 & -1058.33 & -6350 & 0 & 1058.33 & -6350 \\ 0 & 6350 & 25400 & 0 & -6350 & 50800 \end{bmatrix}$$

각 부재의 부재 강성행렬을 조합하여 전구조물 강성행렬 $\boldsymbol{K}$를 만들면,

$$\boldsymbol{K}=\begin{bmatrix} 94770.432 & -123922.176 & 7315.2 & -94770.432 & 123922.176 & 7315.2 & 0 & 0 & 0 \\ -123922.176 & 167058.368 & 5486.4 & 123922.176 & -167058.368 & 5486.4 & 0 & 0 & 0 \\ 7315.2 & 5486.4 & 60960 & -7315.2 & -5486.4 & 30480 & 0 & 0 & 0 \\ -94770.432 & 123922.176 & -7315.2 & 311437.102 & -123922.176 & -7315.2 & -216666.67 & 0 & 0 \\ 123922.176 & -167058.368 & -5486.4 & -123922.176 & 168116.698 & 863.6 & 0 & -1058.33 & 6350 \\ 7315.2 & 5486.4 & 30480 & -7315.2 & 863.6 & 111760 & 0 & -6350 & 25400 \\ 0 & 0 & 0 & -216666.67 & 0 & 0 & 216666.67 & 0 & 0 \\ 0 & 0 & 0 & 0 & -1058.33 & -6350 & 0 & 1058.33 & -6350 \\ 0 & 0 & 0 & 0 & 6350 & 25400 & 0 & -6350 & 50800 \end{bmatrix}$$

부재 [1]과 [2]에 작용하는 비절점력을 절점력으로 치환하면

$$\overline{\boldsymbol{Q}}_1=\begin{Bmatrix} 0 \\ -\dfrac{P}{2} \\ -\dfrac{PL}{8} \\ 0 \\ -\dfrac{P}{2} \\ \dfrac{PL}{8} \end{Bmatrix}=\begin{Bmatrix} 0 \\ -62.5 \\ -156.25 \\ 0 \\ -62.5 \\ 156.25 \end{Bmatrix}, \qquad \overline{\boldsymbol{Q}}_2=\begin{Bmatrix} 0 \\ -\dfrac{wL}{2} \\ -\dfrac{wL^2}{12} \\ 0 \\ -\dfrac{wL}{2} \\ \dfrac{wL^2}{12} \end{Bmatrix}=\begin{Bmatrix} 0 \\ -144 \\ -288 \\ 0 \\ -144 \\ 288 \end{Bmatrix}$$

부재 [1]은 지역좌표계가 전체좌표계에 대하여 회전해 있으므로 전체좌표계에 대한 절점력으로 바꾸면

$$\boldsymbol{Q}_1= \mathrm{T}^{\mathrm{T}} \cdot \overline{\boldsymbol{Q}}_1=\begin{bmatrix} 0.6 & 0.8 & 0 & 0 & 0 & 0 \\ -0.8 & 0.6 & 0 & 0 & 0 & 0 \\ 0 & 0 & 1 & 0 & 0 & 0 \\ 0 & 0 & 0 & 0.6 & 0.8 & 0 \\ 0 & 0 & 0 & -0.8 & 0.6 & 0 \\ 0 & 0 & 0 & 0 & 0 & 1 \end{bmatrix}\begin{Bmatrix} 0 \\ -62.5 \\ -156.25 \\ 0 \\ -62.5 \\ 156.25 \end{Bmatrix}=\begin{Bmatrix} -50 \\ -37.5 \\ -156.25 \\ -50 \\ -37.5 \\ 156.25 \end{Bmatrix}$$

치환된 절점력을 조합한 $\boldsymbol{Q}_0$를 구하면 다음과 같다.

$$\boldsymbol{Q}_0=\begin{Bmatrix} -50 \\ -37.5 \\ -156.25 \\ -50 \\ -181.5 \\ -131.75 \\ 0 \\ -144 \\ 288 \end{Bmatrix}$$

치환된 절점력을 조합한 $\boldsymbol{Q}_0$와 전구조물 강성행렬 $\boldsymbol{K}$를 이용하여 구조물에 작용하는 힘-변위 관계식을 구하면,

$$\begin{Bmatrix} H_1-50 \\ V_1-37.5 \\ M_1-156.25 \\ H_2-50 \\ V_2-181.5 \\ -281.75 \\ 0 \\ V_3-144 \\ 288 \end{Bmatrix}=\begin{bmatrix} 94770.432 & -123922.176 & 7315.2 & -94770.432 & 123922.176 & 7315.2 & 0 & 0 & 0 \\ -123922.176 & 167058.368 & 5486.4 & 123922.176 & -167058.368 & 5486.4 & 0 & 0 & 0 \\ 7315.2 & 5486.4 & 60960 & -7315.2 & -5486.4 & 30480 & 0 & 0 & 0 \\ -94770.432 & 123922.176 & -7315.2 & 311437.102 & -123922.176 & -7315.2 & -216666.67 & 0 & 0 \\ 123922.176 & -167058.368 & -5486.4 & -123922.176 & 168116.698 & 863.6 & 0 & -1058.33 & 6350 \\ 7315.2 & 5486.4 & 30480 & -7315.2 & 863.6 & 111760 & 0 & -6350 & 25400 \\ 0 & 0 & 0 & -216666.67 & 0 & 0 & 216666.67 & 0 & 0 \\ 0 & 0 & 0 & 0 & -1058.33 & -6350 & 0 & 1058.33 & -6350 \\ 0 & 0 & 0 & 0 & 6350 & 25400 & 0 & -6350 & 50800 \end{bmatrix}\begin{Bmatrix} 0 \\ 0 \\ 0 \\ 0 \\ 0 \\ \theta_2 \\ u_3 \\ 0 \\ \theta_3 \end{Bmatrix}$$

미지의 변위에 대하여 풀면,

$$\begin{Bmatrix} \theta_2 \\ u_3 \\ \theta_3 \end{Bmatrix} = \begin{bmatrix} 111760 & 0 & 25400 \\ 0 & 216666.67 & 0 \\ 25400 & 0 & 50800 \end{bmatrix}^{-1} \begin{Bmatrix} -281.75 \\ 0 \\ 288 \end{Bmatrix} = \begin{Bmatrix} -0.004298 \\ 0 \\ 0.007818 \end{Bmatrix}$$

미지의 변위를 대입하여 미지의 반력에 대하여 다시 풀면

$$\begin{Bmatrix} H_1 \\ V_1 \\ M_1 \\ H_2 \\ V_2 \\ V_3 \end{Bmatrix} = \begin{bmatrix} 7315.2 & 0 & 0 \\ 5486.4 & 0 & 0 \\ 30480 & 0 & 0 \\ -7315.2 & -216666.67 & 0 \\ 863.6 & 0 & 6350 \\ -6350 & 0 & -6350 \end{bmatrix} \begin{Bmatrix} -0.004298 \\ 0 \\ 0.007818 \end{Bmatrix} + \begin{Bmatrix} 50 \\ 37.5 \\ 156.25 \\ 50 \\ 181.5 \\ 144 \end{Bmatrix} = \begin{Bmatrix} 18.56\,\text{kN} \\ 13.92\,\text{kN} \\ 25.25\,\text{kN}\cdot\text{m} \\ 81.44\,\text{kN} \\ 227.434\,\text{kN} \\ 121.646\,\text{kN} \end{Bmatrix}$$

그러므로 절점변위와 반력에 대하여 다시 정리하면

$\theta_B = -0.004298\,\text{rad}$, $u_C = -0\,\text{m}$, $\theta_C = 0.007818\,\text{rad}$,

$H_1 = 18.56\,\text{kN}$, $V_1 = 13.92\,\text{kN}$, $M_1 = 25.25\,\text{kN}\cdot\text{m}$,

$H_2 = 81.44\,\text{kN}$, $V_2 = 227.434\,\text{kN}$, $V_3 = 121.646\,\text{kN}$

14-9

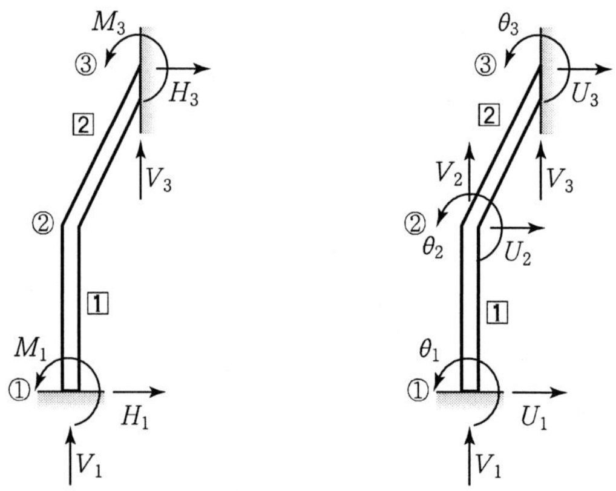

(a) (b)

(1) 부재 강성행렬 산정

① 부재의 지점반력을 그림 (a)와 같이, 구조물의 변위를 그림 (b)와 같이 나타낼 수 있다.

② 1 부재(①→②)는 지역좌표계에 대하여 전체좌표계가 90°만큼 회전해 있으므로 $\cos\theta = 0$, $\sin\theta = 1$이고, 2 부재(②→③)는 $\cos\theta = \frac{3}{5}$, $\sin\theta = \frac{4}{5}$이다.

③ 각 부재의 변환행렬과 강성행렬을 구한다.

1 부재에는 지역좌표계에 대하여 전체좌표계가 90°만큼 회전해 있으므로 좌표변환을 위한 변환행렬은 다음과 같다.

$$\mathbf{T}=\begin{bmatrix} C & S & 0 & 0 & 0 & 0 \\ -S & C & 0 & 0 & 0 & 0 \\ 0 & 0 & 1 & 0 & 0 & 0 \\ 0 & 0 & 0 & C & S & 0 \\ 0 & 0 & 0 & -S & C & 0 \\ 0 & 0 & 0 & 0 & 0 & 1 \end{bmatrix}=\begin{bmatrix} 0 & 1 & 0 & 0 & 0 & 0 \\ -1 & 0 & 0 & 0 & 0 & 0 \\ 0 & 0 & 1 & 0 & 0 & 0 \\ 0 & 0 & 0 & 0 & 1 & 0 \\ 0 & 0 & 0 & -1 & 0 & 0 \\ 0 & 0 & 0 & 0 & 0 & 1 \end{bmatrix}$$

지역좌표계에 대한 [1] 부재의 강성행렬을 구하면

$$\overline{\mathbf{k}_1}=\begin{bmatrix} \frac{AE}{L} & 0 & 0 & -\frac{AE}{L} & 0 & 0 \\ 0 & \frac{12EI}{L^3} & \frac{6EI}{L^2} & 0 & -\frac{12EI}{L^3} & \frac{6EI}{L^2} \\ 0 & \frac{6EI}{L^2} & \frac{4EI}{L} & 0 & -\frac{6EI}{L^2} & \frac{2EI}{L} \\ -\frac{AE}{L} & 0 & 0 & \frac{AE}{L} & 0 & 0 \\ 0 & -\frac{12EI}{L^3} & -\frac{6EI}{L^2} & 0 & \frac{12EI}{L^3} & -\frac{6EI}{L^2} \\ 0 & \frac{6EI}{L^2} & \frac{2EI}{L} & 0 & -\frac{6EI}{L^2} & \frac{4EI}{L} \end{bmatrix}$$

$$=\begin{bmatrix} 600,000 & 0 & 0 & -600,000 & 0 & 0 \\ 0 & 843.75 & 168.75 & 0 & -843.75 & 168.75 \\ 0 & 168.75 & 4500 & 0 & -168.75 & 2250 \\ -600,000 & 0 & 0 & 600,000 & 0 & 0 \\ 0 & -843.75 & -168.75 & 0 & 843.75 & -168.75 \\ 0 & 168.75 & 2250 & 0 & -168.75 & 4500 \end{bmatrix}$$

[1] 부재에 변환행렬을 적용하여 전체좌표계에 대한 강성행렬 $\mathbf{K}_1$을 구한다.

$$\mathbf{k}_1=\mathbf{T}^{\mathrm{T}}\cdot\overline{\mathbf{k}_1}\cdot\mathbf{T}=\begin{bmatrix} 843.75 & 0 & -168.75 & -843.75 & 0 & -168.75 \\ 0 & 600,000 & 0 & 0 & -600,000 & 0 \\ -168.75 & 0 & 4500 & 168.75 & 0 & 2250 \\ -843.75 & 0 & 168.75 & 843.75 & 0 & 168.75 \\ 0 & -600,000 & 0 & 0 & 600,000 & 0 \\ -168.75 & 0 & 2250 & 168.75 & 0 & 4500 \end{bmatrix}$$

[2] 부재는 지역좌표계가 전체좌표계에 135° 회전해 있으므로 좌표변환을 위한 변환행렬은 다음과 같다.

$$\mathbf{T}=\begin{bmatrix} C & S & 0 & 0 & 0 & 0 \\ -S & C & 0 & 0 & 0 & 0 \\ 0 & 0 & 1 & 0 & 0 & 0 \\ 0 & 0 & 0 & C & S & 0 \\ 0 & 0 & 0 & -S & C & 0 \\ 0 & 0 & 0 & 0 & 0 & 1 \end{bmatrix}=\begin{bmatrix} 0.6 & 0.8 & 0 & 0 & 0 & 0 \\ -0.8 & 0.6 & 0 & 0 & 0 & 0 \\ 0 & 0 & 1 & 0 & 0 & 0 \\ 0 & 0 & 0 & 0.6 & 0.8 & 0 \\ 0 & 0 & 0 & -0.8 & 0.6 & 0 \\ 0 & 0 & 0 & 0 & 0 & 1 \end{bmatrix}$$

지역좌표계에 대한 [2] 부재의 강성행렬을 구하면

$$
\overline{\mathbf{k}_1}=\begin{bmatrix}
\frac{AE}{L} & 0 & 0 & -\frac{AE}{L} & 0 & 0 \\
0 & \frac{12EI}{L^3} & \frac{6EI}{L^2} & 0 & -\frac{12EI}{L^3} & \frac{6EI}{L^2} \\
0 & \frac{6EI}{L^2} & \frac{4EI}{L} & 0 & -\frac{6EI}{L^2} & \frac{2EI}{L} \\
-\frac{AE}{L} & 0 & 0 & \frac{AE}{L} & 0 & 0 \\
0 & -\frac{12EI}{L^3} & -\frac{6EI}{L^2} & 0 & \frac{12EI}{L^3} & -\frac{6EI}{L^2} \\
0 & \frac{6EI}{L^2} & \frac{2EI}{L} & 0 & -\frac{6EI}{L^2} & \frac{4EI}{L}
\end{bmatrix}
$$

$$
=\begin{bmatrix}
600{,}000 & 0 & 0 & -600{,}000 & 0 & 0 \\
0 & 843.75 & 168.75 & 0 & -843.75 & 168.75 \\
0 & 168.75 & 4500 & 0 & -168.75 & 2250 \\
-600{,}000 & 0 & 0 & 600{,}000 & 0 & 0 \\
0 & -843.75 & -168.75 & 0 & 843.75 & -168.75 \\
0 & 168.75 & 2250 & 0 & -168.75 & 4500
\end{bmatrix}
$$

2 부재에 변환행렬을 적용하여 전체좌표계에 대한 강성행렬 $\mathbf{k}_2$을 구한다.

$$
\mathbf{k}_2=\mathbf{T}^{\mathrm{T}}\cdot\overline{\mathbf{k}_2}\cdot\mathbf{T}=\begin{bmatrix}
246{,}540 & 287{,}600 & -135 & -216{,}540 & -287{,}600 & -135 \\
287{,}600 & 384{,}300 & 101.25 & -287{,}600 & -384{,}300 & 101.25 \\
-135 & 101.25 & 4500 & 135 & -101.25 & 2250 \\
-216{,}540 & -287{,}600 & 135 & 246{,}540 & 287{,}600 & 135 \\
-287{,}600 & -384{,}300 & -101.25 & 287{,}600 & 384{,}300 & -101.25 \\
-135 & 101.25 & 2250 & 135 & -101.25 & 4500
\end{bmatrix}
$$

(2) 전구조물 강성행렬

① 1 부재와 2 부재의 강성행렬 $\mathbf{k}_1$, $\mathbf{k}_2$를 조합하여 전구조물 강성행렬을 만들면

$$
\mathbf{k}=\begin{bmatrix}
843.75 & 0 & -168.75 & -843.75 & 0 & -168.75 & 0 & 0 & 0 \\
0 & 600{,}000 & 0 & 0 & -600{,}000 & 0 & 0 & 0 & 0 \\
-168.75 & 0 & 4500 & 168.75 & 0 & 2250 & 0 & 0 & 0 \\
-843.75 & 0 & 168.75 & 217{,}373.75 & 287{,}600 & 33.75 & -216{,}540 & -287{,}600 & -135 \\
0 & -600{,}000 & 0 & 287{,}600 & 984{,}300 & 101.25 & -287{,}600 & -384{,}300 & 101.25 \\
-168.75 & 0 & 2250 & 33.75 & 101.25 & 9000 & 135 & -101.25 & 2250 \\
0 & 0 & 0 & -216{,}540 & -287{,}600 & 135 & 216{,}540 & 287{,}600 & 135 \\
0 & 0 & 0 & -287{,}600 & -384{,}300 & -101.25 & 287{,}600 & 384{,}300 & -101.25 \\
0 & 0 & 0 & -135 & 101.25 & 2250 & 135 & -101.25 & 4500
\end{bmatrix}
$$

(3) 변위 및 부재력 산정

① 위에서 구한 전구조물의 강성행렬을 이용하여 전구조물의 힘과 변위와의 관계식을 구하면

$$
\begin{Bmatrix} H_1 \\ V_1 \\ M_1 \\ -24 \\ 18 \\ 25 \\ H_3-24 \\ V_3+18 \\ M_3+25 \end{Bmatrix}=\begin{bmatrix}
843.75 & 0 & -168.75 & -843.75 & 0 & -168.75 & 0 & 0 & 0 \\
0 & 600{,}000 & 0 & 0 & -600{,}000 & 0 & 0 & 0 & 0 \\
-168.75 & 0 & 4500 & 168.75 & 0 & 2250 & 0 & 0 & 0 \\
-843.75 & 0 & 168.75 & 217{,}373.75 & 287{,}600 & 33.75 & -216{,}540 & -287{,}600 & -135 \\
0 & -600{,}000 & 0 & 287{,}600 & 984{,}300 & 101.25 & -287{,}600 & -384{,}300 & 101.25 \\
-168.75 & 0 & 2250 & 33.75 & 101.25 & 9000 & 135 & -101.25 & 2250 \\
0 & 0 & 0 & -216{,}540 & -287{,}600 & 135 & 216{,}540 & 287{,}600 & 135 \\
0 & 0 & 0 & -287{,}600 & -384{,}300 & -101.25 & 287{,}600 & 384{,}300 & -101.25 \\
0 & 0 & 0 & -135 & 101.25 & 2250 & 135 & -101.25 & 4500
\end{bmatrix}\begin{Bmatrix} 0 \\ 0 \\ 0 \\ u_2 \\ v_2 \\ \theta_2 \\ 0 \\ 0 \\ 0 \end{Bmatrix}
$$

② 미지의 변위에 대하여 풀면

$$\begin{Bmatrix} u_2 \\ v_2 \\ \theta_2 \end{Bmatrix} = \begin{bmatrix} 217{,}373.75 & 287{,}600 & 33.75 \\ 287{,}600 & 984{,}300 & 101.25 \\ 33.75 & 101.25 & 9000 \end{bmatrix} \begin{Bmatrix} -24 \\ 18 \\ 25 \end{Bmatrix} = \begin{Bmatrix} -0.00021952 \\ 0.000082142 \\ 0.0027777 \end{Bmatrix}$$

위 식을 통해 절점 A에서의 변위를 구하면

$u_2 = -0.00021952(\mathrm{m})$

$v_2 = 0.000082142(\mathrm{m})$

$\theta_2 = 0.0027777(\mathrm{m})$

③ 구해진 미지의 변위를 힘-변위 관계식에 다시 대입하여 미지의 지점반력에 관하여 풀면

$$\begin{Bmatrix} H_1 \\ V_1 \\ M_1 \\ -24 \\ 18 \\ 25 \\ H_3-24 \\ V_3+18 \\ M_3+25 \end{Bmatrix} = \begin{bmatrix} 843.75 & 0 & -168.75 & -843.75 & 0 & -168.75 & 0 & 0 & 0 \\ 0 & 600{,}000 & 0 & 0 & -600{,}000 & 0 & 0 & 0 & 0 \\ -168.75 & 0 & 4500 & 168.75 & 0 & 2250 & 0 & 0 & 0 \\ -843.75 & 0 & 168.75 & 217{,}373.75 & 287{,}600 & 33.75 & -216{,}540 & -287{,}600 & -135 \\ 0 & -600{,}000 & 0 & 287{,}600 & 984{,}300 & 101.25 & -287{,}600 & -384{,}300 & 101.25 \\ -168.75 & 0 & 2250 & 33.75 & 101.25 & 9000 & 135 & -101.25 & 2250 \\ 0 & 0 & 0 & -216{,}540 & -287{,}600 & 135 & 216{,}540 & 287{,}600 & 135 \\ 0 & 0 & 0 & -287{,}600 & -384{,}300 & -101.25 & 287{,}600 & 384{,}300 & -101.25 \\ 0 & 0 & 0 & -135 & 101.25 & 2250 & 135 & -101.25 & 4500 \end{bmatrix}$$

$$\begin{Bmatrix} 0 \\ 0 \\ 0 \\ -0.00021952 \\ 0.000082142 \\ 0.0027777 \\ 0 \\ 0 \\ 0 \end{Bmatrix} = \begin{Bmatrix} -0.2735 \\ -4.9285 \\ 6.2128 \\ -24 \\ 18 \\ 25 \\ 24.2858 \\ 31.2855 \\ 6.2878 \end{Bmatrix}$$

위 식을 통해 각 지점의 반력을 구하면

$H_1 = -0.2835\ \mathrm{kN}$, $V_1 = -4.9285\ \mathrm{kN}$, $M_1 = 6.2128\ \mathrm{kN \cdot m}$

$H_3 = 48.2858\ \mathrm{kN}$, $V_3 = 12.2855\ \mathrm{kN}$, $M_3 = -18.7122\ \mathrm{kN \cdot m}$

15장 구조동역학

15-1

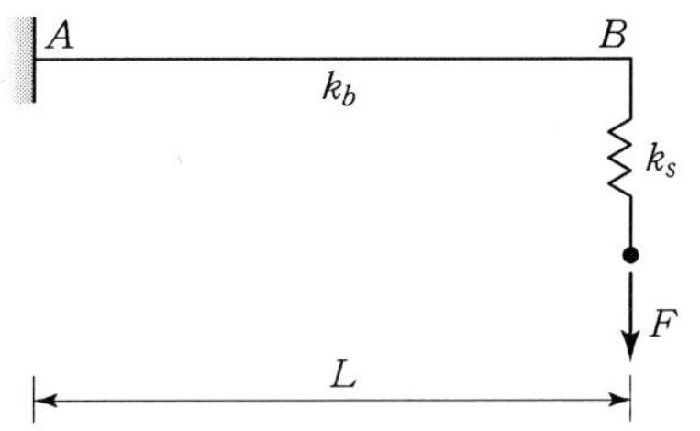

(1) 변위의 계산

캔틸레버보의 강성계수 k는 예제 15-1에서 살펴본 바와 같이 $3EI/L^3$이 된다.

다음 그림은 캔틸레버보 자유단의 자유물체도(FBD)이다. 이 그림에서 강성계수가 k_s인 스프링에 작용하는 힘은 F이고, 이 힘으로 인해 스프링이 늘어난 길이는,

$$\delta_s = \frac{F}{k_s}$$

이고, 보의 자유단에 작용하는 힘 또한 F이므로 자유단의 처짐은,

$$\delta_b = \frac{FL^3}{3EI}$$

이 된다. 따라서 힘 F가 구조물에 일으킨 전체 변위는 다음과 같다.

$$\delta_{total} = \delta_s + \delta_b = \frac{F}{k_s} + \frac{F}{k_b} = F\left(\frac{1}{k_s} + \frac{1}{k_b}\right)$$

(2) 강성계수의 계산

구조물의 강성계수는 정의에 따라 다음과 같이 구할 수 있다.

$$\frac{1}{k_{total}} = \frac{\delta}{F} = \frac{1}{k_s} + \frac{1}{k_b}$$

$$\therefore\ k_{total} = \frac{k_s k_b}{k_s + k_b}$$

15-2

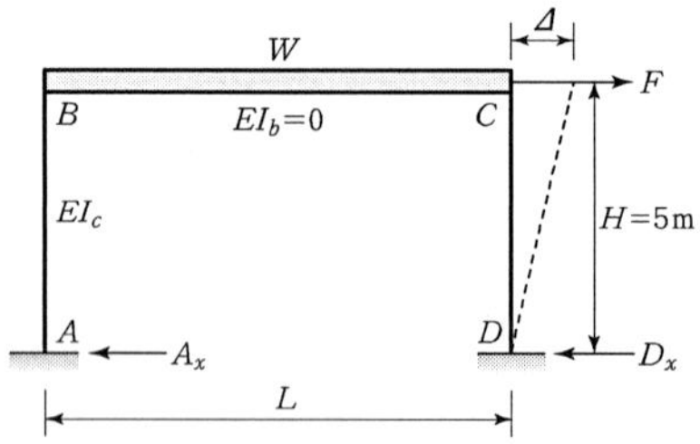

(1) 골조의 횡강성

처짐각법을 이용하여 골조의 횡강성을 구한다.

처짐각법에 의해 AB 구간에서 θ_A는 0 이므로,

$$M_{AB} = \frac{2EI_c}{H}\left(\theta_B - \frac{3\Delta}{H}\right) \tag{a}$$

$$M_{BA} = \frac{2EI_c}{H}\left(2\theta_B - \frac{3\Delta}{H}\right) \tag{b}$$

같은 방법으로 CD 구간에서는 θ_D는 0이므로,

$$M_{CD} = \frac{2EI_c}{H}\left(2\theta_C - \frac{3\Delta}{H}\right) \tag{c}$$

$$M_{DC} = \frac{2EI_c}{H}\left(\theta_C - \frac{3\Delta}{H}\right) \tag{d}$$

또한 BC 구간에서는,

$$M_{BC} = \frac{2EI_b}{L}(2\theta_B + \theta_C) = 0 \quad (\because EI_b = 0)$$

$$M_{CB} = \frac{2EI_b}{L}(\theta_B + 2\theta_C) = 0 \quad (\because EI_b = 0)$$

절점 B에서 $\sum M = 0$ 이므로,

$$M_{BA} + M_{BC} = M_{BA} = \frac{2EI_c}{H}\left(2\theta_B - \frac{3\Delta}{H}\right) = 0$$

$$\therefore \ \theta_B = \frac{3\Delta}{2H}$$

위의 θ_B값을 식 (a), (b)에 대입하면,

$$M_{AB} = -\frac{3EI_c}{H^2}\Delta, \ M_{BA} = 0$$

마찬가지로 절점 C에서 $\sum M = 0$ 이므로,

$$M_{CB} + M_{CD} = M_{CD} = \frac{2EI_c}{H}\left(2\theta_C - \frac{3\Delta}{H}\right) = 0$$

$$\therefore \ \theta_C = \frac{3\Delta}{2H}$$

위의 θ_C값을 식 (c), (d)에 대입하면,

$$M_{CD}=0,\ M_{DC}=-\frac{3EI_c}{H^2}\Delta$$

모멘트 평형방정식으로부터 반력을 계산하면 다음과 같다.

$$A_x=\frac{M_{AB}+M_{BA}}{H},\quad D_x=\frac{M_{CD}+M_{DC}}{H}$$

$$\therefore\ A_x=D_x=\frac{3EI_c}{H^3}\Delta$$

수평력의 합력이 0임을 이용하면 다음과 같이 F를 구할 수 있다.

$$\sum F_x=0:$$

$$F=A_x+D_x=\frac{3EI_c}{H^3}\Delta+\frac{3EI_c}{H^3}\Delta=\frac{6EI_c}{H^3}\Delta$$

$F=k\Delta$를 이용하여 골조의 횡강성을 구하면 다음과 같다.

$$k=\frac{F}{\Delta}=\frac{6EI_c}{H^3}$$

(2) 고유선진동수

$$f=\frac{\omega}{2\pi}=\frac{1}{2\pi}\sqrt{\frac{k}{m}}=\frac{1}{2\pi}\sqrt{\frac{6EI_c}{H^3}\times\frac{g}{W}}$$

$$=\frac{1}{2\pi}\sqrt{\frac{6(2.1\times10^3)(3.0\times10^4)}{(5\times10^2)^3}\times\frac{980}{10}}=2.74\,\mathrm{Hz}$$

15-3

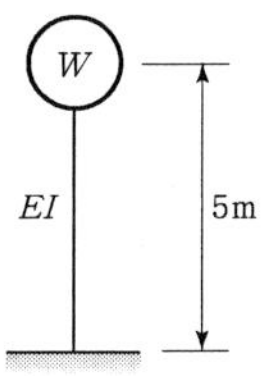

고유선진동수와 고유주기의 정의를 이용한다.

구조물이 캔틸레버이므로 횡강성은 $3EI/h^3$이 된다.

$$k=\frac{3EI}{L^3}=\frac{3EI}{(5\times10^2)^3}\ \mathrm{tf/cm}$$

$$T=\frac{1}{f}=\frac{2\pi}{\omega}=\frac{2\pi}{\sqrt{k/m}}=\frac{2\pi}{\sqrt{\frac{3EI}{(5\times10^2)^3}\times\frac{980}{10}}}=0.3\ \mathrm{s}$$

$$\therefore EI=1.865\times10^8\ \mathrm{tf\cdot cm^2}$$

15-4

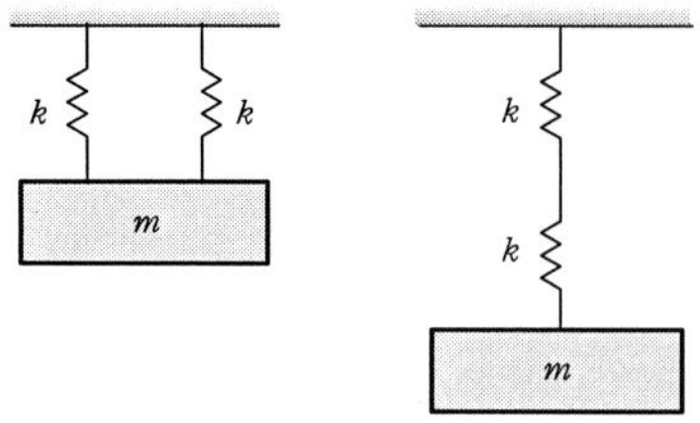

(a) (b)

물체에 임의의 힘 F가 작용하였을 때의 변위를 δ라 하고, $F=k\delta$의 관계를 이용한다.

(1) 강성이 k인 2개의 스프링이 병렬로 연결되어 있다. 이 경우에 각 스프링의 변위 δ는 같은 값을 가진다.

$$F=k\delta+k\delta=2k\delta$$

전체 시스템의 힘-변위 관계식은 $F=k_{eq}\delta$이므로,

$$k_{eq}=2k=20\,\mathrm{kN/m}$$

① 고유각진동수

$$\omega=\sqrt{\frac{k_{eq}}{m}}=\sqrt{\frac{2000}{10}}=14.1\,\mathrm{rad/sec}$$

② 고유선진동수

$$f=\frac{\omega}{2\pi}=\frac{14.1}{2\pi}=2.24\,\mathrm{Hz}$$

③ 고유주기

$$T=\frac{2\pi}{\omega}=\frac{2\pi}{14.1}=0.446\,\mathrm{sec}$$

(2) 강성이 k인 2개의 스프링이 직렬로 연결되어 있다. 이 경우에 각 스프링이 받는 힘 F는 같은 값을 가진다.

$$\delta=\frac{F}{k}+\frac{F}{k}=\frac{F}{k_{eq}}\ ;\ \frac{1}{k_{eq}}=\frac{1}{k}+\frac{1}{k}=\frac{2}{k}$$

$$\therefore\ k_{eq}=\frac{k}{2}=5\,\mathrm{kN/m}$$

① 고유각진동수

$$\omega=\sqrt{\frac{k_{eq}}{m}}=\sqrt{\frac{500}{10}}=7.07\,\mathrm{rad/sec}$$

② 고유선진동수

$$f=\frac{\omega}{2\pi}=\frac{7.07}{2\pi}=1.13\,\mathrm{Hz}$$

③ 고유주기

$$T=\frac{2\pi}{\omega}=\frac{2\pi}{7.07}=0.89\,\mathrm{sec}$$

15-5

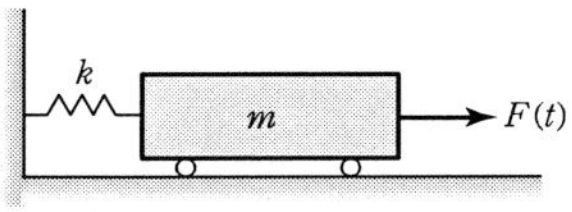

(1) 고유각진동수, 고유선진동수, 고유주기의 산정

① 고유각진동수

$$\omega=\sqrt{\frac{k}{m}}=\sqrt{\frac{3000}{100}}=5.48\,\text{rad/sec}$$

② 고유선진동수

$$f=\frac{\omega}{2\pi}=\frac{5.48}{2\pi}=0.872\,\text{Hz}$$

③ 고유주기

$$T=\frac{2\pi}{\omega}=\frac{2\pi}{5.48}=1.15\,\text{sec}$$

(2) 자유진동으로 인한 최대진폭의 산정

감쇠가 없는 자유진동의 변위 ; $x(t)=x_0\cos\omega t+\dfrac{\dot{x}_0}{\omega}\sin\omega t$

초기변위(50*Mmm*), 초기속도(100 m/sec)와 고유각진동수(ω)를 위의 식에 대입한다.

$$x(t)=50\cos 5.48t+\frac{100}{5.48}\sin 5.48t$$

동일한 주기를 가진 cosine과 sine함수의 최대값은 1이므로 최대진폭은 다음과 같이 계산할 수 있다.

$$x_0=\sqrt{x_0^2+\left(\frac{\dot{x}_0}{\omega}\right)^2}=\sqrt{50^2+\left(\frac{100}{5.48}\right)^2}=53.2\,\text{mm}$$

(3) 자유진동의 그래프

위에서 구한 감쇠가 없는 자유진동의 변위를 그래프로 나타내면 다음과 같다.

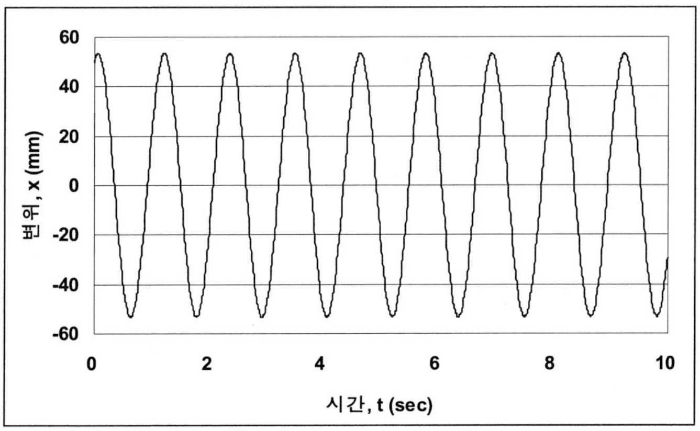

15-6

(1) 동적증폭계수의 산정

비감쇠 강제진동의 동적증폭계수 ; $R_d = \left| \frac{1}{1-(\Omega/\omega)^2} \right| = \left| \frac{1}{1-\beta^2} \right|$ 여기서, $\beta = \Omega/\omega$ 이다.

고유각진동수를 앞에서 구한 것과 같이 다음과 같다.

$$\omega = \sqrt{\frac{k}{m}} = \sqrt{\frac{3000}{100}} = 5.48\,\text{rad/sec}$$

외력진동수(Ω)는 10 rad/sec 이므로 동적증폭계수는 다음과 같이 계산할 수 있다.

$$R_d = \left| \frac{1}{1-(\Omega/\omega)^2} \right| = \left| \frac{1}{1-(10/5.48)^2} \right| = 0.429$$

(2) 운동방정식과 최대지속변위의 산정

감쇠가 없는 경우의 단자유도 시스템의 운동방정식 ; $m\ddot{x} + kx = F_0 \sin \Omega t$

$m = 100\,\text{kg}$, $k = 3000\,\text{N/m}$, 그리고 $F(t) = 200 \sin 10t$ 이므로 운동방정식은 다음과 같다.

$$100\ddot{x} + 3000x = 200 \sin 10t$$

또한 지속반응의 최대변위는 다음과 같이 구할 수 있다.

$$x_{p(\max)} = R_d ES(x_{st})_0 = R_d \times F_0/k = 0.429 \times 200/3000 = 0.0286\,\text{m} = 2.86\,\text{cm}$$

15-7

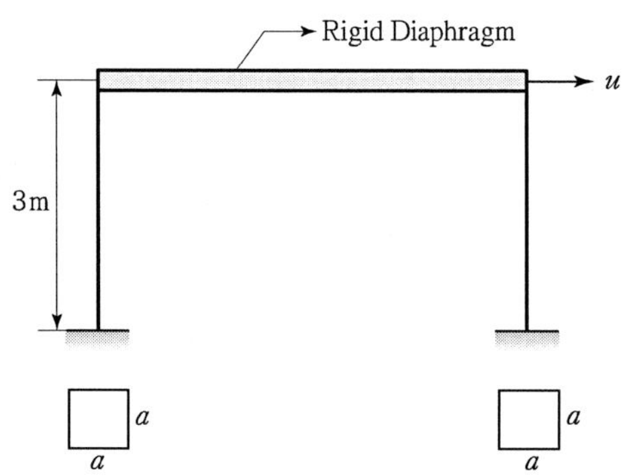

(1) 고유주기

골조의 횡강성(기둥의 총강성)과 고유각진동수를 순차적으로 구한 후, 이를 이용하여 고유주기를 계산한다.

주어진 조건으로부터 $k_{col} = \sum_{i=1}^{2} 12EI/h^3$ 이므로, 단면 2차모멘트를 구한다. 기둥의 단면이 그림과 같이 한 변이 a인 정사각형 단면이므로 단면 2차모멘트는,

$$I = \frac{a \times a^3}{12} = 30 \times \frac{30^3}{12} = 67,500\,\text{cm}^4$$

따라서 기둥의 총강성은 다음과 같다.

$$k_{col}=\sum_{i=1}^{2}\frac{12EI}{h^3}=2\times\frac{12EI}{h^3}=2\times\frac{12\times 20,000\times 67,500}{300^3}=1,200\,\text{kN/cm}$$

따라서 고유각진동수는,

$$\omega=\sqrt{\frac{k}{m}}=\sqrt{\frac{1200}{10}}=10.95\,\text{rad/sec}$$

이고, 고유주기는 다음과 같다.

$$T=\frac{2\pi}{\omega}=\frac{2\pi}{10.95}=0.574\,\text{sec}$$

(2) 동적증폭계수

감쇠 강제진동의 동적증폭계수 ; $R_d=\dfrac{1}{\sqrt{(1-\beta^2)^2+(2\zeta\beta)^2}}$ 여기서, $\beta=\Omega/\omega$ 이다.

외력진동수(Ω)는 10 rad/sec 이고, 고유각진동수(ω)는 10.95 rad/sec , 그리고 감쇠비(ζ) 0.05 이므로 동적증폭계수는 다음과 같이 계산할 수 있다.

$$\beta=\Omega/\omega=10/10.95=0.913$$

$$R_d=\frac{1}{\sqrt{(1-\beta^2)^2+(2\zeta\beta)^2}}=\frac{1}{\sqrt{(1-0.913^2)^2+(2\times 0.05\times 0.913)^2}}=5.27$$

(3) 최대지속변위

$$x_{p(\max)}=R_d\times(x_{st})_0=R_d\times F_0/k=5.27\times 200/1200=0.878\,\text{cm}$$

(4) 최대지속변위 발생시 기둥에 발생하는 전단력

1개의 기둥강성은 1200/2 kN/cm 이고, 최대지속변위는 (c)에서 구한 것처럼 0.878 cm 이므로, 이때 기둥에 발생하는 전단력의 크기는 다음과 같이 계산할 수 있다.

$$V=k_{col}\times x_{p(\max)}=600\,\text{kN/cm}\times 0.878\,\text{cm}=526.8\,\text{kN}$$

(5) 기둥에 작용하는 휨모멘트에 의한 응력

위에서 구한 전단력을 이용하여 모멘트를 산정하고, 휨응력 공식을 이용하여 휨모멘트에 의한 응력을 계산한다.

먼저 전단력에 팔길이(기둥의 높이)를 곱하여 모멘트를 구한다.

$$M=V\times h=526.8\times 3=1580.4\,\text{kN}\cdot\text{m}$$

휨응력 공식을 이용하여 기둥에 작용하는 휨모멘트에 의한 응력을 구하면 다음과 같다.

$$\sigma=\frac{My}{I}=\frac{1580.4\times 10^2}{67,500}\times 15=35.12\,\text{kN/cm}^2$$

(6) 응력의 검토

문제의 조건에서 $\sigma_a=30\,\text{kN/cm}^2$ 이고, 실제로 기둥에 작용하는 휨모멘트에 의한 응력은 위에서 살펴본 바와 같이 35.12kN/cm^{2}이다.

따라서 $\sigma_a < \sigma$ 이므로 만족하지 못한다(N.G).

15-8

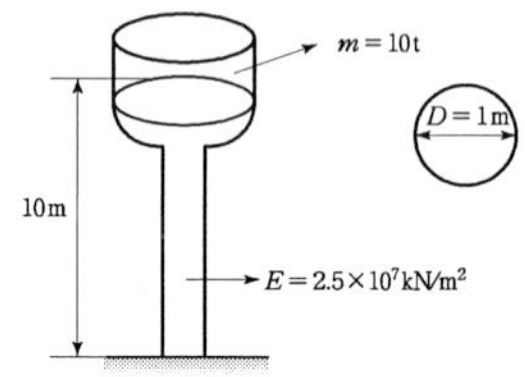

구조물의 횡강성을 구한 후, 고유각진동수와의 관계식을 이용해 고유주기를 구한다.

구조물이 캔틸레버이므로 횡강성은 $3EI/h^3$이 된다. 구조물의 강성 k를 구하기 위하여 콘크리트 기둥의 단면 2차모멘트를 구한다. 기둥의 단면이 그림과 같이 지름이 1m인 원형 단면이므로 단면 2차모멘트는,

$$I = \frac{\pi d^4}{64} = \frac{\pi \times 1^4}{64} = 0.0491\,\text{m}^4$$

위의 단면 2차모멘트 값을 대입하여 콘크리트 기둥의 강성은 다음과 같다.

$$k = \frac{12EI}{h^3} = \frac{12 \times 2.5 \times 10^7 \times 0.0491}{10^3} = 14,730\,\text{kN/m}$$

따라서 고유각진동수는,

$$\omega = \sqrt{\frac{k}{m}} = \sqrt{\frac{14,730}{10}} = 38.38\,\text{rad/sec}$$

이고, 고유주기는 다음과 같다.

$$T = \frac{2\pi}{\omega} = \frac{2\pi}{38.38} = 0.164\text{ sec}$$

15-9

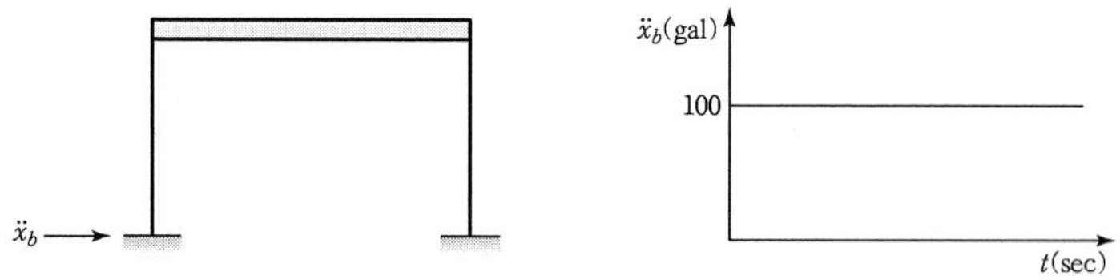

(a) (b)

(1) 고유진동수와 고유주기

질량은 무게를 중력가속도로 나눔으로써 구할 수 있다.

$$m = \frac{W}{g}$$

따라서 관계식에 의하여 고유각진동수를 구하면,

$$\omega=\sqrt{\frac{k}{m}}=\sqrt{\frac{k}{W/g}}=\sqrt{\frac{5000}{1000/9.81}}=0.714\,\mathrm{rad/sec}$$

이고, 고유주기는 다음과 같다.

$$T=\frac{2\pi}{\omega}=\frac{2\pi}{7.00}=8.80\,\mathrm{sec}$$

(2) 최대상대변위

$$\begin{aligned} u(t) &= -\frac{1}{\omega}\int_0^t \ddot{x}_b(\tau)\sin\omega(t-\tau)\,d\tau \\ &= -\frac{1}{7}\int_0^t 100\sin 7\,(t-\tau)\,d\tau \\ &= \frac{100}{49}(\cos 7t-1) \end{aligned}$$

$$\therefore\ |u(t)|_{\max}=4.08\,\mathrm{cm}$$

(3) 최대상대속도

상대속도반응은 위에서 구한 상대변위반응을 t로 한 번 미분하여 구할 수 있다. 따라서

$$\dot{u}(t)=-\frac{100}{7}\sin 7t$$

$$\therefore\ |\dot{u}(t)|_{\max}=14.3\,\mathrm{cm/sec}$$

(4) 최대절대가속도

절대가속도 반응은 위에서 구한 상대변위반응을 t로 두 번 미분한 값에 지반가속도를 더하여 구할 수 있다. 따라서

$$\begin{aligned} \ddot{x}(t) &= \ddot{x}_b(t)+\ddot{u}(t) \\ &= 100-100(\cos 7t) \end{aligned}$$

$$\therefore\ |\ddot{x}(t)|=200\,\mathrm{cm/sec}^2$$

제2판

구조역학해석 연습문제풀이집

인 쇄 | 2020년 10월 15일
발 행 | 2025년 5월 2일

지 은 이 | 김상대 · 박성수 · 박홍근 · 한상환 · 홍갑표
발 행 인 | 이성범
발 행 처 | 문운당
주 소 | 서울시 종로구 혜화로5길 16 (명륜1가 45-3)
출판등록 | 1962년 7월 4일 제 1-139
전 화 | (02)762-6010
팩 스 | 영업 (02)745-0265 / 편집 (02)762-8758
홈페이지 | http://munundang.co.kr
이 메 일 | munun2@daum.net

ISBN 979-11-5692-437-1 93540

정가 10,000원